"国家重点研发计划(项目编号:2016YFC0700200)"资助项目
"同济大学学术专著(自然科学类)出版基金"资助项目

夏热冬冷地区住宅设计与绿色性能

庄宇课题组　著

U0185001

同濟大学出版社
TONGJI UNIVERSITY PRESS

图书在版编目(CIP)数据

夏热冬冷地区住宅设计与绿色性能 / 庄宇课题组著
. —上海：同济大学出版社，2021.8
ISBN 978-7-5608-8842-2

Ⅰ.①夏… Ⅱ.①庄… Ⅲ.①生态建筑－建筑设计－
上海 Ⅳ.①TU206

中国版本图书馆 CIP 数据核字(2021)第 110918 号

"国家重点研发计划(项目编号：2016YFC0700200)"资助项目
"同济大学学术专著(自然科学类)出版基金"资助项目

夏热冬冷地区住宅设计与绿色性能
庄宇课题组　著

| **责任编辑** | 周原田 | **责任校对** | 徐春莲 | **封面设计** | 张　微 |

出版发行　同济大学出版社　　　www.tongjipress.com.cn
　　　　　(地址：上海市四平路 1239 号　邮编：200092　电话：021-65985622)
经　　销　全国各地新华书店、建筑书店、网络书店
排　　版　南京文脉图文设计制作有限公司
印　　刷　上海安枫印务有限公司
开　　本　710 mm×1000 mm　1/16
印　　张　19.75
字　　数　395 000
版　　次　2021 年 8 月第 1 版　　2021 年 8 月第 1 次印刷
书　　号　ISBN 978-7-5608-8842-2

定　　价　98.00 元

本书若有印装质量问题,请向本社发行部调换　　　版权所有　侵权必究

前　言

2016年底,同济大学课题组参加了国家"十三五"重点研发计划项目"目标和效果导向的绿色建筑设计新方法及工具",并承担"南方地区城镇居住建筑绿色设计新方法与技术协同优化"课题,其中,我们课题组负责了"南方地区城镇居住建筑设计与绿色性能的影响机理研究"子课题,其研究成果是构成本书《夏热冬冷地区住宅设计与绿色性能》的主要支撑。

我国的夏热冬冷地区主要位于长江流域及其周围广大地区,涵盖了全国经济最活跃的16个省(直辖市),也是高密度城市集中的区域,"夏热冬冷、全年湿润"的气候特征对当代住居行为的舒适性要求形成了很大的挑战。本书以上海为城市住宅高密度集中的典型,立足住宅市场在设计经验和使用问题方面的分析,提出了"住宅建筑的绿色性能"概念,即建立"四节(节地、节能、节水、节材)—环保(环境保护)"与居住生活舒适性相平衡的原则,着眼气候应对、土地和资源利用、建筑能耗、合理使用行为等方面,来解析设计中的绿色问题并建立基本的设计策略。

作为实践建筑师和城市设计师,负责展开本项课题研究,确实需要花费不少时间来夯实节能知识,学习新的分析方法,好在对住宅设计还算熟悉,且能兼顾从街坊到单元的设计递进,能够了解从单元到细部的建构线索,以及对日常使用行为的能耗解析,才得以使本书从大量的调研数据和计算分析中形成相对清晰的体系,希望能帮助建筑师们在"市场通用型"住宅设计中有所突破创新,获得更佳的整体绿色性能,而非止步于单栋住宅的能耗审查。

本书的完成需要特别感谢我们课题组的每位成员——刘新瑜、裴晏昵、楼庄杰、杨菡、乌媛媛、纪琳、杨晨迪、杨宇,他们在各自的专题下迎难而上,对每个技术细节孜孜以求,使我们对绿色性能在住宅设计的多个环节有了全新的认识,诸如确定能耗的权重、判断方法的有效与否等,这些对于建筑师集中精力关注绿色性能的设计核心,从而通过设计引导合理的使用,都是极为有益的。

　　限于作者的水平和知识结构,本书难免有谬误之处,恳请读者们批评指正,以便今后修订、完善。

庄　宇

同济大学建筑与城市规划学院

目　　录

前言

第1章　绪论 ··· 001
　1.1　研究背景 ·· 001
　1.2　国内外已有研究综述 ··· 002
　1.3　研究内容和方法 ··· 005

第2章　住宅街坊布局 ··· 010
　2.1　住宅街坊布局形态与土地利用效率 ····················· 011
　2.2　住宅街坊布局形态与街坊建筑群能耗 ················· 025
　2.3　住宅街坊布局形态与街坊间的室外热舒适度 ········· 047
　2.4　住宅街坊布局形态与街坊内的室外热舒适度 ········· 067

第3章　住宅单体节能设计 ·· 103
　3.1　基础分析 ·· 103
　3.2　住宅体形设计变量与节能 ···································· 107
　3.3　住宅平面空间设计与节能 ···································· 129
　3.4　住宅围护结构设计与节能 ···································· 147

第4章　绿色性能再提升 ·· 158
　4.1　住宅建筑的遮阳设计 ··· 158
　4.2　住宅中的立体绿化 ·· 173
　4.3　住宅街坊及单体中的水资源利用 ························· 208

第 5 章　住宅的用能行为 ································· 229

　　5.1　住宅用能行为调研与分析 ························· 229

　　5.2　住宅人员行为监测及分析 ························· 239

　　5.3　不同用能行为下的能耗模拟分析 ··················· 264

附录 A　住宅街坊布局形态样本库 ······················· 293

附录 B　夏热冬冷地区居民生活用水调研问卷统计结果 ········· 296

第1章 绪 论

1.1 研究背景

1. 人口增长和高速城市化带来的挑战

联合国经济和社会事务部人口司编制的《联合国世界城镇化展望》(2018年修正版)指出,世界城市人口规模的未来增长预计将高度集中在少数几个国家。2018年至2050年之间,印度、中国和尼日利亚将占世界城市人口预计增长的35%。到2050年,预计印度将新增4.16亿城市居民,中国2.55亿,尼日利亚1.89亿,占据世界土地面积29.5%的亚洲将承载世界人口总量的近60%[1]。

《联合国世界城镇化展望》也表明了,现今55%的世界人口居住在城市地区,预计到2050年这一比例将上升到68%[1]。根据国家统计局数据,截至2019年末,我国人口首超14亿,城镇化率突破60%,户籍城镇化率44.38%,意味着近8.5亿人口居住在城镇中,可持续城市发展是我国城镇化成功与否的关键[2]。

2. 全球气候变化带来的环境及能源危机

步入20世纪后,世界人口自17亿飞速增长至63亿,各国面临能源消耗与居住需求大幅提升的巨大挑战。全球高速的城镇化发展也带来了相应规模的能源消耗以及碳排放量,城市碳排放量已超过全球70%,能源消耗占全球近70%,且比重呈上升趋势。其中居住建筑碳排放量占城市能源消耗和CO_2排放量的比例颇高[3]。

近百年中国气候变化的趋势与全球气候变化的总趋势基本一致,气候持续变暖,海平面上升速率高于全球平均速率,极端气候事件频发,雾霾、臭氧污染等新的环境问题显现,给人们的生活造成了很大的影响。应对气候变化是中国可持续发展的内在要求,"十三五"时期是我国全面建成小康社会的关键期,对实现2020年乃至2030年应对气候变化目标起着重要作用。截至2020年住宅建筑能耗占全国建筑能耗比重已高达38%[4]。

因此,在满足城镇住房需求大幅增长的同时,如何推进城市高密度居住区全生命周期内的绿色化设计,提高土地利用效率,降低居住建筑能耗,为住户提供合理舒适、高品质居住环境,实现"绿色性能"提升,应该成为可持续城镇化发展目标下的重要环节。

3. 研究目标及意义

当前我国城市可持续发展和绿色建筑设计方法在不断完善中,在宏观层面,较多关注三生(生态、生产、生活)空间资源的划定、限制和平衡,在微观层面,对建筑物的能耗进行评估并对关键指标加以控制已形成有效的方法。而在中观层面,对城市的基本形态单元——街坊层面的建筑群体布局所引发的"绿色"问题——土地利用、能耗、舒适性等方面尚未获得稳定的结论。

本书依托国家"十三五"重点研发计划专项项目"目标和效果导向的绿色建筑设计新方法及工具"(项目编号:2016YFC0700200)的相关研究,提出了"住宅建筑的绿色性能"概念,即建立"四节(节地、节能、节水、节材)—环保(环境保护)"与居住生活舒适性相平衡的原则,着眼气候应对、土地和资源利用、建筑能耗、合理使用行为等方面,建立基本的设计策略。具体而言,要应对地方气候特点、公共生活舒适性需求等,将街坊形态作为绿色性能设计的整体,综合街坊的土地利用性能、建筑(群)能耗水平、街坊间公共空间和街坊内部环境的微气候性能等多项绿色性能因素,形成基于地方气候特征的多元绿色性能策略,而不仅仅止步于街坊内的单体建筑项目能耗计算的叠加。

根据中国建筑气候区划,我国的夏热冬冷地区地处中国中部的长江流域及其周围广大地区,涵盖中国经济最活跃的 16 个省(直辖市)。该地区 GDP 约占我国GDP 总量的 50%,该地区人口约占我国总人口的 42%,因此,夏热冬冷地区的住宅"绿色性能"研究尤为重要,作为可持续城市发展形态的主要构成要素,量大面广的住宅街坊项目中,如何在总体设计和方案设计阶段就能清晰地树立"绿色性能"观念并制定具体策略,在我国大量的城市更新和开发片区的理性实践中有着非常迫切的社会需求。

1.2 国内外已有研究综述

1. 基于气候条件下的城市形态研究

大量事实反映了地域气候与城市形态及建筑风格的关系,深刻揭示了人类建造庇护所和城镇的最初动机和原始动力并非形式,而是"气候条件引发的奇想和地理条件提出的挑战",从侧面反映了地域气候环境对于城市形态研究的重要性。Baruch Givoni 的研究证实在热环境方面,城市设计,特别是城市街区的布局,建成区域的密度、街道尺度和走向对街区热气候的影响显著[5]。Chiras 等 2000 年对实现绿色化区域设计的影响要素进行列举与分析,从地区气候特征、选址、公共空间、建筑布局模式、建筑形态和景观设计的角度提出了街区规划层面通过气候适应性设计实现绿色化的建议[6],是出现较早的、较系统的绿色化城市设计研究。Carlo Ratti 等(2003),在相关研究结果基础上,选取体形系数、阴影密度、天空率、太阳辐射度作为影响因子,对围合式院落住宅、小型点式住宅、大型点式住宅的微气候环境进行对比分析,探讨炎热地区不同影响因子综合影响下三种住宅布局形式的优劣[7]。Ratti 等(2005)的研究通过对城市的栅格数据—数字高程模型(DEM)进行分析,选择伦敦、图卢兹、柏林这三个城市来搜集表面积、体积比、建筑朝向等形态参数,将参数输入模拟软件即可得到该地区的能耗[8]。S J Quan 等(2014)在 Martin 和 March 的研究中街区结构的基础上,运用 AutoCAD script、MATLAB 和 Energy Plus 8 对波特兰和亚特兰大所选街区能耗与街区密度、建筑形体和布局类型学的关系进行模拟分析,得出容积率、建筑密度、建筑体形系数都对建筑群能耗有显著影响[9]。B. Bueno 等(2013)对基于 Python 的城市气候与能耗模拟分析体系 UWG (Urban Weather Generator)的运算建模原理进行了详细介绍,并选取在法国图卢兹和瑞士巴塞尔两地进行实测,以验证软件模拟的准确性,结论证明模拟误差为 1K,考虑测量高度影响因素,误差在允许范围内,证实了 UWG 体系在中层尺度城市微气候及能耗模拟研究中的可行性[10]。

　　近年来,我国部分研究学者开始关注城市形态对城市微气候影响的量化研究。关于实验测试方面的主要量化研究有:湿热地区城市环境中高密度居住区热环境的相关实测研究,例如 2001 年林波荣等人通过一段时间内对某栋典型多层板楼建筑外微气候相关参数的监测,总结出太阳辐射下建筑外表面温度分布及气候特征[11]。冉茂宇、孟庆林等 2006 年通过表面温差方法建立户外空间界面温度的预测模型,提出用反应系数法计算空间界面的吸热系数,利用室外气候参数实现界面温度的预测并结合实测,利用周期性反应系数法对几种界面的温度进行了预测计算[12]。吴恩融 2007 年及其后续研究中多次涉及香港地区高密度城市形态对城市热环境的影响[13]。余庄、张辉将复杂的城市转化为可在 CFD 中进行仿真模拟的数字模型,将城市中的建筑材料性质、水体的数字模型以及城市特征转化为 CFD 模型的数字参数,并对该方法的结果进行了分析和总结[14]。陈宏利用 CFD 耦合技术对小区室外热气候进行分析,并使用 SET 评价室外热环境对行人的热舒适性的影响[15]。

住宅作为城市中最大量的形态要素,无论是在受地方气候特征点做出的类型上的变化,还是对周边环境产生微气候的影响,都有待综合且深化的研究。

2. 高密度街区城市形态与微气候环境互动研究

麦克·詹克斯(M. Jenks)在其书中指出,在高密度城市中,可持续设计必须及时地适应某一特定城市形态的特殊要求。如香港的高层和多用途、高强度用地模式,是得到社会承认的可持续城市形态[16]。荷兰代尔夫特大学贝格豪泽·庞特(Meta Berghauser Pont)教授将4种建筑密度指标(建筑容积率、覆盖率、平均层数和开放空间率)结合在一起建立了一种评价建筑密度与城市形态之关联的图表,即"空间伴侣"(Space Mate)。利用空间伴侣法(量化关系),可以描述、评价与预测建筑与城市的高密度状态以及所产生的形态和组织结构形式[17]。同济大学杨峰等,针对城市高层居住区规划设计策略对小区室外热环境的影响,进行了实地观测和参数化的数值模拟,以验证和量化不同设计策略对室外热岛和热舒适度的影响机制和程度[18]。东南大学王建国等,基于不同生物气候区域的地理特征,探讨了湿热地区、干热地区、冬冷夏热地区和寒冷地区的人居环境类型及其绿色城市设计生态策略和方法应用要点[19]。南京大学丁沃沃等,对城市形态与城市外部空间微气候之间进行关联性研究,提炼了城市肌理形态、城市肌理体量单元等概念,以及热舒适度、风舒适度和呼吸性能3个舒适性指标,同时为城市肌理优化提出了街区整合度、建筑群离散度、建筑朝向指标和体型系数3组指标,为城市街道空间优化提出了街道贴线率和街阔整合度2组表述指标,并提出亟待解决的相关问题[20]。华中科技大学陈宏、李保峰通过现场实测与数值模拟相结合的方法,分析夏热冬冷地区城市中心高密度条件下的城市街区内热量、风矢量、日射幅度等微气候因子的日变化过程和分布状态,并对街道层峡形态布局进行比较发现影响室外微气候的主要因素[21]。香港中文大学邹经宇等2016年深入梳理了高密度城市香港自20世纪50年代以来在社会型住房开发、规划、设计、分配等方面的发展历程和面临的挑战。结合新加坡和日本在相关方面经验,总结出香港公营房屋计划在应对人口激增与城市可持续发展中的作用及意义[22]。

城市形态与微气候和建筑能耗等绿色性能之间的密切关系已为国内外城市设计师和城市研究者所关注,并在理论和实证两方面展开,特别是随着模拟技术手段的不断成熟和完善,结合实测的模拟研究已经在风环境、热环境以及建筑节能领域获得结论。但也要注意到,单一领域的成果远远满足不了在城市更新和城市发展中的需求,特别是在作为城市基本构成单元的街坊层面所开展的城市(再)开发和城市修补实践,尤为需要更为科学综合的预判、评估、优化和决策的工具及方法来支撑城市设计工作中的形态理性决策,避免已经出现的多个"低能耗单体建筑"项目组合形成的街坊整体微气候环境差,乃至群体高能耗等失衡现象。因此,通过科学定量的方法,来寻求街区内包括建筑能耗、微气候及土地利用等综合绿色性能的相对平衡和最佳组合,是我国大量高密度城市在环境提升、形态优化的可持续发展过程中所迫切需求的。

1.3　研究内容和方法

1. 研究内容

（1）概念界定

夏热冬冷地区:根据中国建筑气候区划,我国的夏热冬冷地区,地处我国中部的长江流域及其周围广大地区,涵盖了中国经济最活跃的 16 个省(直辖市)。我国的夏热冬冷地区全年最冷月平均温度是 $0\sim10℃$,全年最热月平均温度是 $25\sim30℃^{[23]}$,是世界同纬度地区除了沙漠气候以外最热的区域。在湿度方面,夏热冬冷地区的室外平均相对湿度达到 75% 左右。夏季制冷、冬季采暖以及通风降湿是夏热冬冷地区用能的主要原因。

绿色性能:本书提出的绿色性能,包括土地资源的利用性能、建筑(群)能耗水平、街坊间公共空间和街坊内部环境的微气候性能等为主的综合性能,是在应对地方气候特点,满足人们建筑室内外使用需求的条件下,通过相应的气候应对策略、总体布局策略、单体设计策略、细部提升策略和行为引导策略来实现的。

街坊:该词源于英文的"block"一词,指由城市道路围合而成的用地范围,其外部围绕的城市道路特指作为市政道路的主干路、次干路和支路,不包括服务型道路等内部联系路径。街坊的内部空间由若干产权地块组成,产权地块是土地出让的最小单位,由产权红线划分而成。街坊是规划领域为实现"一张图管理"而设立的规划平面单元,也是各类规划控制指标的空间载体(图 1-3-1)。

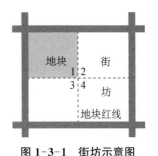

图 1-3-1　街坊示意图

（2）研究框架和篇章概要

夏热冬冷地区是我国气候条件苛刻的地区之一,夏热冬冷、全年湿润是主要的气候特征。这一地区中有上海、杭州、苏州、南京、武汉、成都等大型城市和更多的中小型城市,集聚了上亿的居住人口和相应的住宅建筑。本书以上海为例,尝试探讨在平衡住宅合理舒适度的情况下提升绿色住宅性能的几个主要策略:

气候应对策略。应对夏热冬冷、多潮湿季的气候条件，提出加强通风隔热、兼顾冬季保温和夏季遮阳的综合性气候应对策略，并将这种看似不兼容的要求通过设计和使用策略加以落实在"节地、节能、节水"等多项目标中，该部分较易理解，在本书中不详细展开。

总体布局策略。关注住宅建筑群体的点、板、围合等类型组合过程中所产生的总体影响，既包括了布局形态下的群体能耗优劣和土地利用效率比较，也要评估不同布局下的住宅街坊间公共空间（街道）以及住宅街坊内部空间（花园等）的微气候状况，从而获得比较全面的布局考量点。

单体设计策略。关注单体设计在体形生成中的设计变化点，如：朝向、标准层、面宽与进深、层数、层高、单元联列等设计变量对建筑能耗的影响；同时，也关注单体设计中的平面设计变量，如户型类型及其组合等与能耗的关系。为建筑设计提供更为清晰的设计变量优选菜单。

细部（性能）提升策略。该部分策略是在已有建筑细部构造基础上，针对气候区的特点，讨论了：①立面遮阳在不同设计变量（朝向、形式等）条件下的应对策略以及建立可变遮阳的效应；②立体绿化（包括屋面绿化和立面绿化）在不同条件下的节能效率以及诱发的问题；③节水策略，包括了总体布局中的雨水渗透、收集和再利用，单体设计中的户内中水系统以及立面雨水的收集再利用等内容，成为设计细节展开中的绿色性能再提升节点。

行为引导策略。聚焦住宅建筑在使用过程中，所出现的用能习惯、用能人群等特点（主要以空调使用为例），分析不受限于规范，使用更为合理的设计参数，制定合理的布局并引导良好的用能行为等，为住宅建筑的有效节能使用提供依据。

本书主要章节是对上述几个设计策略的详细展开，即分为住宅街坊布局、住宅单体节能设计、绿色性能再提升、住宅的用能行为四个部分，是关于夏热冬冷地区住宅设计与绿色性能的完整讨论，本书也是国家"十三五"重点研发计划专项项目"目标和效果导向的绿色建筑设计新方法及工具"（项目编号：2016YFC0700200)的研究成果。

2. 研究方法和主要工具

本书所开展的研究基于城市气候、城市生态及城市形态等方面的理论，在此不一一赘述，研究强调实测与模拟相结合，定量与定性相结合的工作方法。

前期工作以实测研究为基础，后期以模拟研究和分析为主。利用实测数据摸清作为夏热冬冷地区典型代表城市上海的气候特点，校正模拟准确度，再通过大量模拟分析归纳结论。现场实测虽然存在诸多不确定因素和困难，但仍是研究城市微气候模拟研究的前提,是了解城市微气候最基础的手段,也是对软件模拟进行数据可信度校验的唯一来源。物理模型分析是在城市微气候实测数据基础上建立回归预测模型进行分析,数值模拟分析也是当前研究城市微气候的重要方法。

研究使用模拟软件是基于 Rhino 平台 Grasshopper 下的 Ladybug Tools 系列软件,该系列包含了 Ladybug、Honeybee、Butterfly 和 Dragonfly 四个插件,分别用于室外气象环境分析和可视化、建筑光环境及能耗分析、基于 CFD 的建筑室外风环境及室内通风分析、宏观尺度城市气候现象分析(图 1-3-2)。本书的软件模拟实验主要使用了其中的 Ladybug、Butterfly、Honeybee。

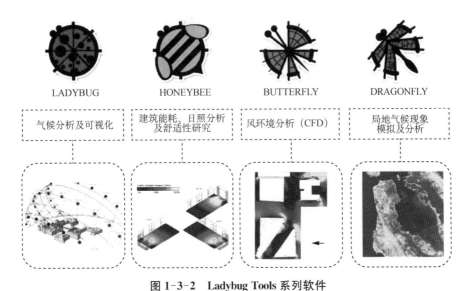

图 1-3-2 Ladybug Tools 系列软件

图片来源:作者根据 http://Ladybug.tools 自绘

Ladybug Tools 系列软件能够完成室外热舒适性和建筑能源消耗的数值模拟分析,可以以此应用软件作为展开城市住宅街坊形态布局与街坊微气候和街坊建筑群能耗相关性研究的模拟基础。

室外热舒适度与能耗计算都基于 Rhino、Grasshopper 建模平台。室外热舒适度用 Ladybug Tools 系列软件进行模拟,其中太阳热辐射利用 Ladybug 插件计算,风环境利用 Butterfly 插件计算,建筑群能耗用 Honeybee、Energy Plus 插件计算。

研究采用的模拟软件具有国际较高的认可度,同时具备以下优势:一次建模,进行多维度性能的计算模拟;模拟结果的数值化与可视化;不同性能结果间数据共享(图 1-3-3)。

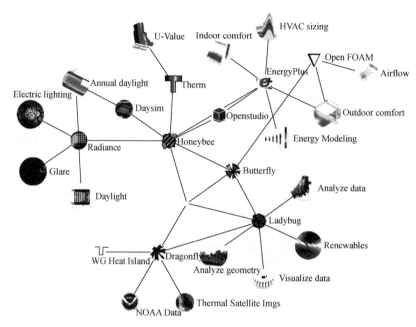

图 1-3-3　Ladybug 系列软件与其他软件的交互

图片来源：http://Ladybug.tools

本章参考文献

［1］佚名.《2018 年版世界城镇化展望》报告发布[J].上海城市规划,2018(03):129.

［2］国务院第六次全国人口普查办公室. 2010 年第六次全国人口普查主要数据[M].北京:中国统计出版社，2011.

［3］陈飞,诸大建.低碳城市研究的内涵、模型与目标策略确定[J].城市规划学刊,2009(04):7-13.

［4］佚名.中国建筑能耗研究报告 2020[J].建筑节能(中英文),2021,49(02):1-6.

［5］GIVONI B. Effectiveness of mass and night ventilation in lowering the indoor daytime temperatures. Part I: 1993 experimental periods[J]. Energy and Buildings, 1998,28(01):25-32.

［6］CHIRAS D D. Superbia: 31 Ways to Create Sustainable Neighborhoods[J]. New Society Press, 2003.

［7］RATTI C, RAYDON D, STEEMERS K. Building form and environmental performance: archetypes, analysis and an arid climate[J]. Energy and Buildings Energy and Buildings, 2003,35(01):49-59.

［8］RATTI C, BAKER N, STEEMERS K. Energy consumption and urban texture[J].

Energy and Buildings，2005，37(07)：763-776.

［9］QUAN S J，ECONOMOU A，GRASL T，et al. Computing energy performance of building density，shape and typology in urban context［J］. Energy Procedia，2014，61：1602-1605.

［10］BUENO B，NORFORD L，HIDALGO J，et al. The urban weather generator［J］. Building Performance Simulation，2013，6(04)：269-281.

［11］林波荣,李晓锋,朱颖心.太阳辐射下建筑外微气候的实验研究:建筑外表面温度分布及气流特征［J］.太阳能学报,2001(03)：327-333.

［12］冉茂宇,杨若菡,孟庆林.太阳辐射下户外空间界面温度的预测模型和方法［J］.太阳能学报,2006(07)：719-724.

［13］吴恩融,孙凌波.香港的高密度和环境可持续性:一个关于未来的个人设想［J］.世界建筑,2007(10)：127-128.

［14］余庄,张辉.城市规划CFD模拟设计的数字化研究［J］.城市规划,2007(06)：52-55.

［15］陈宏.建筑体型与布局对城市空间换气效率的影响［J］.武汉理工大学学报,2002(07)：44-46.

［16］JENKS M. Compact cities：Sustainable urban forms for developing countries［M］. London and New York：E&FN Spon，2000.

［17］AHMED H M E，JORGE G，PONT M B. The suitability of the urban local climate zone classification scheme for surface temperature studies in distinct macroclimate regions［J］. Urban Climate，2012，37：100823.

［18］杨峰,钱锋,刘少瑜.高层居住区规划设计策略的室外热环境效应实测和数值模拟评估［J］.建筑科学,2013,29(12)：28-34＋92.

［19］王建国,徐小东.基于生物气候条件的绿色城市设计生态策略［J］.建筑与文化,2006(08)：11-19.

［20］丁沃沃,胡友培,窦平平.城市形态与城市微气候的关联性研究［J］.建筑学报,2012(07)：16-21.

［21］陈宏,李保峰,张卫宁.城市微气候调节与街区形态要素的相关性研究［J］.城市建筑,2015(31)：41-43.

［22］邹经宇,李晌.高密度模式下的人居环境建设策略及新机遇:香港社会型住房的开发及转变［J］.时代建筑,2016(06)：44-49.

［23］中华人民共和国建设部.民用建筑热工设计规范(GB 50176-93)［S］.北京:中国计划出版社,1983.

第 2 章 住宅街坊布局

本章从土地利用效率、建筑群能耗和室外热舒适度三个角度,对街坊布局进行综合测评,分析建筑高度、街坊尺度、街坊朝向和布局类型对三者的影响,得出分析权重(图 2-0-1)。

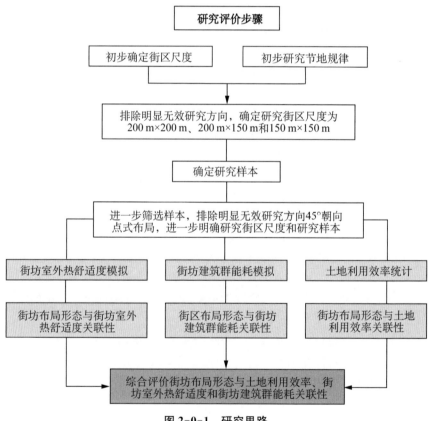

图 2-0-1 研究思路

2.1　住宅街坊布局形态与土地利用效率

1. 夏热冬冷地区(以上海为例)高密度指标界定

依据上海高密度的实际要求确定其人口密度。《上海市城市总体规划 (2017—2035)》对土地资源、常住人口规模、人口密度分区有明确要求。

(1) 土地资源:明确城市建设用地总量和结构,实现规划建设用地规模负增长,推进集约节约用地和功能适度混合,提升土地利用绩效。

(2) 常住人口规模:至 2020 年将常住人口控制在 2 500 万人以内,并以 2 500 万人左右的规模作为 2040 年常住人口调控目标。

(3) 人口密度分区:疏解中心城过密人口,提高新城、新市镇的人口密度、就业岗位密度和城市空间绩效。新城人口密度达到 1.2 万人/km² 以上,新市镇人口密度达到 1.0 万人/km² 以上。

(4) 中心城:为外环线以内区域,范围面积约 664 km²,规划常住人口规模约 1 100 万人[1]。

通过 2018 年 12 月某日 10:00 和 22:00 的百度热力图可以大致反映居住人群(夜)和就业人群(昼)的聚集程度,基本呈现为外环线以内区域为居住和就业高密度地区,如图 2-1-1。

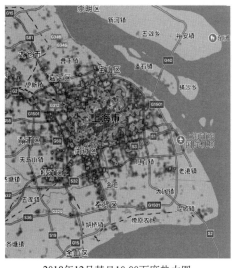
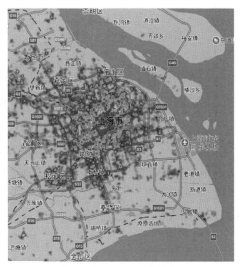

2018年12月某日10:00百度热力图　　2018年12月某日22:00百度热力图

图 2-1-1　上海高密度地区热力图

《上海市城市总体规划(2017—2035)》规划期内,中心城范围内的总居住用地在 220～280 km²,这意味着中心城区的平均人口密度将可能高达 4 万～5 万人/km²,居住人口压力相当大,在加强中心城区"控增量、调结构、优品质"的同时,也需要结合土地利用效率和绿色环境展开研究。下文将以人口密度 5 万人/km² 作为上海高密度指标。

上海市在《关于加强容积率管理全面推进土地资源高质量利用的实施细则(2020 版)》中提到"贯彻实施'上海 2035'总体规划,以容积率差别化管理和土地复合利用为抓手,统筹人口、用地和空间关系,提高土地利用效率,优化用地布局结构,提升空间环境品质,促进我市土地资源高质量利用"。文件规定住宅组团用地属于基本强度时容积率不大于 2.5,特定强度时容积率可大于 3.0。下文将以容积率 2.5 作为上海高密度指标。

2. 住宅街坊土地利用效率

通过日照测评和《上海市城市规划管理技术规定》的布局要求对 200 m×200 m,200 m×150 m 和 150 m×150 m 尺寸的街坊进行对比研究,利用 11 层、18 层、33 层三种建筑高度形式,按行列式、点式、围合式三种布局类型布局,如图 2-1-2,得到 90 个样本(附录 A)。对其土地利用效率指标结果按照人口密度、总建筑面积和容积率进行指标统计,如图 2-1-3,横坐标 11-X,代表建筑层数为 11 层的第 X 个样本,针对样本的建筑高度、布局类型、街坊尺度和街坊朝向四个影响因素进行深入分析。

(1)布局类型与土地利用效率

分别对 11 层、18 层和 33 层的行列式、点式和围合式布局得到的 90 个样本方案的土地利用效率进行横向比较和纵向对比。横向对比中比较建筑高度相同时,不同布局类型的土地利用效率特性。纵向对比中比较不同建筑高度的布局类型对节地效果的影响,更为全面地总结布局类型的节地特性。

如图 2-1-4,为 11 层样本的土地利用效率表现情况,利用人口密度、总建筑面积和净容积率三个指标反映土地利用程度,通过比较,11 层行列式土地利用效率整体较为平稳,经点式降低并到达低谷,11 层围合式又经波动上升到最高点。人口密度最高值 5.63 万人/km² 出现在 11 层围合式,人口密度最低值 2.5 万人/km² 出现在 11 层点式,差值为 3.13 万人/km²;总建筑面积最高值 2.31 百万 m²/km² 出现在 11 层围合式,总建筑面积最低值 1.02 百万 m²/km² 出现在 11 层点式,差值为 1.29 百万 m²/km²;净容积率最高值 3.27 出现在 11 层围合式,净容积率最低值 1.45 出现在 11 层点式,差值为 1.82,11 层行列式和围合式的土地利用效率整体高于点式。

　　如图 2-1-5，为 18 层样本的土地利用效率表现情况，通过比较，18 层行列式和围合式的土地利用效率整体高于点式。

　　如图 2-1-6，为 33 层样本的土地利用效率表现情况，通过比较，33 层行列式和围合式的土地利用效率整体高于点式。

　　通过横向比较发现，布局类型的变化对土地利用效率有一定影响，行列式和围合式布局土地利用效率整体高于点式布局的土地利用效率，从布局类型角度评价，行列式和围合式布局的节地效果较好，点式布局的节地效果最差。

　　通过纵向比较发现，如图 2-1-7，围合式和行列式的土地利用效率一直高于

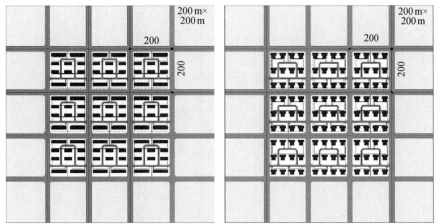

■建筑布局形态　■街坊内部道路　┌┐建筑退距
行列式布局形态示意图

■建筑布局形态　■街坊内部道路　┌┐建筑退距
点式布局形态示意图

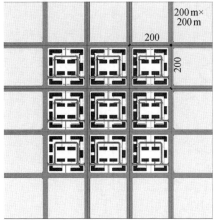

□建筑布局形态　■街坊内部道路　┌┐建筑退距
围合式布局形态示意图

图 2-1-2　住宅街坊布局形态意向图

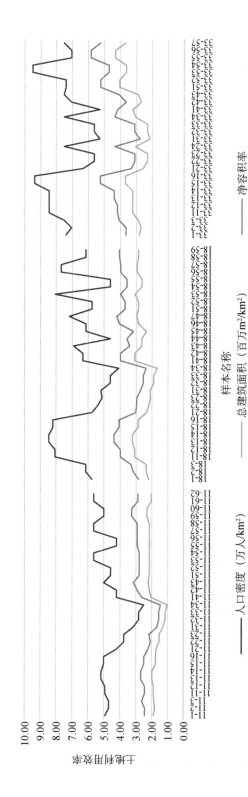

图 2-1-3　90 个样本的人口密度、总建筑面积和净容积率指标图

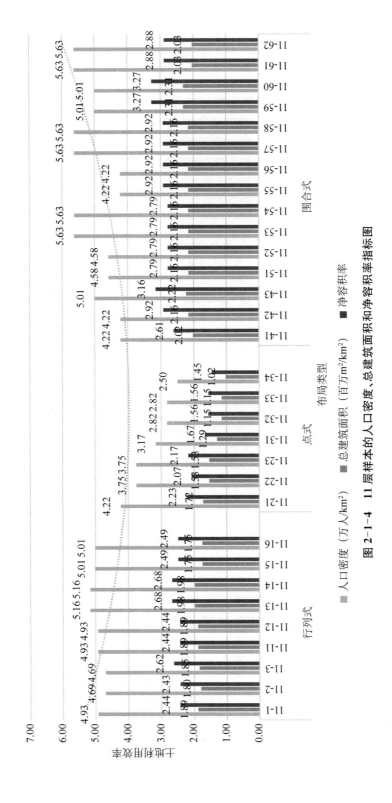

图 2-1-4　11 层样本的人口密度、总建筑面积和净容积率指标图

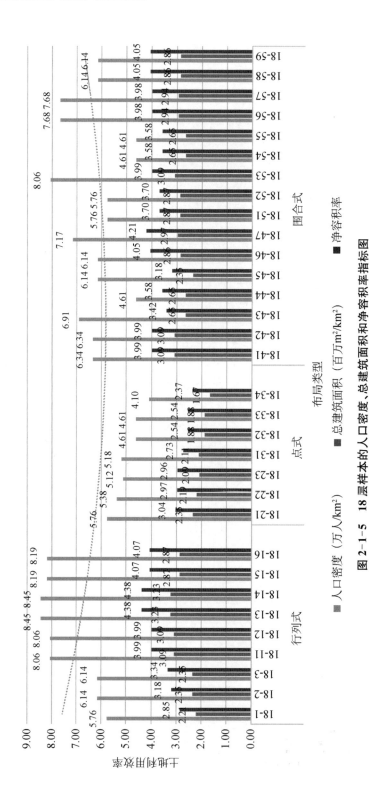

图2-1-5 18层样本的人口密度、总建筑面积和净容积率指标图

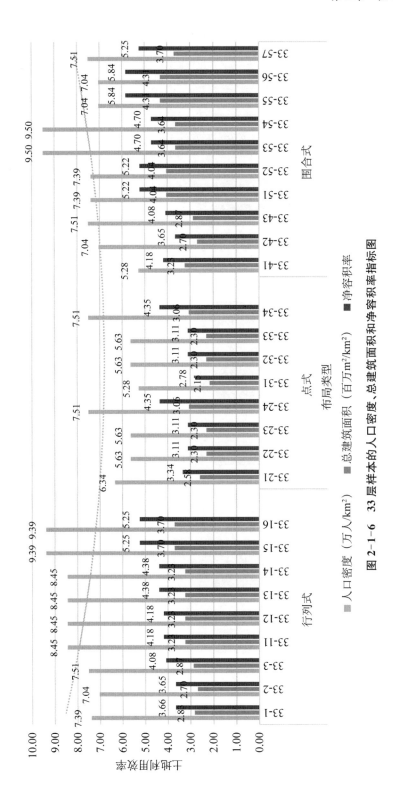

图 2-1-6　33 层样本的人口密度、总建筑面积和净容积率指标图

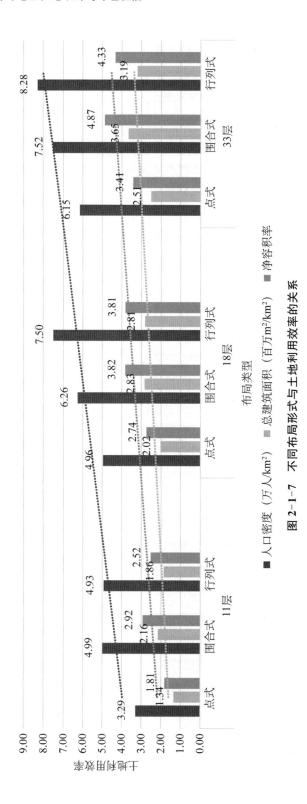

图 2-1-7　不同布局形式与土地利用效率的关系

点式布局的土地利用效率,点式和行列式人口密度最大差值可达4.99万人/km²,点式和围合式总建筑面积最大差值可达 2.31 百万 m²/km²,点式和围合式净容积率最大差值可达 3.06。

通过以上分析,上海地区选择行列式和围合式布局更为合适。

（2）建筑高度与土地利用效率

分别对 11 层、18 层和 33 层的行列式、点式与围合式布局的 90 个样本方案的土地利用效率进行对比分析,对比建筑高度不同时,样本的人口密度、总建筑面积和容积率的变化情况,并且对比建筑高度与平均人口密度、总建筑面积和容积率的关联关系。

图 2-1-8 分别表示 11 层、18 层和 33 层样本的人口密度、总建筑面积和净容

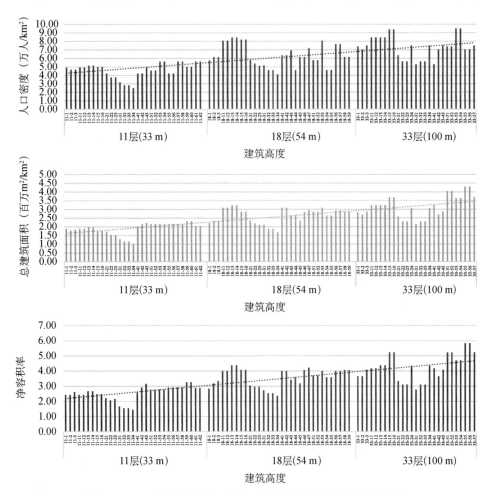

图 2-1-8　不同高度的人口密度、总建筑面积和净容积率指标图

积率表现情况,整体由 11 层建筑高度到 33 层建筑高度呈增长趋势,并围绕趋势线波动;11 层、18 层和 33 层分别有一处明显低于趋势线,为点式布局形式,证明建筑高度的提高也无法改善点式自身的形体问题,想得到高土地利用效率首先应选择正确的布局类型,其次应选择较高的建筑高度。

通过数据分析可知,人口密度、总建筑面积和容积率三者的变化趋势一致,都表现为随着建筑高度的升高而上升,整体由 11 层建筑高度到 33 层建筑高度呈增长趋势,说明土地利用效率与建筑高度之间具有正相关关系,是土地利用效率的重要影响因素之一。

将所有样本按照建筑高度分为三类并且取人口密度、总建筑面积和净容积率三个指标的平均值,如图 2-1-9,可以更加直观地看到,土地利用效率随着建筑高度的增长直线上升。11 层建筑高度的平均人口密度为 4.93 万人/km²,不满足上海人口密度 5 万人/km² 的高密度要求,18 层和 33 层建筑高度的平均人口密度为 6.32 万人/km² 和 7.37 万人/km²,可以满足人口密度 5 万人/km² 的要求;11 层建筑高度的平均净容积率不满足上海容积率 2.5 的高密度要求,18 层和 33 层建筑高度的平均净容积率为 3.58 和 4.26,可以满足上海容积率 2.5 的高密度要求。11 层和 33 层人口密度最大差值可达 2.44 万人/km²,11 层和 33 层总建筑面积最大差值可达 1.27 百万 m²/km²,11 层和 33 层净容积率最大差值可达 1.82。

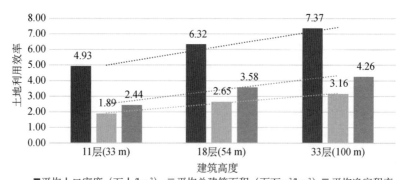

图 2-1-9　建筑高度与土地利用效率关系

通过以上分析,上海地区建议使用 11 层以上高度的建筑。

(3) 街坊尺度与土地利用效率

基于绿色住区和绿色生态城区研究,街坊尺度在 150~200 m 为合理的研究尺度,对 200 m×200 m、200 m×150 m 和 150 m×150 m 三种街坊尺度 90 个样本方案的土地利用效率的人口密度、总建筑面积和容积率指标进行分析,总结街坊尺度变化与土地利用效率之间的关联性关系。

人口密度、总建筑面积和容积率三者的变化趋势都呈现波动大的特点,如图 2-1-10,200 m×200 m、200 m×150 m 和 150 m×150 m 三个区间的人口密度、总建筑面积和容积率指标波动都很大,很难通过横向对比找出土地利用效率与影响因子之间的相关规律,需通过数据处理后再作出分析。

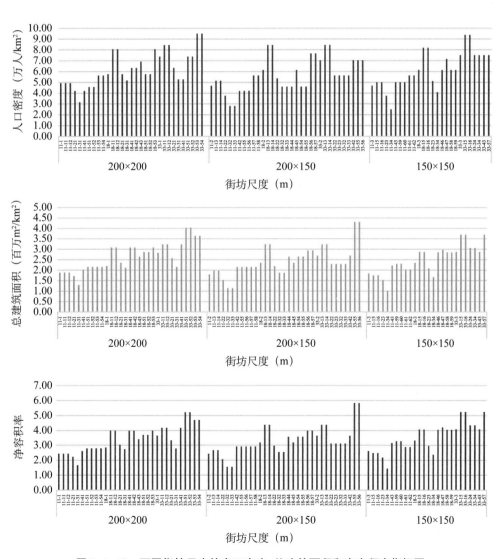

图 2-1-10　不同街坊尺度的人口密度、总建筑面积和净容积率指标图

将所有样本按照街坊尺度分为三类并且取其人口密度、总建筑面积和净容积率三个指标的平均值,如图 2-1-11,可以更加直观地看到土地利用效率与街坊尺度之间的关联关系,土地利用效率由 200 m×200 m 到 150 m×150 m 街坊尺度呈增长趋势,即 150 m×150 m 尺度街坊的土地利用效率好于 200 m×150 m 和 200 m×200 m 尺度街坊,在 150～200 m 之间,街坊尺度划分越小越有利于节地。

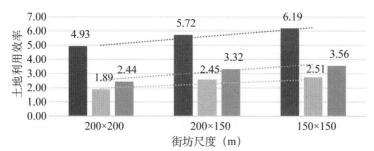

图 2-1-11　不同街坊尺度的土地利用效率指标图

（4）街坊朝向与土地利用效率

在街坊尺度、建筑高度相同的前提下,对 90 个样本方案进行筛选,将布局相似的样本分成具有可比性的对照组,每个对照组包含南北 0°朝向和南偏东（西）45°朝向两种街坊朝向的样本,对其土地利用效率指标进行对照分析,比较街坊朝向变化对土地利用效率的影响,总结二者之间的关联性。

按照布局类型划分对照组,每个对照组包含 0°朝向和 45°朝向,最后共筛选得到 90 个样本 30 组对照组,如图 2-1-12。经统计分析,其人口密度、总建筑面积和容积率三个指标的对比结果基本一致：行列式和围合式布局时,45°朝向的土地利用效率好于 0°朝向的土地利用效率;点式布局时 0°朝向的土地利用效率好于45°朝向的土地利用效率。分析点式布局之所以出现与其他二者相反的结论是因为点式建筑自身进深大、自遮挡严重的缺陷,45°朝向时比南北朝向更难通过日照测评,对周围建筑间距要求更大,建筑容量低于平均水平。

0°朝向和 45°朝向街坊土地利用效率差别最明显处出现在 33 层围合式布局时,0°朝向和 45°朝向街坊人口密度最大差值可达 4.22 万人/km²,0°朝向和 45°朝向街坊总建筑面积最大差值可达 161.7 万 m²/km²,0°朝向和 45°朝向街坊净容积率最大差值可达 2.19。

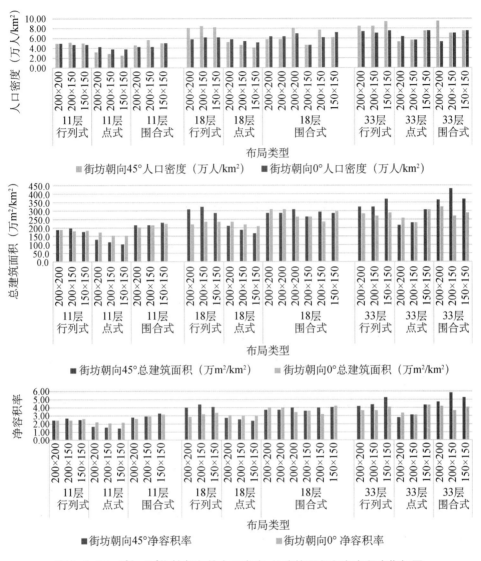

图 2-1-12　0°与 45°街坊朝向的人口密度、总建筑面积和净容积率指标图

　　将所有样本按照街坊朝向分为 0°朝向和 45°朝向两类并且取其人口密度、总建筑面积和净容积率三个指标的平均值,可以更加直观地看到土地利用效率与街坊朝向之间的关联关系,如图 2-1-13。

　　0°朝向和 45°朝向街坊人口密度最大差值可达 1.31 万人/km²,0°朝向和 45°朝向街坊总建筑面积最大差值可达 0.45 百万 m²/km²,0°朝向和 45°朝向街坊净容积率最大差值可达 0.62。

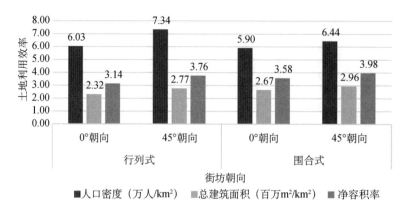

图 2-1-13　0°与 45°街坊朝向的土地利用效率指标图

通过以上分析,上海地区南偏东(西)45°朝向街坊的土地利用效率好于正南北朝向街坊的土地利用效率。

3. 住宅街坊布局形态对土地利用效率的影响

(1) 在布局类型方面,行列式、围合式布局形式明显好于点式布局形式,点式因自身进深大、自遮挡严重等缺陷,在上海地区较难通过日照测试,土地利用效率低,上海地区不建议使用点式住宅布局;

(2) 在建筑高度方面,建筑高度与土地利用效率的关联性关系非常明显,建筑高度与土地利用效率呈正相关关系,土地利用效率由 11 层到 33 层明显增高,上海地区建议使用 11 层以上高度的住宅建筑;

(3) 在街坊尺度方面,街坊尺度与土地利用效率的关联性关系不明显,当街坊尺度为 200 m×200 m、200 m×150 m 和 150 m×150 m 时,各项指标之间关联性规律不明确,街坊尺度作为影响因子对土地利用效率影响较小;在深入比较分析后得到 150 m×150 m 尺度的街坊节地效果好于 200 m×200 m 和 200 m×150 m;

(4) 在街坊朝向方面,在行列式和围合式布局时,街坊朝向为 45°土地利用效率明显好于街坊朝向为 0°,在点式布局时,街坊朝向为 0°土地利用效率明显好于街坊朝向为 45°;在深入分析原因后得到点式布局不适合上海地区,建议利用行列式和围合式布局,45°街坊朝向的土地利用效率好于 0°街坊朝向的土地利用效率。

通过对四项影响因子的土地利用效率指标差值进行统计发现,无论从人口密度、总建筑面积还是净容积率角度,布局类型的变化对土地利用效率指标影响都是最大,其次是建筑高度的影响,再次为街坊尺度的影响,最后为街坊朝向的影响。根据各项差值计算布局类型、建筑高度、街坊尺度、街坊朝向的影响比重,见表 2-1-1。

表 2-1-1 土地利用效率差值与影响比重

影响因子	人口密度	总建筑面积	净容积率	影响比重
布局类型	4.99	2.31	3.06	50%
建筑高度	2.44	1.27	1.82	26%
街坊尺度	1.26	0.62	1.12	14%
街坊朝向	1.31	0.45	0.62	10%

综上所述,对土地利用效率的影响因子比重为:

布局类型:建筑高度:街坊尺度:街坊朝向=50%:26%:14%:10%

上海地区节地和提高土地利用效率的策略:道路系统设计为 45°网格状布局,将住宅街坊划分为 150～200 m 尺度的街块,尽量使用 11 层以上高度建筑进行行列式布局或者围合式布局,使得土地利用效率较高,节地性能较好。

2.2 住宅街坊布局形态与街坊建筑群能耗

遵照上海市工程建设规范《居住建筑节能设计标准》(DGJ 08-205—2015)的要求,设置住宅建筑每户的开窗率,北向≤0.35,东向和西向≤0.25,南向≤0.5,设置成窗高为 1.5 m 的窗户。遵照上海市工程建设规范《居住建筑节能设计标准》的要求,冬季采暖室内设计温度应取 18℃,夏季空调室内设计温度应取 26℃。冬季采暖和夏季空调时,换气次数设置为 1 次/h。

可以得到所有能耗计算结果,包括制冷能耗、采暖能耗、电灯能耗、设备能耗等。提取分析所需要的制冷能耗和采暖能耗,将得到的能耗值除以能效比,现行上海市工程建设规范《居住建筑节能设计标准》规定,采暖能耗除以供热额定能效比 2.5,制冷能耗除以供冷额定能效比 3.1,二者加和除以街坊总建筑面积,得到单位面积的能耗值,得到能耗模拟结果,如图 2-2-1。编号 11-X 为建筑层数 11 层的样本。

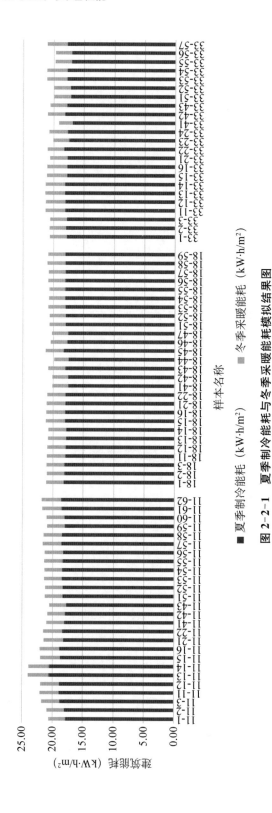

图 2-2-1 夏季制冷能耗与冬季采暖能耗模拟结果图

1. 布局类型与建筑群能耗

剔除 90 个样本中土地利用效率极低的样本,得到 78 个合理样本。将 78 个样本方案按照行列式、点式和围合式分为三类,对模拟结果进行横向比较和纵向比较。横向对比中比较建筑高度相同时,不同布局类型的建筑群能耗特性。纵向对比中比较建筑高度不同时,布局类型对建筑群能耗的影响,更为全面地总结布局类型对建筑群能耗的影响。

如图 2-2-2,比较 11 层行列式、点式和围合式布局的能耗值发现,能耗值由 11 层行列式升高,达到最高值后经点式降低,到 11 层围合式降到最低点,紧接着趋于平稳。11 层行列式整体能耗高于点式和围合式,能耗最高值出现在 11 层行列式,能耗最低值出现在 11 层围合式,差值为 3.46 kW·h/m²。

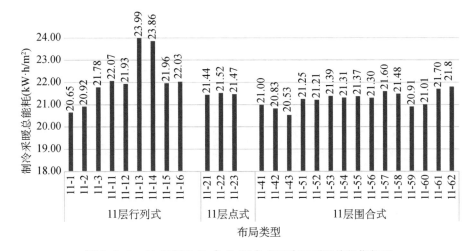

图 2-2-2　11 层行列式、点式、围合式制冷采暖总能耗指标图

如图 2-2-3,比较 18 层行列式、点式和围合式布局的能耗值发现,由 18 层行列式到点式能耗值较为平稳,到 18 层围合式出现最低值,紧接着逐步上升。18 层行列式和点式整体能耗高于围合式,能耗最高值出现在 18 层围合式,能耗最低值出现在 18 层围合式,差值为 1.38 kW·h/m²。

如图 2-2-4,比较 33 层行列式、点式和围合式布局的能耗值发现,由 33 层行列式到点式能耗值较为平稳,到 33 层围合式出现最低值,紧接着逐步上升。33 层行列式和点式整体能耗高于围合式,且更为稳定,波动幅度小。能耗最高值出现在 33 层行列式,能耗最低值出现在 33 层围合式,差值为 2.21 kW·h/m²。

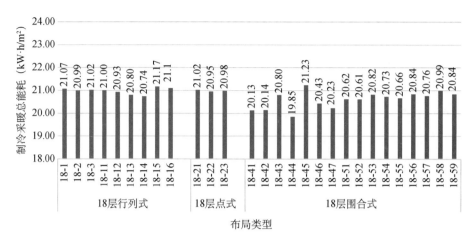

图 2-2-3 18 层行列式、点式、围合式制冷采暖总能耗指标图

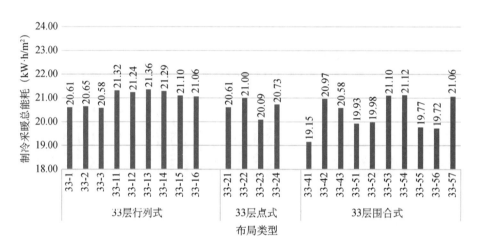

图 2-2-4 33 层行列式、点式、围合式制冷采暖总能耗指标图

通过横向比较发现,行列式和点式布局能耗整体高于围合式布局的能耗值,从布局类型角度评价,围合式布局较行列式和点式更节能。

按照布局类型进行分类,取各类布局类型建筑能耗平均值,可以更加直观地看到布局类型与建筑能耗之间的关联关系,比较行列式、点式和围合式布局的能耗值发现:无论建筑高度如何,行列式制冷能耗始终高于点式和围合式,如图 2-2-5,11 层行列式布局制冷能耗值最高,为 19.03 kW·h/m²,制冷能耗最低值出现在 33 层围合式,差值为 1.57 kW·h/m²;采暖能耗与布局类型的关系不明确,如图 2-2-6,处于持续波动状态,采暖能耗最高值出现在 11 层点式布局为 3.16 kW·h/m²,采暖能耗最低值出现在 18 层围合式,差值为 0.43 kW·h/m²;

制冷采暖总能耗方面,如图 2-2-7,无论建筑高度如何,行列式总能耗始终大于或等于点式和围合式,11 层行列式布局总能耗值最高 22.13 kW·h/m²,总能耗最

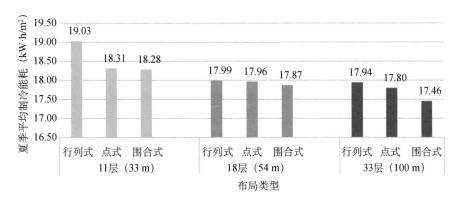

图 2-2-5　布局类型与夏季平均制冷能耗关系图

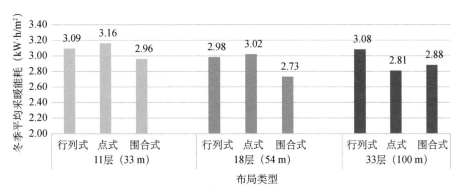

图 2-2-6　布局类型与冬季平均采暖能耗关系图

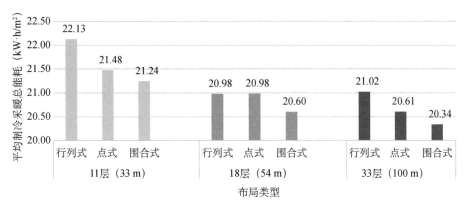

图 2-2-7　布局类型与平均制冷采暖总能耗关系图

低值出现在 33 层围合式,差值为 1.79 kW·h/m²。制冷能耗起决定性影响作用,说明上海地区夏季炎热问题多于冬季寒冷,夏季炎热问题突出,制冷能耗远高于采暖能耗。

通过以上分析,点式和围合式布局建筑群能耗表现最好。点式布局的能耗表现整体较稳定,行列式布局和围合式布局的建筑群能耗值波动较大,布局类型的变化对建筑群能耗有一定影响,但不是决定性影响因素。

综合横向对比和纵向对比,相比较点式和围合式布局,行列式布局建筑群能耗整体表现出能耗较高的特点,行列式建筑群能耗始终高于点式和围合式建筑群能耗,11 层行列式布局建筑群能耗最高,说明行列式布局不利于节能。

2. 建筑高度与建筑群能耗

将 78 个样本方案按照 11 层、18 层和 33 层分为三类,分别对夏季制冷能耗和冬季采暖能耗结果进行归纳分析,分析建筑高度的变化对建筑群夏季制冷、冬季采暖和制冷采暖总能耗的影响,总结建筑高度对建筑群总能耗的影响规律。

图 2-2-8—图 2-2-10 分别表示 11 层、18 层和 33 层样本的夏季制冷能耗、冬季采暖能耗和制冷采暖总能耗表现情况。制冷能耗与建筑高度有较为明确的相关关系,随着建筑高度增加,制冷能耗逐渐降低,与建筑高度呈负相关关系,制冷能耗最高值出现在 11 层,最低值出现在 33 层;采暖能耗随着建筑高度的增高,波动程度增加,围绕趋势线震荡明显,与建筑高度没有明确的相关关系,采暖能耗最高值出现在 11 层,最低值出现在 33 层,但整体差值较小;制冷采暖总能耗与建筑高度有较为明确的相关关系,随着建筑高度增加,制冷采暖总能耗逐渐降低,与建筑高度呈负相关关系,总能耗最高值出现在 11 层,最低值出现在 33 层。

由此,可以确定建筑群制冷能耗与建筑高度具有相关性,且制冷采暖总能耗受制冷能耗的影响更为显著,总能耗与建筑高度呈负相关关系,但差异不大。

如图 2-2-11 所示,在夏季制冷能耗方面,33 层建筑高度表现最好,表现最差的 11 层和表现最好的 33 层相差 0.83 kW·h/m²;在冬季采暖能耗方面,18 层建筑高度表现最好,表现最差的 11 层和表现最好的 18 层相差 0.19 kW·h/m²;如图 2-2-12 所示,在制冷采暖总能耗方面,33 层建筑高度表现最好,表现最差的 11 层和表现最好的 33 层相差 0.92 kW·h/m²。

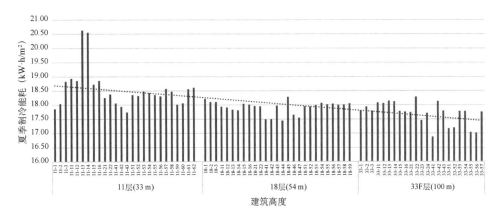

图 2-2-8　建筑高度与夏季制冷能耗关系图

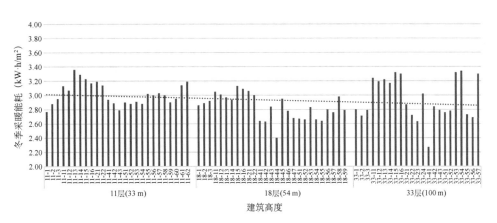

图 2-2-9　建筑高度与冬季采暖能耗关系图

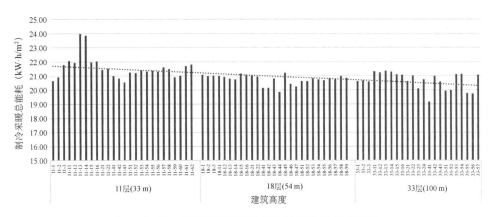

图 2-2-10　建筑高度与平均制冷采暖总能耗关系图

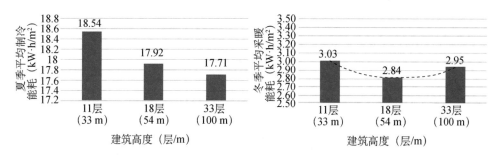

图 2-2-11　不同建筑高度夏季平均制冷能耗(左)和冬季平均采暖能耗(右)指标图

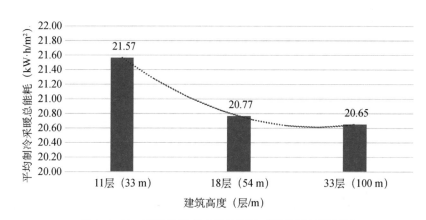

图 2-2-12　不同建筑高度平均制冷采暖总能耗指标图

通过数据分析可知:夏季制冷能耗和冬季采暖能耗二者的变化趋势不同,建筑高度越高,夏季制冷能耗越低,但冬季采暖能耗先降低后上升,因制冷能耗差值更大,所以制冷采暖总能耗受制冷能耗的影响更为显著。通过改变建筑高度因素可改变建筑群能耗指标,建筑高度越高越节能,由 11 层到 18 层能耗骤减,18 层到 33 层逐渐平稳,33 层建筑高度的节能表现最佳。

3. 街坊朝向与建筑群能耗

在街坊尺度、建筑高度相同的前提下,将布局相似的样本分成具有可比性的对照组,包含南偏东 45°与南偏西 45°两种街坊朝向的一组样本,以及南北 0°和南偏东(西)45°三种街坊朝向的另一组样本,对其住宅街坊建筑群夏季制冷能耗、冬季采暖能耗和制冷采暖总能耗进行对照分析,比较街坊朝向变化对建筑能耗的影响,总结二者的关联性关系。

(1) 南偏东 45°与南偏西 45°

如图 2-2-13 所示,建筑群总能耗方面,南偏西 45°朝向始终略大于或等于南偏东 45°朝向,差值在 0.01～0.14 kW·h/m² 之间,南偏东 45°朝向建筑群能耗表现更好,二者最大差值出现在 11 层行列式,最小差值出现在 18 层围合式,建筑群总能耗整体表现为南偏东 45°朝向街坊更为节能。

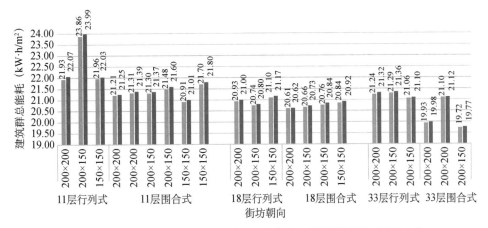

图 2-2-13　南偏东 45°与南偏西 45°朝向建筑群总能耗指标关系图

如图 2-2-14 所示,南偏西 45°朝向和南偏东 45°朝向街坊,布局类型相同的情况下,夏季平均制冷能耗最大差值为 0.05 kW·h/m²,布局类型不同的情况下,夏季平均制冷能耗最大差值 0.46 kW·h/m²;布局类型相同的情况下,冬季平均采暖能耗最大差值可达 0.04 kW·h/m²,布局类型不同的情况下,冬季平均采暖能耗最大差值可达 0.3 kW·h/m²。如图 2-2-15 所示,布局类型相同的情况下,平均制冷采暖总能耗最大差值可达 0.08 kW·h/m²,布局类型不同的情况下,平均制冷采暖总能耗最大差值可达 0.76 kW·h/m²。

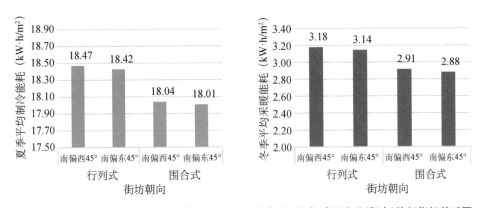

图 2-2-14　南偏东 45°与南偏西 45°朝向夏季平均制冷(左)和冬季平均采暖(右)能耗指标关系图

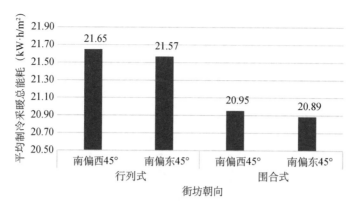

图 2-2-15　南偏东 45°与南偏西 45°朝向平均制冷采暖总能耗指标关系图

　　比较各种建筑高度、街坊尺度和布局类型的南偏东 45°与南偏西 45°朝向的建筑能耗后发现，南偏西 45°朝向建筑能耗略高于南偏东 45°朝向建筑能耗，在确定一致规律后，发现 33 层 45°朝向行列式和 33 层 45°朝向围合式布局的指标波动较大，需要对其他影响因素做详细研究。

　　1）街坊朝向对能耗的影响——以 33 层行列式 200 m×200 m、200 m×150 m 街坊为例

　　第一组对照：33-11 和 33-12，33-13 和 33-14 两组在布局形态、建筑高度、建筑密度、容积率和总建筑面积都相同的情况下，只有街坊朝向进行变化，33-11、33-13 街坊为南偏西 45°行列式布局，33-12、33-14 街坊为南偏东 45°行列式布局，比较 33-11 和 33-12、33-13 和 33-14 两组布局方案能耗影响因素。33-11 南偏西 45°朝向比 33-12 南偏东 45°朝向能耗高 0.08 kW·h/m²，33-13 南偏西 45°朝向比 33-14 南偏东 45°朝向能耗高 0.07 kW·h/m²，如表 2-2-1、图 2-2-16。说明 33 层行列式住宅在布局形态、建筑高度、建筑密度、体形系数、容积率和总建筑面积一致的情况下，南偏西 45°朝向建筑能耗高于南偏东 45°朝向建筑能耗。

表 2-2-1　　　　　　　　　　　　对照组一指标表

样式分类	名称	街坊大小	街坊朝向		总建筑面积（万 m²/km²）	净容积率	夏季制冷能耗（kW·h/m²）	冬季采暖能耗（kW·h/m²）	制冷采暖总能耗(kW·h/m²)
45°行列式	33-11	200 m×200 m	45°	南偏西	323.4	4.18	18.08	3.24	21.32
	33-12			南偏东			18.06	3.19	21.24
	33-13	200 m×150 m		南偏西		4.38	18.14	3.22	21.36
	33-14			南偏东			18.12	3.17	21.29

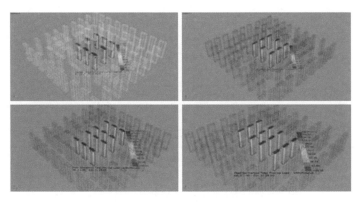

45°行列式布局建筑体形系数与容积率

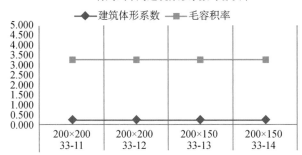

45°行列式布局全年制冷采暖总能耗（kW·h/m²）

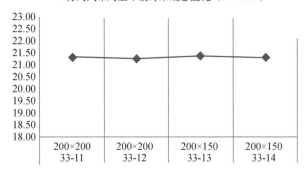

图 2-2-16　对照组一模型能耗分析图

2）街坊朝向对能耗的影响——以 33 层围合式 200 m×200 m、200 m×150 m 街坊为例

第二组对照：33-51 与 33-52，33-53 与 33-54，33-55 与 33-56 三组在布局形态、建筑高度、建筑密度、容积率和总建筑面积都相同的情况下，只有街坊朝向进行变化，33-51、33-53、33-56 街坊为南偏东 45°朝向围合式布局，33-52、33-54、33-55 街坊为南偏西 45°朝向围合式布局，比较南偏西 45°朝向和南偏东 45°朝向两个布局方案能耗影响因素。33-51 南偏东 45°朝向比 33-52 南偏西 45°朝向能

耗低 0.05 kW·h/m²,33-53 南偏东 45°朝向比 33-54 南偏西 45°朝向能耗低 0.02 kW·h/m²,33-56 南偏东 45°朝向比 33-55 南偏西 45°朝向能耗低 0.05 kW·h/m²,如表 2-2-2、图 2-2-17。说明 33 层围合式住宅在布局形态、建筑高度、建筑密度、体形系数、容积率和总建筑面积一致的情况下,南偏西 45°朝向建筑能耗高于南偏东 45°朝向建筑能耗,建筑朝向是街坊建筑群能耗的主要影响因素。

表 2-2-2   对照组二指标表

样式分类	名称	街坊大小	街坊朝向		总建筑面积（万 m²/km²）	净容积率	夏季制冷能耗（kW·h/m²）	冬季采暖能耗（kW·h/m²）	制冷采暖总能耗(kW·h/m²)
45°围合式	33-51	200 m× 200 m	45°	南偏东	404.3	5.22	17.17	2.76	19.93
	33-52			南偏西			17.20	2.78	19.98
	33-53	200 m× 200 m		南偏东	363.8	4.70	17.78	3.32	21.10
	33-54			南偏西			17.78	3.34	21.12
	33-55	200 m× 150 m		南偏西	431.2	5.84	17.04	2.73	19.77
	33-56			南偏东			17.02	2.69	19.72

（2）0°与南偏西 45°和南偏东 45°

如图 2-2-18 所示,三者整体表现为南偏西 45°朝向高于南偏东 45°朝向高于南北 0°朝向的建筑能耗值,但是也会出现南北 0°朝向高于其他二者的情况。11 层行列式和围合式布局时,45°朝向能耗值始终高于 0°朝向建筑能耗值,18 层和 33 层行列式与围合式布局时,会出现 0°朝向建筑能耗值高于 45°朝向能耗值的情况。

取样本中南北 0°朝向、南偏西 45°朝向和南偏东 45°朝向三类样本,并且取其夏季平均制冷能耗值、冬季平均采暖能耗值和平均制冷采暖总能耗值三个指标进行比较,可以更加直观地看到街坊朝向与建筑群能耗之间的关联关系,如图 2-2-19、图 2-2-20。

无论布局类型如何,南北 0°朝向比 45°朝向街坊夏季平均制冷能耗值更低,冬季平均采暖能耗值更低,平均制冷采暖总能耗值更低,南北 0°朝向建筑更为节能。

南北 0°朝向和 45°朝向街坊,布局类型相同的情况下,夏季制冷能耗最大差值为 0.38 kW·h/m²,布局类型不同的情况下,夏季制冷能耗最大差值为 0.72 kW·h/m²;布局类型相同的情况下,冬季采暖能耗最大差值可达 0.34 kW·h/m²,布局类型不同的情况下,冬季采暖能耗最大差值可达 0.46 kW·h/m²;布局类型相同的情况下,制冷采暖总能耗最大差值可达 0.72 kW·h/m²,布局类型不同的情况下,制冷采暖总能耗最大差值可达 1.18 kW·h/m²。

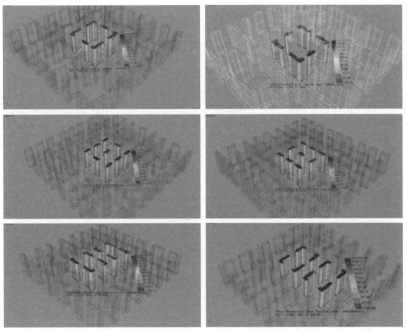

45°围合式布局建筑体形系数与容积率

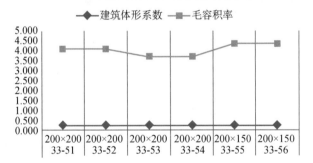

45°围合式布局全年制冷采暖总能耗（kW·h/m²）

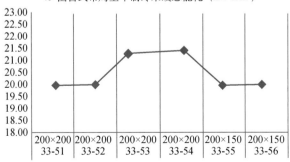

图 2-2-17　对照组二模型能耗分析图

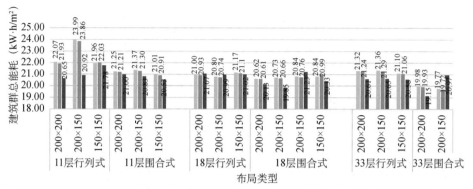

图 2-2-18　0°与 45°朝向建筑能耗指标关系图

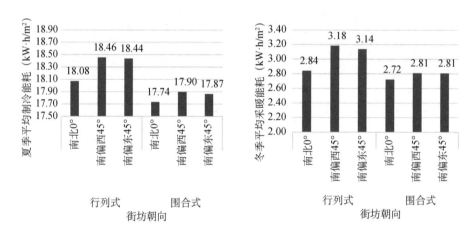

图 2-2-19　0°与 45°朝向夏季平均制冷(左)和冬季平均采暖(右)能耗指标关系图

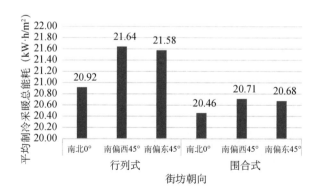

图 2-2-20　0°与 45°朝向平均制冷采暖总能耗指标关系图

纵向对比得知,通过改变街坊朝向可有效降低建筑能耗,南北 0°朝向街坊建筑群平均能耗比 45°朝向街坊建筑群平均能耗更低,上海地区建议使用 0°朝向街坊。

综合横向比较和纵向比较结果可以得到以下结论:总体而言,南偏西 45°朝向街坊建筑群能耗大于南偏东 45°朝向街坊建筑群能耗大于南北 0°朝向建筑能耗,0°朝向街坊建筑群能耗更低,较 45°朝向街坊更节能。

11 层行列式和 11 层围合式南北 0°朝向和南偏西 45°朝向与南偏东 45°朝向建筑能耗差值最大,选取 11-1、11-11、11-12 和 11-2、11-13、11-14,11-41、11-51、11-52 和 11-42、11-55、11-56 四个街坊尺度相同、布局相同的对照组样本进行特性分析。

1) 街坊朝向对能耗的影响——以 11 层行列式 200 m×200 m、200 m×150 m 街坊为例

第一组对照:在布局形式、建筑高度、容积率、建筑密度、体形系数和总建筑面积相同的情况下,只对街坊朝向进行变化,比较 11-1 南北朝向街坊布局方案、11-11 南偏西 45°朝向街坊布局方案和 11-12 南偏东 45°朝向街坊三个布局方案能耗影响因素。11 层南北朝向行列式布局能耗小于南偏东 45°和南偏西 45°街坊朝向行列式布局能耗,南偏西 45°朝向能耗最高,如表 2-2-3、图 2-2-21。

表 2-2-3　　　　　　　　　　对照组一指标表

样式分类	名称	街坊大小	街坊朝向		建筑体形系数	总建筑面积(万 m²/km²)	净容积率	夏季制冷能耗(kW·h/m²)	冬季采暖能耗(kW·h/m²)	制冷采暖总能耗(kW·h/m²)
行列式	11-1		0°	南北				17.86	2.77	20.65
45°行列式	11-11	200 m×200 m	45°	南偏西	0.261	188.7	2.44	18.93	3.13	22.07
	11-12			南偏东				18.86	3.07	21.93

第二组对照:与第一组对照组前提条件一致的情况下,改变容积率后,比较 11-2 南北朝向街坊布局方案、11-13 南偏西 45°朝向街坊布局方案和 11-14 南偏东 45°朝向街坊三个布局方案能耗影响因素,11-13 和 11-14 能耗比 11-2 有明显的增长。11-2 建筑容量小于 11-14 南偏东 45°朝向和 11-13 南偏西 45°朝向街坊,11 层南北朝向行列式布局能耗小于南偏东 45°和南偏西 45°朝向行列式布局能耗,南偏西 45°朝向能耗最高,如表 2-2-4、图 2-2-22。

200 m×200 m街坊行列式布局建筑体形系数与容积率

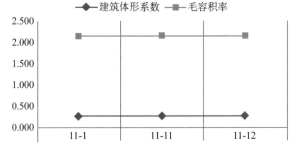

200 m×200 m街坊行列式布局全年制冷采暖总能耗(kW·h/m²)

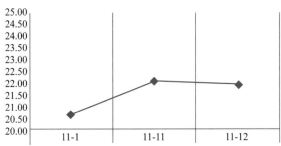

图 2-2-21　对照组一模型能耗分析图

表 2-2-4　　　　　　　　　　　　对照组二指标表

样式分类	名称	街坊大小	街坊朝向		建筑体形系数	总建筑面积(万 m²/km²)	净容积率	夏季制冷能耗(kW·h/m²)	冬季采暖能耗(kW·h/m²)	制冷采暖总能耗(kW·h/m²)
行列式	11-2	200 m×150 m	0°	南北	0.261	179.7	2.43	18.04	2.88	20.92
45°行列式	11-13		45°	南偏西		197.6	2.68	20.63	3.36	23.99
	11-14			南偏东				20.56	3.29	23.86

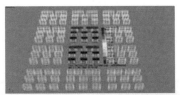

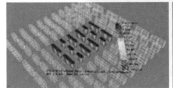 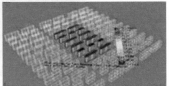

200 m×150 m街坊行列式布局建筑体形系数与容积率

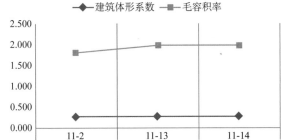

200 m×150 m街坊行列式布局全年制冷采暖总能耗(kW·h/m²)

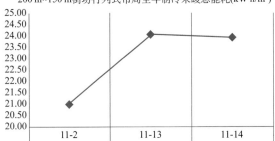

图 2-2-22　对照组二模型能耗分析图

综合一、二两种不同街坊尺度对照组说明 11 层行列式布局时,街坊朝向是能耗的主要影响因素。南北朝向街坊建筑群能耗最低,南偏西 45°朝向街坊建筑群能耗高于南偏东 45°朝向街坊建筑群能耗。

2) 街坊朝向对能耗的影响——以 11 层围合式 200 m×200 m、200 m×150 m 街坊为例

第三组对照:在布局形式、建筑高度、容积率、建筑密度、体形系数和总建筑面积相同的情况下,只对街坊朝向进行变化,比较 11-42 南北朝向街坊布局方案、11-55 南偏西 45°朝向街坊布局方案和 11-56 南偏东 45°朝向街坊布局方案三个

布局方案能耗影响因素,11层南北朝向围合式布局能耗小于南偏东45°和南偏西45°朝向围合式布局能耗,南偏西45°朝向能耗最高,如表2-2-5、图2-2-23。

表2-2-5   对照组三指标表

样式分类	名称	街坊大小	街坊朝向		建筑体形系数	总建筑面积（万 m²/km²）	净容积率	夏季制冷能耗（kW·h/m²）	冬季采暖能耗（kW·h/m²）	制冷采暖总能耗（kW·h/m²）
围合式	11-42	200 m×150 m	0°	南北	0.232	215.6	2.92	17.94	2.89	20.83
45°围合式	11-55		45°	南偏西				18.35	3.02	21.37
	11-56		45°	南偏东				18.30	3.00	21.30

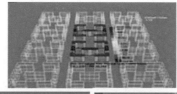

 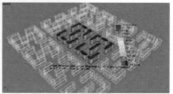

200 m×150 m街坊围合式布局建筑体形系数与容积率

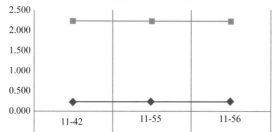

200 m×150 m街坊围合式布局全年制冷采暖总能耗(kW·h/m²)

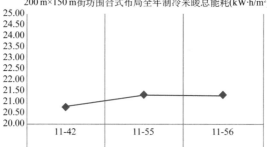

图2-2-23 对照组三模型能耗分析图

第四组对照：与第三组对照组前提条件一致的情况下，容积率改变后，比较 11-41 南北朝向街坊布局方案、11-51 南偏西 45°朝向街坊布局方案和 11-52 南偏东 45°朝向街坊三个布局方案能耗影响因素。11-51 和 11-52 建筑容量高于 11-41、11-51 和 11-52 能耗比 11-41 有略微的增长。11 层南北朝向围合式布局能耗小于南偏东 45°和南偏西 45°街坊朝向围合式布局能耗，如表 2-2-6、图 2-2-24。综合三、四两个对照组，说明 11 层围合式建筑布局时，街坊朝向是能耗的主要影响因素。

表 2-2-6　　　　　　　　　　　　对照组四指标表

样式分类	名称	街坊大小	街坊朝向		建筑体形系数	总建筑面积（万 m²/km²）	净容积率	夏季制冷能耗（kW·h/m²）	冬季采暖能耗（kW·h/m²）	制冷采暖总能耗（kW·h/m²）
围合式	11-41	200 m×200 m	0°	南北	0.232	202.1	2.61	18.06	2.94	21.00
45°围合式	11-51		45°	南偏西		215.6	2.79	18.35	2.90	21.25
	11-52			南偏东				18.32	2.88	21.21

可见，在节能朝向（南偏东 45°—南偏西 45°）中，朝向与住宅平均能耗的关系为：

南北 0°＜南偏东 45°＜南偏西 45°，差异为 1%。

4. 街坊尺度与建筑群能耗

本章节将 78 个样本方案按照 200 m×200 m、200 m×150 m 和 150 m×150 m 街坊尺度分为三类，对 78 个样本方案的夏季制冷能耗和冬季采暖能耗模拟结果进行分析，总结街坊尺度变化与建筑群制冷采暖总能耗之间的关联性关系。

如图 2-2-25 所示，200 m×200 m、200 m×150 m 和 150 m×150 m 三种街坊尺度的建筑群制冷采暖总能耗的变化趋势都呈现波动大的特点，200 m×200 m、200 m×150 m 和 150 m×150 m 三个区间的能耗值波动都很大，建筑群总能耗与街坊尺度的相关性较弱，与样本的其他特性相关性更强，很难通过横向对比找出建筑群总能耗与街坊尺度影响因子之间的相关规律，寻找街坊尺度与建筑群总能耗之间的关联性需通过数据处理后再作出分析。

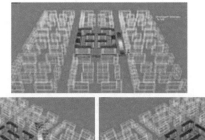

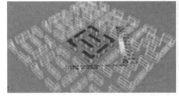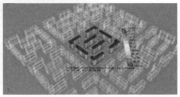

200 m×200 m街坊围合式布局建筑体形系数与容积率

◆ 建筑体形系数 ■ 毛容积率

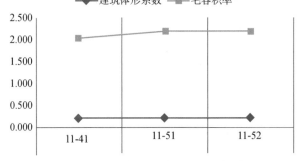

200 m×200 m街坊围合式布局全年制冷采暖总能耗(kW·h/m²)

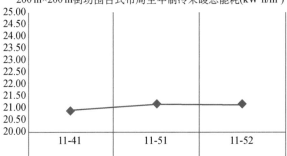

图 2-2-24 对照组四模型能耗分析图

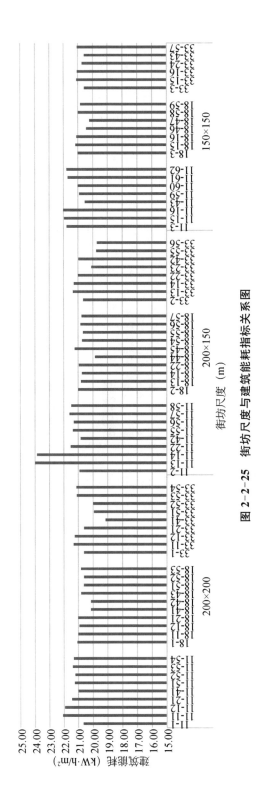

图 2-2-25　街坊尺度与建筑能耗指标关系图

　　将所有建筑能耗值按照街坊尺度分为三类并且取其平均值,如图 2-2-26、图 2-2-27 所示,可以更加直观地看到建筑群制冷能耗、采暖能耗和制冷采暖总能耗与街坊尺度之间的关联关系。冬季采暖能耗由 200 m×200 m 到 150 m×150 m 街坊尺度呈先降低后增长趋势,即在冬季采暖能耗方面,200 m×150 m 尺度街坊好于 200 m×200 m 尺度街坊好于 150 m×150 m 尺度街坊,最大差值 0.11 kW・h/m²;在夏季制冷能耗方面,夏季制冷能耗由 200 m×200 m 到 150 m×150 m 街坊尺度呈先上升后降低趋势,200 m×200 m 街坊尺度好于 150 m×150 m 好于 200 m×150 m 尺度街坊,最大差值 0.22 kW・h/m²;制冷采暖总能耗与制冷能耗趋势相同,由 200 m×200 m 到 150 m×150 m 街坊尺度呈先上升后降低趋势,200 m×200 m 街坊尺度好于 150 m×150 m 好于 200 m×150 m 尺度街坊,最大差值 0.2 kW・h/m²。

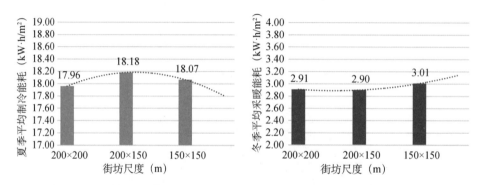

图 2-2-26　街坊尺度与夏季平均制冷(左)和冬季平均采暖(右)能耗指标关系图

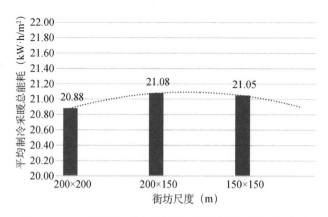

图 2-2-27　街坊尺度与平均制冷采暖总能耗指标关系图

通过对 200 m×200 m、200 m×150 m 和 150 m×150 m 三种街坊尺度的建筑群制冷采暖总能耗值的评价,200 m×200 m 街坊尺度相对节能,200 m×150 m 街坊尺度总能耗较高,但差值仅占总能耗的 1%。

5. 住宅街坊布局形态对街坊建筑群能耗的影响

(1) 在布局类型方面,围合式和点式节能表现明显好于行列式布局形式。

(2) 在建筑高度以及建筑容量方面夏季制冷能耗和冬季采暖能耗二者的变化趋势不同,建筑高度越高,夏季制冷能耗越低,但冬季采暖能耗先降低后上升,由 11 层到 18 层能耗骤减到 18 层到 33 层逐渐平稳,33 层建筑高度的节能表现最佳。

(3) 在街坊尺度方面,街坊尺度对建筑群能耗的影响不明显,当街坊尺度为 200 m×200 m、200 m×150 m、150 m×150 m 时,建筑群能耗各项指标之间有细微差别,200 m×200 m 街坊尺度最为节能。

(4) 在街坊朝向方面,南偏西 45°朝向街坊建筑群能耗大于南偏东 45°朝向街坊建筑群能耗大于南北 0°朝向建筑能耗,0°朝向街坊建筑群能耗更低,较 45°朝向街坊更节能,但差值仅占总能耗的 1% 以内。

表 2-2-7　　　　　　　　　　建筑群能耗差值与影响比重

影响因子	制冷能耗(kW·h/m^2)	采暖能耗(kW·h/m^2)	影响比重
布局类型	1.57	0.43	46%
建筑高度	0.83	0.19	23%
街坊朝向	0.38	0.34	22%
街坊尺度	0.22	0.11	9%

如表 2-2-7 所述,对街坊建筑群能耗的影响因子比重:

布局类型:建筑高度:街坊朝向:街坊尺度=46%:23%:22%:9%

上海地区提高住宅街坊建筑群节能效果的策略:道路系统设计为 0°网格状布局,将住宅街坊划分为 150~200 m 尺度的街块,尽量使用 33 层高度建筑进行围合式布局,使得建筑群节能效果最佳。

2.3　住宅街坊布局形态与街坊间的室外热舒适度

室外热舒适度(Universal Thermal Climate Index,UTCI 通用热气候指数)由城市气候环境和城市形态布局共同影响,可以客观准确反应室外微气候,UTCI

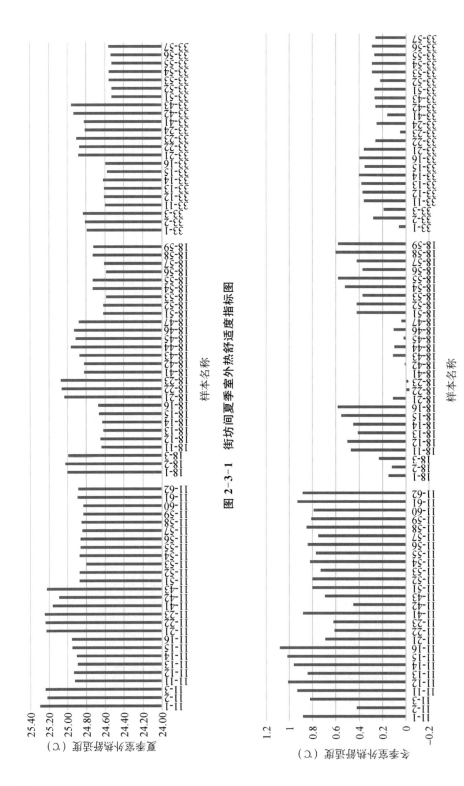

图 2-3-1　街坊间夏季室外热舒适度指标图

图 2-3-2　街坊间冬季室外热舒适度指标图

指标由室外大气温度、湿度、风环境和平均辐射温度四个因素共同作用而得,除湿度因素外,其他三者都会收到城市街坊布局形态的影响,基本原理为:微气候湿度、微气候风速、微气候空气温度和微气候平均辐射温度四个必要因素共同影响 UTCI 值,其中微气候湿度由大气湿度决定;微气候风速由大气风环境受城市地表物质影响后新的风环境决定;微气候空气温度由大气温度和天空长波辐射共同决定;微气候平均辐射温度由风速、太阳辐射、天空长波辐射共同决定。

　　刘念雄、秦佑国[2]指出,城市微气候是指由下垫面构造特性决定的,发生在限于高度为 100 m 以下的 1 km 水平范围内近地面处的城市气候,包括太阳辐射强度、温度、湿度、风、降雨以及雾、霜等时空分布的局地差异。室外热舒适度不仅与城市气候相关,而且与高度为 100 m 以下的 1 km 水平范围内地表建筑群形态相关,需要从街坊形态角度对室外热舒适度的影响做研究。

　　上海位于夏热冬冷地区,具有夏季炎热和冬季寒冷双重问题,对室外热舒适度的测评包括夏季室外热舒适度和冬季室外热舒适度两个方面,如图 2-3-1、图 2-3-2,两个评价权重值相同,为 1∶1。选取典型热周和典型冷周的气象数据代表夏季和冬季室外环境进行 UTCI 运算,分别得到街坊间夏季室外热舒适度和冬季室外热舒适度,并对建筑高度、布局类型、街坊尺度和街坊朝向四个影响因素进行深入分析。

1. 布局类型与街坊间室外热舒适度

　　将 78 个样本方案按照行列式、点式和围合式分为三类,进行夏季室外热舒适度和冬季室外热舒适度模拟。横向对比中比较建筑高度相同时,不同布局类型的 UTCI 特性,纵向对比中比较建筑高度不同时,布局类型对 UTCI 指标的影响,从而总结布局类型对室外热舒适度的影响。图 2-3-3—图 2-3-5 分别为 11 层、18 层和 33 层样本的夏季室外热舒适度表现情况。

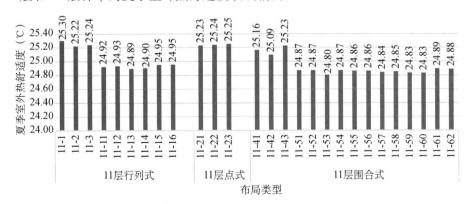

图 2-3-3　11 层行列式、点式和围合式样本夏季室外热舒适度指标图

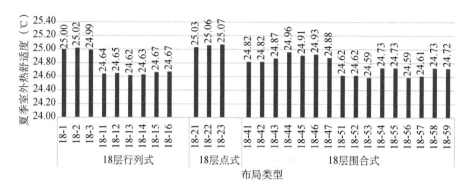

图2-3-4　18层行列式、点式和围合式样本夏季室外热舒适度指标图

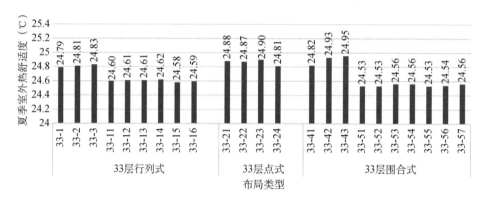

图2-3-5　33层行列式、点式和围合式样本夏季室外热舒适度指标图

　　通过对图2-3-3的分析得到：11层行列式UTCI值由开始最高逐渐降低，经11层点式升高并到达高点，到11层围合式经波动下降，最终逐渐平稳。夏季UTCI最高值25.30℃出现在11层行列式，夏季UTCI最低值24.80℃出现在11层围合式，差值为0.5℃；但11层点式的夏季UTCI值整体较高，11层行列式和围合式的夏季UTCI值波动较大，11层布局类型的UTCI影响规律需进一步研究得出结论。

　　如图2-3-4所示，18层各种布局类型的夏季UTCI值分析得到：18层行列式UTCI值由开始较高逐渐降低，经18层点式升高并到达到最高点，到18层围合式下降，最终平稳波动。夏季UTCI最高值25.07℃出现在18层点式，夏季UTCI最低值24.59℃出现在18层围合式，差值为0.48℃；18层点式的夏季UTCI值整体较高，18层行列式和围合式的夏季UTCI值波动较大，18层布局类型的UTCI影响规律需进一步研究得出结论。

如图 2-3-5 所示,33 层各种布局类型的夏季 UTCI 值分析得到:33 层行列式
UTCI 值由开始较高逐渐降低,经 33 层点式升高,到 33 层围合式达到最高点,后
经波动下降,最终逐渐平稳。夏季 UTCI 最高值 24.95℃ 出现在 33 层围合式,夏
季 UTCI 最低值 24.53℃ 出现在 33 层围合式,差值为 0.42℃;但 33 层点式的夏
季 UTCI 值整体较高,33 层行列式和围合式的夏季 UTCI 值波动较大,33 层布局
类型需进行进一步研究得出结论。

通过横向比较发现,夏季 UTCI 值整体波动较大,点式布局的 UTCI 值整体
较高,行列式和围合式 UTCI 值波动较大,最高值和最低值都出现在行列式和围
合式,高值较多出现在南北朝向的样本中,可以确定点式布局的夏季室外热舒适
度整体表现不佳,行列式和围合式受街坊朝向的影响波动较大,街坊朝向与室外
热舒适度影响规律尚待进一步研究。

图 2-3-6—图 2-3-8 分别为 11 层、18 层和 33 层样本的冬季室外热舒适度表
现情况,如图 2-3-6 所示,11 层各种布局类型的冬季 UTCI 值的分析得到:11 层
行列式 UTCI 值由开始整体较高,经 11 层点式逐渐降低,到 11 层围合式经波动
上升,最终逐渐平稳。冬季 UTCI 最高值 1.08℃ 出现在 11 层行列式,冬季 UTCI
最低值 0.42℃ 出现在 11 层行列式,差值为 0.66℃;但 11 层点式的冬季 UTCI 值
整体较低,11 层行列式和围合式的冬季 UTCI 值波动较大,甚至最高值和最低值
都出自 11 层行列式。

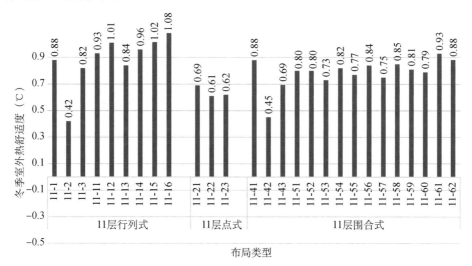

图 2-3-6　11 层行列式、点式和围合式样本冬季室外热舒适度指标图

通过横向比较发现,冬季 UTCI 值整体波动较大,可以确定点式布局的冬季
室外热舒适度整体表现不佳,行列式和围合式受街坊朝向的影响波动较大,街坊

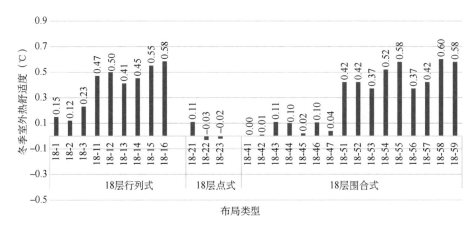

图2-3-7　18层行列式、点式和围合式样本冬季室外热舒适度指标图

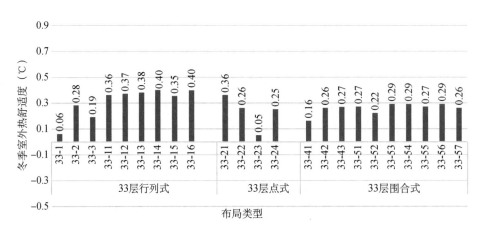

图2-3-8　33层行列式、点式和围合式样本冬季室外热舒适度指标图

朝向与室外热舒适度有一定关联性,综合夏季得到的结论,布局类型的变化对室外热舒适度有一定影响,但不是单一决定性影响因素。

按照布局类型进行分类,取各类布局类型夏季室外热舒适度指标的平均值,如图2-3-9,可以更加直观地看到布局类型与夏季室外热舒适度之间的关联关系:无论建筑高度如何,夏季UTCI值由点式到行列式到围合式呈跌落态势,点式布局夏季UTCI值始终高于行列式和围合式,舒适度表现一直最差,行列式和围合式表现好于点式布局,且33层围合式表现最佳。

纵向比较行列式、点式和围合式布局类型与冬季室外热舒适度之间的关联关系,无论建筑高度如何,由点式到围合式到行列式呈上升态势,点式布局冬季室外

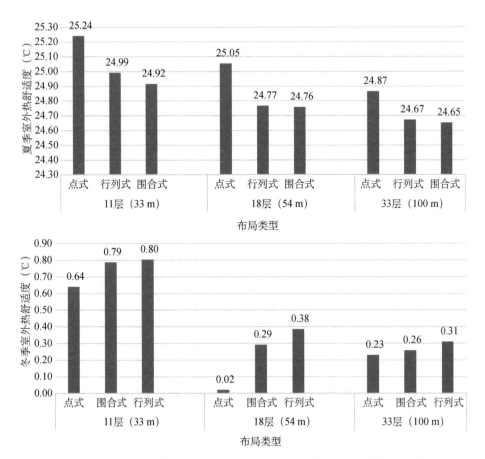

图 2-3-9　夏季室外热舒适度指标平均值(上)和冬季室外热舒适度指标平均值(下)图

热环境温度始终低于行列式和围合式,舒适度表现一直最差,行列式和围合式表现好于点式布局,且 11 层行列式表现最佳。

综合夏季室外热舒适度和冬季室外热舒适度二者的结论,相比较行列式和围合式布局,点式布局整体表现为夏季热且冬季冷的特点,舒适性差;行列式和围合式整体表现为夏季较为凉爽且冬季较温暖的特点,舒适性较好;在夏季舒适度方面,围合式布局表现最好,夏季室外热舒适度表现最差的 11 层点式布局和表现最好的 33 层围合式布局相差 0.59℃;在冬季舒适度方面,行列式布局表现最佳,冬季室外热舒适度表现最好的 11 层行列式布局和表现最差的 18 层点式布局相差 0.78℃。

通过以上分析,上海地区选择行列式和围合式布局室外热舒适度综合表现最好。布局类型的变化对街坊间室外热舒适度有一定影响,但不是决定性影响因素。

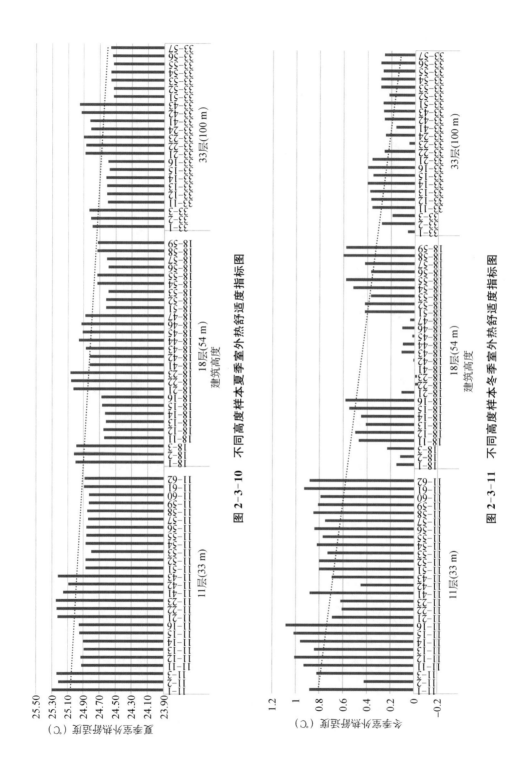

图 2-3-10　不同高度样本夏季室外热舒适度指标图

图 2-3-11　不同高度样本冬季室外热舒适度指标图

2. 建筑高度与街坊间室外热舒适度

本节将 78 个样本方案按照 11 层、18 层和 33 层分为三类,分别对夏季室外热舒适度和冬季室外热舒适度模拟结果进行归纳分析,分析建筑高度的变化对 UTCI 值的影响,总结建筑高度对室外热舒适度的影响规律。

图 2-3-10、图 2-3-11 分别表示 11 层、18 层和 33 层样本的夏季室外热舒适度和冬季室外热舒适度表现情况,整体由 11 层建筑高度到 33 层建筑高度呈下降趋势,并围绕趋势线震荡,夏季室外热舒适度震荡幅度较小,但冬季室外热舒适度震荡幅度较大。证明建筑高度与室外热舒适度具有相关关系,建筑高度越高,夏季室外热舒适度越高,冬季室外热舒适度越低。18 层有一处冬季室外热舒适度明显低于趋势线,为点式布局和南北朝向的围合式布局。可以确定室外热舒适度与建筑高度具有相关性。

如图 2-3-12 所示,在夏季舒适度方面,33 层表现最好,夏季室外热舒适度表现最差的 11 层和表现最好的 33 层相差 0.29℃;在冬季舒适度方面,11 层表现最佳,冬季室外热舒适度表现最好的 11 层和表现最差的 33 层相差 0.53℃。

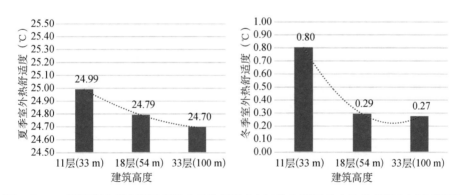

图 2-3-12　不同高度样本夏季平均室外热舒适度(左)和冬季平均室外热舒适度(右)指标图

通过数据分析可知,夏季室外热舒适度和冬季室外热舒适度二者的变化趋势相反,建筑高度越高,夏季室外热舒适度越高,但冬季室外热舒适度越低;建筑高度越低,夏季室外热舒适度越低,但冬季室外热舒适度越高。

说明建筑高度与室外热舒适度是一种动态关联关系,通过单一改变建筑高度因素来改变室外热舒适度指标无法得到夏季凉爽且冬季温暖的方案,只能得到夏季和冬季相对较好的方案,建筑高度绝不是单一决定因素,需要对其他影响因素做进一步分析。

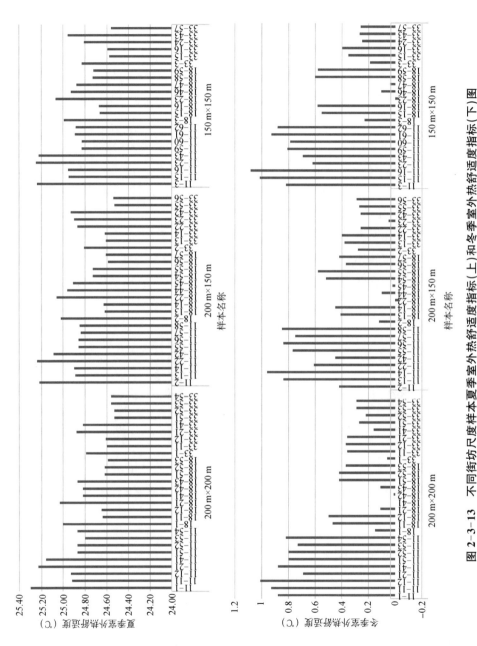

图 2-3-13 不同街坊尺度样本夏季室外热舒适度指标（上）和冬季室外热舒适度指标（下）图

3. 街坊尺度与街坊间室外热舒适度

本节将 78 个样本方案按照 200 m×200 m、200 m×150 m 和 150 m×150 m 街坊尺度分为三类,对 78 个样本方案的夏季室外热舒适度和冬季室外热舒适度指标进行分析,总结街坊尺度变化与室外热舒适度之间的关联性关系。

如图 2-3-13 所示,200 m×200 m、200 m×150 m 和 150 m×150 m 三种街坊尺度的夏季室外热舒适度和冬季室外热舒适度的变化趋势都呈现波动大的特点,未能呈现室外热舒适度与街坊尺度影响因子之间的关系。

将所有 UTCI 值按照街坊尺度分为三类并且取其平均值,如图 2-3-14,可以更加直观地看到室外热舒适度与街坊尺度之间的关联关系,夏季 UTCI 值与冬季 UTCI 值由 200 m×200 m 到 150 m×150 m 尺度街坊呈增长趋势,即在夏季舒适度方面,200 m×200 m 尺度街坊好于 200 m×150 m 好于 150 m×150 m 尺度街坊;但在冬季舒适度方面,150 m×150 m 尺度街坊好于 200 m×200 m 好于 200 m×150 m 尺度街坊,但夏季冬季的变化均为微弱的差异。

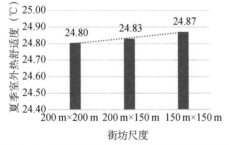 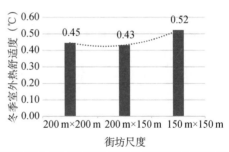

图 2-3-14　不同街坊尺度样本夏季平均室外热舒适度(左)和冬季平均室外热舒适度(右)指标图

综上所述,说明街坊尺度的改变对室外热舒适度影响较小,影响比重较小,需要对其他影响因素做进一步分析。

4. 街坊朝向与街坊间室外热舒适度

本节对 78 个样本方案进行筛选,在街坊尺度、建筑高度相同的前提下,将布局相似的样本分成具有可比性的对照组,包含南偏东 45°与南偏西 45°两种街坊朝向的一组样本,以及南北 0°和南偏东(西)45°三种街坊朝向的另一组样本,对其室外热舒适度进行对照分析,比较街坊朝向变化对室外热舒适度的影响,总结二者的关联性关系。

(1) 南偏西 45°街坊朝向与南偏东 45°街坊朝向

图 2-3-15—图 2-3-17 分别呈现了两类样本在夏季、冬季的表现以及行列

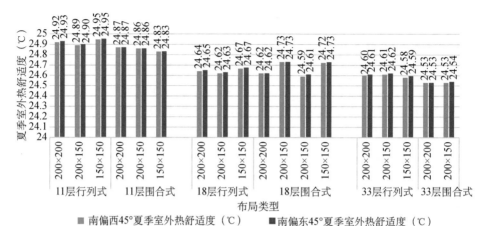

图 2-3-15　45°朝向样本夏季室外热舒适度指标对比图

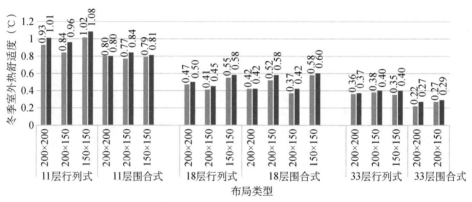

图 2-3-16　45°朝向样本冬季室外热舒适度指标对比图

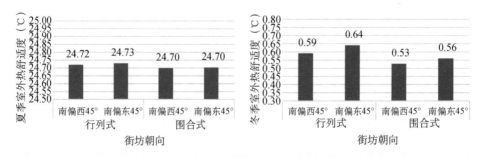

图 2-3-17　45°朝向样本夏季平均室外热舒适度(左)和冬季平均室外热舒适度(右)指标图

式、围合式的总体差异,可见,在 45°朝向的情况下,南偏西 45°或是南偏东 45°街坊朝向的改变对室外热舒适度影响较小,特别是对夏季室外热舒适度影响微弱。

11 层行列式南偏西 45°朝向与南偏东 45°朝向差值最大,差值随着建筑高度的升高而缩小,选取 11-13 和 11-14、18-13 和 18-14、33-13 和 33-14 这三个街坊尺度相同、布局类似,只有建筑高度不同的对照组样本进行特性分析。

对照组一:11-13 和 11-14 形态要素指标相同,比较街坊建筑朝向不同对街区室外热舒适度影响,发现 11-14 比 11-13 夏季室外平均温度略高 0.01℃和冬季室外平均温度略高 0.12℃,见表 2-3-1、图 2-3-18、图 2-3-19。证明二者夏季室外热舒适度表现相同,但冬季室外热舒适度表现更好,11 层行列式布局时,南偏东 45°朝向街坊室外热环境整体较好。

表 2-3-1　　　　　　对照组一布局形态与室外热舒适度关联性指标表

样式分类	名称	街坊大小	街坊朝向		贴线率	绿地率	建筑密度	典型热周室外热舒适度(℃)	典型冷周室外热舒适度(℃)
45°行列式	11-13	200 m×150 m	45°	南偏西	67.4%	31.4%	24.3%	24.89	0.84
	11-14	200 m×150 m		南偏东				24.90	0.96

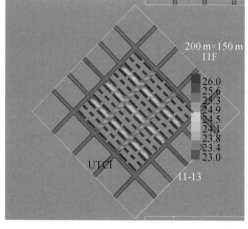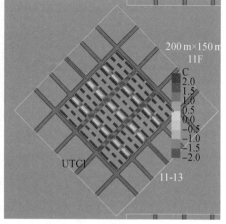

图 2-3-18　11-13 夏季室外热舒适度(左)和冬季室外热舒适度(右)

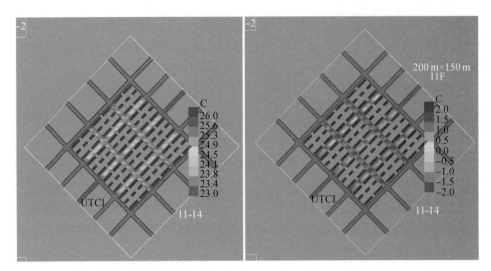

图 2-3-19　11-14 夏季室外热舒适度(左)和冬季室外热舒适度(右)

对照组二:行列式 18-13、18-14 与行列式 11-13、11-14 表现相同,见表 2-3-2、图 2-3-20、图 2-3-21,发现 18 层南偏东 45°朝向比南偏西 45°朝向夏季室外平均温度略高 0.01℃和冬季室外平均温度略高 0.04℃,两个对照组都验证了南偏东 45°朝向街坊间室外热环境整体更好。

表 2-3-2　　　　　　对照组二布局形态与室外热舒适度关联性指标表

样式分类	名称	街坊大小	街坊朝向		贴线率	绿地率	建筑密度	典型热周室外热舒适度(℃)	典型冷周室外热舒适度(℃)
45°行列式	18-13	200 m×150 m	45°	南偏西	67.4%	31.4%	24.3%	24.62	0.41
	18-14	200 m×150 m		南偏东				24.63	0.45

对照组一 11-13、11-14 和对照组二 18-13、18-14 贴线率、绿地率和建筑密度相同,建筑高度不同,比较其室外热舒适度后发现,建筑高度越高,夏季和冬季室外温度降低,且室外热舒适度差值变小。证明建筑高度对室外热舒适度有影响,建筑高度越高,街坊朝向作为室外热舒适度的影响因子表现就越弱。

对照组三:行列式 33-13、33-14 与行列式 11-13、11-14、18-13、18-14 表现相同,见表 2-3-3、图 2-3-22、图 2-3-23,三个对照组都验证了南偏东 45°朝向街坊间室外热环境整体更好。

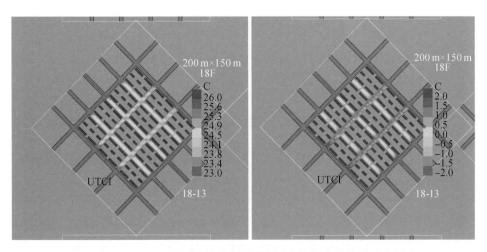

图 2-3-20　18-13 夏季室外热舒适度(左)和冬季室外热舒适度(右)

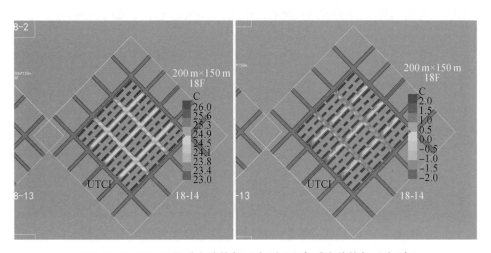

图 2-3-21　18-14 夏季室外热舒适度(左)和冬季室外热舒适度(右)

表 2-3-3　　　　对照组三布局形态与室外热舒适度关联性指标表

样式分类	名称	街坊大小	街坊朝向		贴线率	绿地率	建筑密度	典型热周室外热舒适度(℃)	典型冷周室外热舒适度(℃)
45°行列式	33-13	200 m× 150 m	45°	南偏西	49.3%	46.0%	13.3%	24.61	0.38
	33-14	200 m× 150 m		南偏东				24.62	0.40

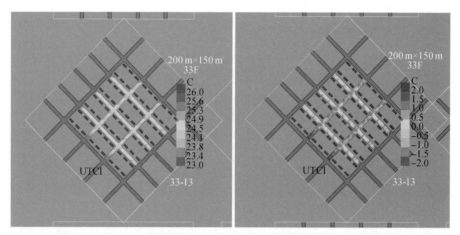

图 2-3-22 33-13 夏季室外热舒适度(左)和冬季室外热舒适度(右)

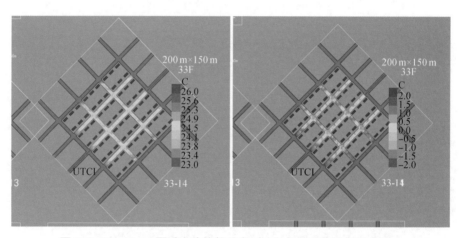

图 2-3-23 33-14 夏季室外热舒适度(左)和冬季室外热舒适度(右)

分析三个对照组发现,如图 2-3-24,随着建筑层数升高,建筑密度减小,绿地率增高,西南—东北走向街道和东南—西北走向街道的室外热舒适度差异变小。证明建筑高度升高,建筑密度降低,绿地率升高时,街道的舒适度差异变小。

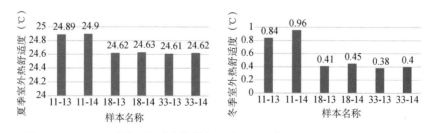

图 2-3-24 三组对照组夏季室外热舒适度(左)和冬季室外热舒适度(右)差值

综上所示，虽然南偏西 45°朝向与南偏东 45°朝向街坊间室外热舒适度的差值较小，但南偏东 45°朝向街坊略好于南偏西 45°朝向街坊。除了影响因子街坊朝向，建筑高度具有很强影响。

（2）0°街坊朝向与 45°街坊朝向

明确南偏东 45°与南偏西 45°朝向的室外热舒适度规律后，比较南北朝向与这二者的室外热舒适度关系，更全面地了解街坊朝向对室外热舒适度的影响规律。

如图 2-3-25 所示，夏季室外热舒适度方面，南北 0°朝向夏季 UTCI 值始终高于南偏西 45°朝向和南偏东 45°朝向，差值在 0～0.4℃之间，45°朝向街坊的夏季室外热舒适度表现更好；如图 2-3-26 所示，南北 0°朝向的冬季 UTCI 值始终小于南偏西 45°朝向和南偏东 45°朝向，差值在 0～0.54℃之间，11 层行列式差值最大，差值随着建筑高度升高而缩小，南偏东 45°朝向冬季室外热舒适度表现更好。

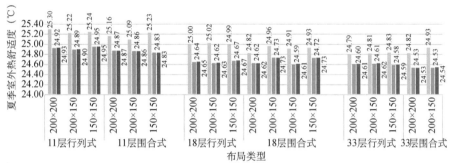

图 2-3-25　0°朝向与 45°朝向样本夏季室外热舒适度指标对比图

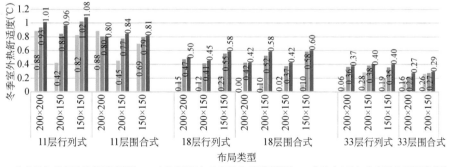

图 2-3-26　0°朝向与 45°朝向样本冬季室外热舒适度指标对比图

南北 0°朝向相较南偏西 45°和南偏东 45°朝向表现为夏季 UTCI 值更高，冬季 UTCI 值更低，即夏热冬冷的特点，在室外热舒适度方面南偏西 45°和南偏东 45°

朝向表现始终好于南北 0°街坊朝向。

取样本中南北 0°朝向、南偏西 45°朝向和南偏东 45°朝向三类样本,并且取其夏季室外热舒适度平均值和冬季室外热舒适度平均值两个指标进行比较,如图 2-3-27,可以更加直观地看到街坊朝向与室外热舒适度之间的关联关系。

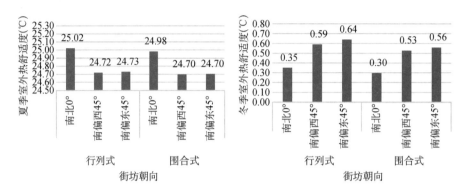

图 2-3-27　0°朝向与 45°朝向夏季平均室外热舒适度(左)和冬季平均室外热舒适度(右)

无论布局类型如何,南北 0°朝向比 45°朝向街坊夏季室外热舒适度更高,冬季室外热舒适度更低,呈现夏季更热冬季更冷的特点,相比之下,45°朝向街坊室外热舒适度更优。

南北 0°朝向和 45°朝向街坊,布局类型相同的情况下,夏季室外热舒适度最大差值为 0.3℃,布局类型不同的情况下,夏季室外热舒适度最大差值 0.32℃;南北 0°朝向和 45°朝向街坊,布局类型相同的情况下,冬季室外热舒适度最大差值可达 0.29℃,布局类型不同的情况下,冬季室外热舒适度最大差值可达 0.34℃。可见,通过改变街坊朝向可些许提高街坊间室外热舒适度。

11 层行列式南北 0°朝向和南偏西 45°朝向与南偏东 45°朝向差值最大,选取 11-1、11-11 和 11-12 三个街坊尺度相同、布局相同,只有街坊朝向不同的对照组样本进行特性分析,见表 2-3-4。

表 2-3-4　　　　　　　　布局形态与室外热舒适度关联性指标表

样式分类	名称	街坊大小	街坊朝向		贴线率	绿地率	建筑密度	典型热周室外热舒适度(℃)	典型冷周室外热舒适度(℃)
行列式	11-1	200 m×200 m	0°	南北	61.3%	34.2%	22.2%	25.30	0.88
45°行列式	11-11		45°	南偏西				24.92	0.93
	11-12			南偏东				24.93	1.01

　　比较 11-11、11-12 与 11-1 发现三者布局形态因素相同,只是街坊朝向不同,11-11、11-12 较 11-1,夏季凉爽且冬季温暖,证明 45°走向街道舒适度好于正南北、正东西走向街道,街坊朝向和街道走向对街坊间舒适度有影响。

　　11-1 南北朝向街坊,建筑物正南北布局时,东西走向街道夏季热冬季冷,南北走向街道冬季热冬季冷,南北走向好于东西走向街道,如图 2-3-28。

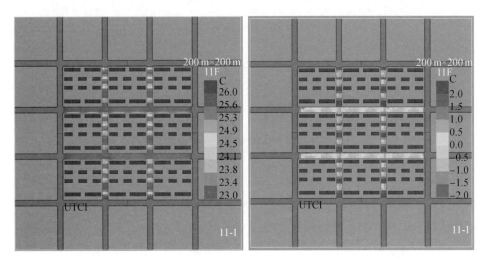

图 2-3-28　11-1 夏季室外热舒适度(左)和冬季室外热舒适度(右)

　　如图 2-3-29、图 2-3-30,比较 11-11 与 11-12,二者街道走向相同,但东南—西北走向街道和东北—西南走向街道的建筑贴线率不同,11-11 东南—西北走向街道两侧建筑贴线率更高,夏季凉爽但冬季寒冷;11-12 西南—东北走向街道两

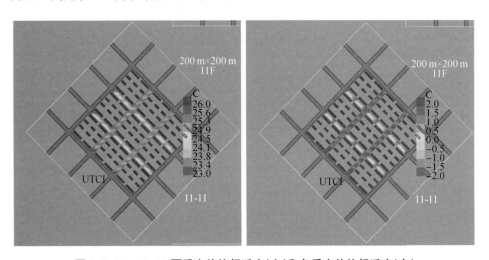

图 2-3-29　11-11 夏季室外热舒适度(左)和冬季室外热舒适度(右)

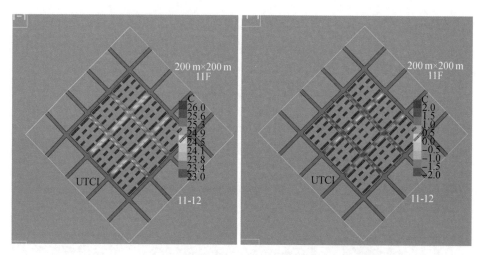

图 2-3-30　11-12 夏季室外热舒适度(左)和冬季室外热舒适度(右)

侧建筑贴线率更高,也表现为夏季凉爽冬季寒冷。45°朝向街坊,贴线率越高,夏季凉爽但冬季寒冷;贴线率越低,夏季炎热但冬季温暖。街坊朝向因素不变时,街道两侧建筑贴线率对街坊间舒适度有影响作用。

综上所述,11-11、11-12 与 11-1 证明街坊朝向和街道走向是街坊间舒适度的主要影响因素,街道两侧建筑贴线率是次要影响因素(表 2-3-4、图 2-3-28—图 2-3-30)。

5. 住宅街坊布局形态对街坊间室外热舒适度的影响

(1) 在布局类型方面,点式布局整体表现为夏季热且冬季冷的特点,舒适性差;行列式和围合式整体表现为夏季较为凉爽且冬季较温暖的特点,舒适性较好,上海地区不建议使用点式;

(2) 在建筑高度方面,夏季室外热舒适度和冬季室外热舒适度二者的变化趋势相反,建筑高度越高,夏季室外热舒适度越高,但冬季室外热舒适度越低;建筑高度越低,夏季室外热舒适度越低,但冬季室外热舒适度越高。建筑高度与室外热舒适度是一种动态关联关系;

(3) 在街坊尺度方面,夏季室外热舒适度和冬季室外热舒适度二者的变化趋势相反,街坊尺度越小,夏季室外热舒适度越高,但冬季室外热舒适度越低;街坊尺度越大,夏季室外热舒适度越低,但冬季室外热舒适度越高。但街坊尺度大小改变对室外热舒适度改变微弱;

(4) 在街坊朝向方面,45°朝向街坊比南北 0°朝向室外更为舒适,且差值较大,在 45°朝向的情况下,南偏西 45°朝向与南偏东 45°朝向街坊间室外热舒适度的差值较小,但南偏东 45°朝向街坊略好于南偏西 45°朝向街坊。

表 2-3-5　　　　　　　　　　室外热舒适度差值与影响比重

影响因子	夏季室外热舒适度(℃)	冬季室外热舒适度(℃)	影响比重
布局类型	0.59	0.78	46%
建筑高度	0.29	0.53	27%
街坊朝向	0.32	0.34	22%
街坊尺度	0.07	0.09	5%

综上所述,对街坊间室外热舒适度的影响因子比重:

布局类型：建筑高度：街坊朝向：街坊尺度＝46%：27%：22%：5%

2.4　住宅街坊布局形态与街坊内的室外热舒适度

在进行街坊布局形态对街坊内部的室外热舒适度影响实验前,影响的空间从街坊间变成街坊内,先对上一节中的布局类型、建筑高度、街坊朝向及街坊尺度这四个影响因子做文献研究及预实验。

通过国内外相关领域研究者的文献的梳理,可以发现对街坊内室外热舒适度有影响的布局形态指标聚焦于街坊尺度、街坊朝向、容积率、建筑主要朝向这四个方面(表 2-4-1)。

表 2-4-1　　　　　　　　国内外相关领域研究者文献梳理

研究者	城市形态指标
Panao[3]	容积率、街区方位角(街坊朝向)、建筑高度、建筑长宽
Montavon[4]	建筑主要朝向
里德·尤因[5]	容积率
丁沃沃[6]	街坊的整合度、建筑群离散程度、建筑主要朝向和体形系数
杨沛儒[7]	建筑密度
祝新伟[8]	街坊尺度、街坊朝向、通风廊道的设置

而预实验结果发现上述四项影响因子中,建筑高度这一街坊内部形态布局

因子对街坊内室外热舒适度影响极小,其影响在建筑群能耗方面仅占到约0.4%,在舒适度方面仅占到约0.6%,据此判断建筑高度对街坊内室外热舒适度影响可以忽略,下述实验中将不再进行比较。在预实验的过程中,发现容积率对街坊内室外热舒适度影响较大,约占到6%,因此下文将其纳入影响因子进行实验分析。

黄媛[9]等人的研究及现实情况均表明西南向住宅节能性最差,下文将在南北0°和南偏东45°朝向依据表2-4-2的内容进行布局类型的性能分析。

表 2-4-2　　　　　　　　　布局类型的性能分析内容

街坊角度	街坊尺度	影响因素	评价范围
南北 0°	100 m	布局类型 容积率 街坊大小 建筑主要朝向 (针对南偏东地块)	室外热舒适度 建筑群能耗 综合性能
	200 m		
南偏东 45°	100 m		
	200 m		

布局类型的性能分析由室外热舒适度评价、建筑群能耗评价及综合评价三方面组成。其中室外热舒适度评价主要以夏季极热日和冬季极寒日的白天室外平均 UTCI 值为评判标准,并用舒适度图像作为辅助评判以防止局部过冷和局部过热而综合得出较好的 UTCI 值情况。建筑群能耗评价主要以单位面积空调全年能耗为依据,并用夏季制冷期和冬季采暖期单位面积空调年能耗作为辅助说明。舒适度与能耗评价综合上述标准最终均以星级的方式展现,星级越高说明性能表现越好。而综合评价是将舒适度与能耗的星级以 1∶1 的权重比例进行平均后得出的星级评价结果。

1. 南北 0°朝向住宅街坊布局形态的舒适度性能分析

(1) 100 m 住宅街坊布局形态的结果分析

为了对街坊内部进行更加精准的研究,对 100 m 住宅街坊进行延伸研究。为了更方便地表达居住地块形态,下文中将用"街坊朝向—街坊尺度—容积率"的方式表达地块形态指标,H 代表行列式,W 代表围合式,D 代表点式。例如,街坊朝向为南北 0°朝向、街坊尺度为 100 m、容积率为 2.0 的居住地块将用"0-100-2.0"表示。

通过对表 2-4-3—表 2-4-6 的分析,下文将基于布局类型和容积率这两个影响因子对性能表现进行分析和总结。

表 2-4-3　　住宅街坊(0-100-2.0)布局形态的性能结果

街坊角度:0°——街坊尺度:100 m——容积率:2.0

0-100-2.0-H		夏季极热日室外平均UTCI(℃)		冬季极寒日室外平均UTCI(℃)		舒适度评价	制冷期单位面积空调年能耗(kW·h/m²)	采暖期单位面积空调年能耗(kW·h/m²)	单位面积空调年能耗(kW·h/m²)	能耗评价	综合评价
		39.03		−0.50		★☆☆☆☆	14.78	3.19	17.97	★★★★★	★★★☆☆
0-100-2.0-D		夏季极热日室外平均UTCI(℃)		冬季极寒日室外平均UTCI(℃)		舒适度评价	制冷期单位面积空调年能耗(kW·h/m²)	采暖期单位面积空调年能耗(kW·h/m²)	单位面积空调年能耗(kW·h/m²)	能耗评价	综合评价
		38.64		0.05		★★☆☆☆	15.21	4.42	19.63	★☆☆☆☆	★⯪☆☆☆☆
0-100-2.0-W		夏季极热日室外平均UTCI(℃)		冬季极寒日室外平均UTCI(℃)		舒适度评价	制冷期单位面积空调年能耗(kW·h/m²)	采暖期单位面积空调年能耗(kW·h/m²)	单位面积空调年能耗(kW·h/m²)	能耗评价	综合评价
		37.93		0.90		★★★★★	14.19	4.10	18.29	★★★★☆	★★★★⯪☆

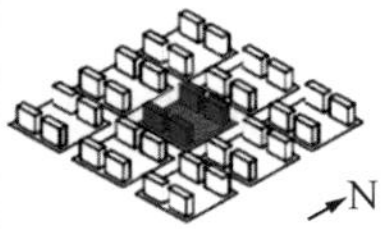

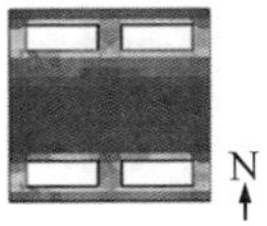

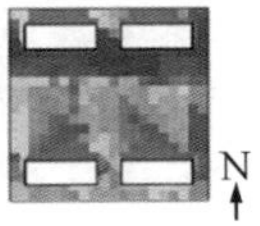

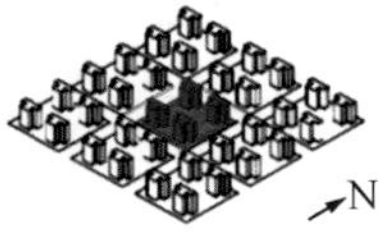

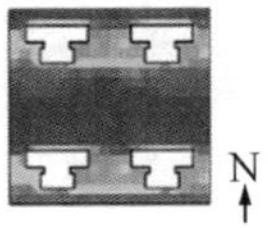

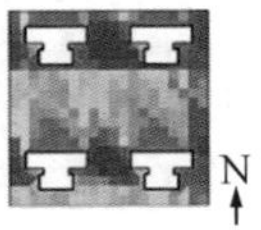

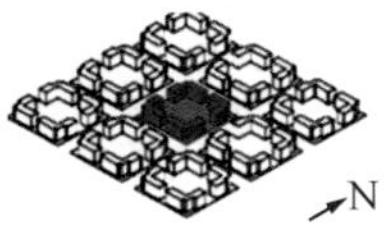

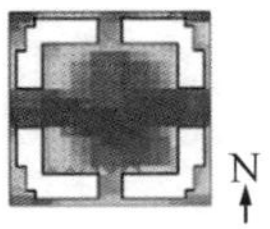

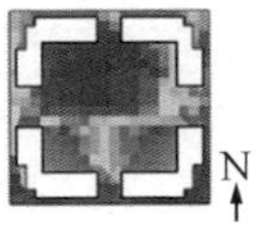

夏热冬冷地区住宅设计与绿色性能

表2-4-4　住宅街坊（0-100-2.5）布局形态的性能结果

街坊角度：0°　　街坊尺度：100 m　　容积率：2.5

编号	夏季	夏季极热日室外平均UTCI（℃）	冬季	冬季极寒日室外平均UTCI（℃）	布局	舒适度评价	制冷期单位面积空调年能耗（kW·h/m²）	采暖期单位面积空调年能耗（kW·h/m²）	单位面积空调年能耗（kW·h/m²）	能耗评价	综合评价
0-100-2.5-H		38.83		−0.79		★☆☆☆☆	14.57	3.18	17.75	★★★☆☆	★★☆☆☆
0-100-2.5-D		38.32		−0.44		★★★☆☆	14.66	4.60	19.26	★☆☆☆☆	★★☆☆☆
0-100-2.5-W		37.25		0.24		★★★★☆	14.08	3.45	17.53	★★★★★	★★★★★

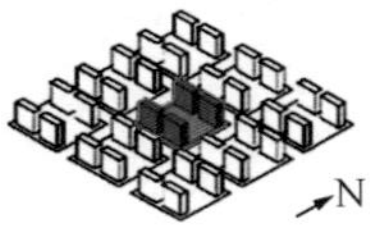

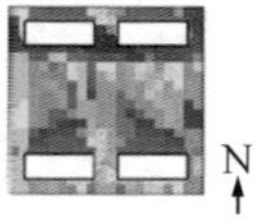

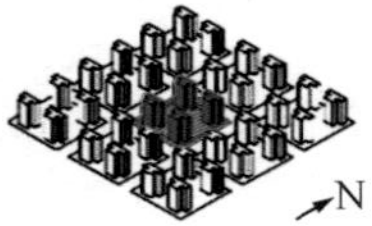

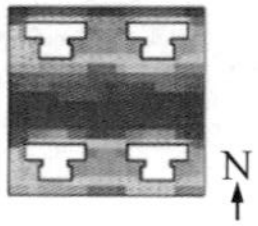

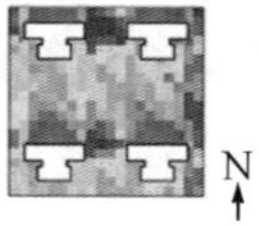

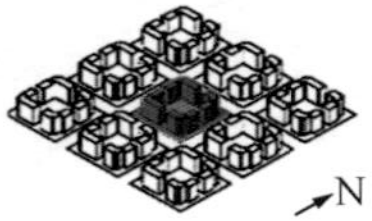

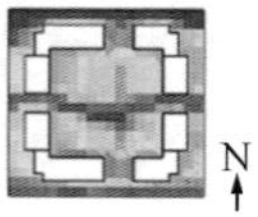

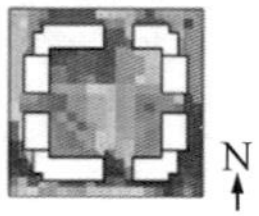

070

表 2-4-5　**住宅街坊(0-100-3.0)布局形态的性能结果**

街坊角度:0°——街坊尺度:100 m——容积率:3.0

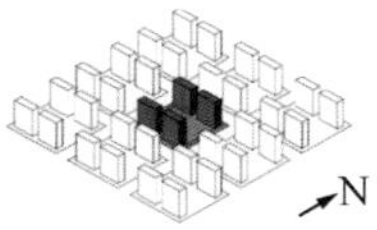

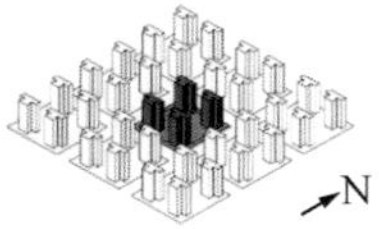

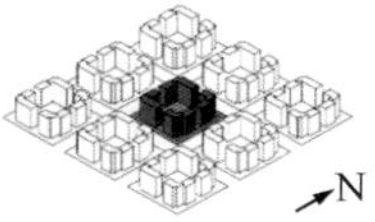

0-100-3.0-H		夏季极热日室外平均UTCI(℃)		冬季极寒日室外平均UTCI(℃)		舒适度评价	制冷期单位面积空调年能耗(kW·h/m²)	采暖期单位面积空调年能耗(kW·h/m²)	单位面积空调年能耗(kW·h/m²)	能耗评价	综合评价
		38.41		−1.24		★☆☆☆☆	14.29	3.26	17.55	★★★★☆	★★⯪☆☆
0-100-3.0-D		夏季极热日室外平均UTCI(℃)		冬季极寒日室外平均UTCI(℃)		舒适度评价	制冷期单位面积空调年能耗(kW·h/m²)	采暖期单位面积空调年能耗(kW·h/m²)	单位面积空调年能耗(kW·h/m²)	能耗评价	综合评价
		38.02		−0.66		★★★☆☆	14.34	4.76	19.10	★☆☆☆☆	★★☆☆☆
0-100-3.0-W		夏季极热日室外平均UTCI(℃)		冬季极寒日室外平均UTCI(℃)		舒适度评价	制冷期单位面积空调年能耗(kW·h/m²)	采暖期单位面积空调年能耗(kW·h/m²)	单位面积空调年能耗(kW·h/m²)	能耗评价	综合评价
		36.99		−0.64		★★★★★	13.79	3.50	17.29	★★★★★	★★★★★

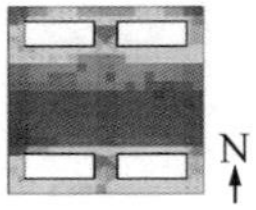

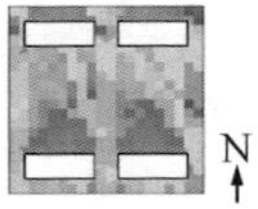

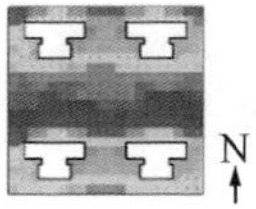

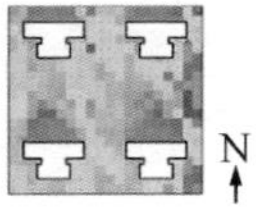

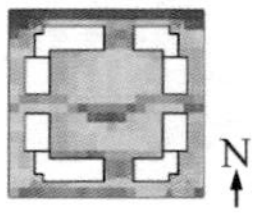

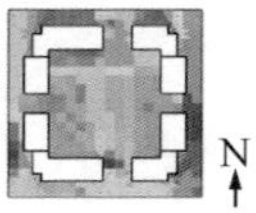

表 2-4-6　住宅街坊 (0-100-3.5) 布局形态的性能结果

街坊角度：0°　　街坊尺度：100 m　　容积率：3.5

编号	夏季极热日室外平均UTCI (℃)	冬季极寒日室外平均UTCI (℃)	舒适度评价	制冷期单位面积年空调能耗 (kW·h/m²)	采暖期单位面积年空调能耗 (kW·h/m²)	单位面积年空调能耗 (kW·h/m²)	能耗评价	综合评价
0-100-3.5-H	38.04	−1.71	★☆☆☆	13.99	3.43	17.42	★★★☆	★★☆☆
0-100-3.5-D	37.44	−0.98	★★☆☆	14.02	4.95	18.97	★☆☆☆	★★☆☆
0-100-3.5-W	36.34	−0.92	★★★★	13.51	3.62	17.13	★★★☆	★★★★

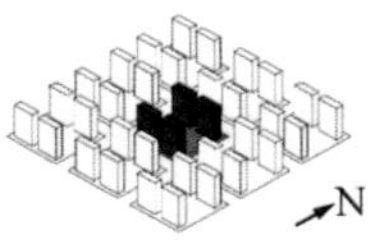

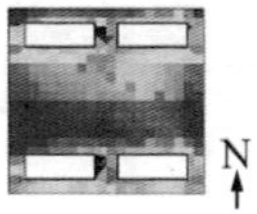

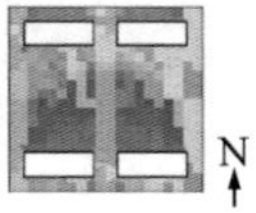

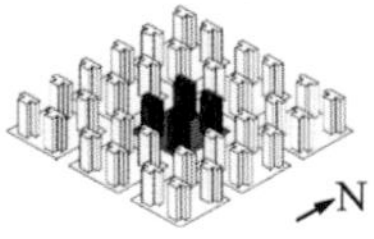

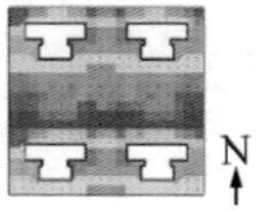

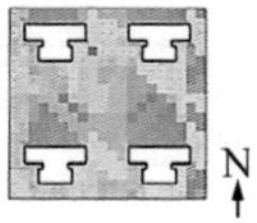

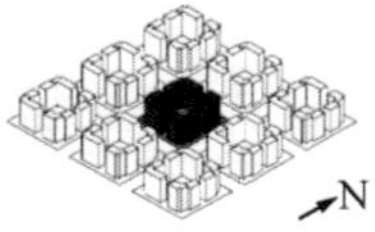

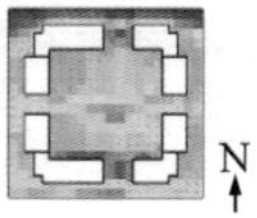

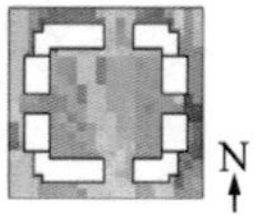

1）布局类型的影响

根据图 2-4-1 的结果显示，在地块朝向为南北 0°朝向、地块尺度为 100 m 的高密度城市住宅街坊布局类型中，不同容积率条件时围合式住宅的夏季极热日白天室外平均 UTCI 值均最低，点式次之，行列式最高。说明在 0-100 的住宅街坊中，夏季室外热舒适度方面围合式住宅表现最佳，点式住宅次之，行列式住宅最差。

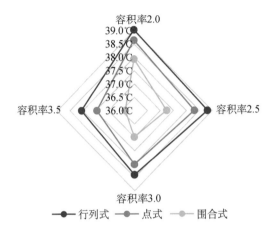

图 2-4-1　布局类型对夏季室外热舒适度的影响(0-100)

据图 2-4-2 结果显示，不同容积率条件时围合式住宅的冬季极寒日白天室外平均 UTCI 值均最高，点式次之，行列式最低，其中在容积率为 3.0 和 3.5 时，围合式和点式住宅的冬季极寒日白天室外平均 UTCI 值非常接近，但仍是围合式略

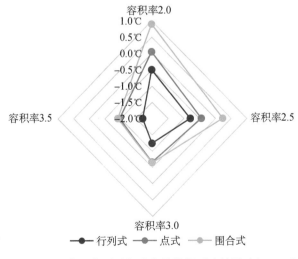

图 2-4-2　布局类型对冬季室外热舒适度的影响(0-100)

高于点式住宅。说明在 0-100 的住宅街坊中,冬季室外热舒适度方面围合式住宅表现最佳,点式住宅次之,行列式住宅最差。

结合夏季与冬季室外热舒适度表现,可得出,在 0-100 的住宅街坊中,全年舒适度方面表现由好到差依次为围合式、点式、行列式住宅。

将室外热舒适度表现最佳的围合式住宅与表现最差的行列式住宅在不同容积率下的白天室外平均 UTCI 的差值进行比较分析,可以得到表 2-4-7。

表 2-4-7　不同容积率下舒适度表现最佳与最差布局类型的 UTCI 差值(0-100)

时间	平均差值(℃)	平均差值的极差(℃)	最大差值(℃)	最大差值时的容积率
夏季极热日	1.45	0.6	1.7	3.5
冬季极寒日	0.96	0.8	1.4	2

* 上述温度均为白天室外平均 UTCI 值。

由表 2-4-7 可得,在 0-100 的住宅街坊中,不同布局类型在高容积率(容积率为 3.5)地块中对夏季室外热舒适性的影响差异最明显,而在低容积率(容积率为 2.0)地块中对冬季室外热舒适性的影响差异最明显。

不同的布局类型对夏季室外热舒适度影响差异的程度比对冬季室外热舒适度影响差异的程度要大。

2) 容积率的影响

将表 2-4-3—表 2-4-6 中的夏季极热日和冬季极寒日白天室外热舒适度数据制成图。

据图 2-4-3、图 2-4-4 结果所示,在地块朝向为南北 0°朝向、地块尺度为 100 m 的街坊中,容积率从 2.0 增大到 3.5,三种不同布局类型的夏季极热日白天室外

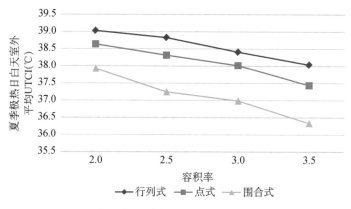

图 2-4-3　容积率对夏季室外热舒适度的影响(0-100)

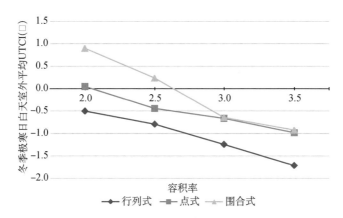

图 2-4-4　容积率对冬季室外热舒适度的影响(0-100)

平均 UTCI 值、冬季极寒日白天室外平均 UTCI 值都逐渐减小。可得出在 0-100 的住宅街坊中,随着容积率的增大,行列式、点式、围合式住宅的夏季室外热舒适度均逐渐提高,而冬季室外热舒适度均逐渐降低。

(2) 200 m 住宅街坊布局形态的结果分析

通过对表 2-4-8—表 2-4-11 的分析,下文将基于布局类型、容积率和街坊大小这三个影响因子对性能表现进行分析和总结。

1) 布局类型的影响

根据表 2-4-8—表 2-4-11 的夏季极热日和冬季极寒日白天室外平均 UTCI 值的数据制成图。

据图 2-4-5 的实验结果显示,在地块朝向为南北 0°朝向、地块尺度为 200 m

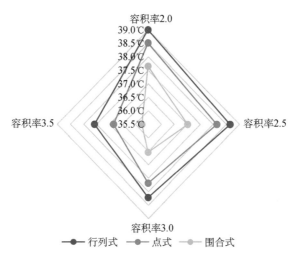

图 2-4-5　布局类型对夏季室外热舒适度的影响(0-200)

表 2-4-8　　住宅街坊(0-200-2.0)布局形态的性能结果

街坊角度：0°——街坊尺度：200 m——容积率：2.0

0-200-2.0-H		夏季极热日室外平均UTCI（℃）		冬季极寒日室外平均UTCI（℃）		舒适度评价	制冷期单位面积空调年能耗（kW·h/m²）	采暖期单位面积空调年能耗（kW·h/m²）	单位面积空调年能耗（kW·h/m²）	能耗评价	综合评价
		39.01		−0.89		★☆☆☆☆	14.62	3.19	17.81	★★★★★	★★★☆☆
0-200-2.0-D		夏季极热日室外平均UTCI（℃）		冬季极寒日室外平均UTCI（℃）		舒适度评价	制冷期单位面积空调年能耗（kW·h/m²）	采暖期单位面积空调年能耗（kW·h/m²）	单位面积空调年能耗（kW·h/m²）	能耗评价	综合评价
		38.52		−0.21		★★★☆☆	14.52	4.60	19.12	★☆☆☆☆	★★☆☆☆
0-200-2.0-W		夏季极热日室外平均UTCI（℃）		冬季极寒日室外平均UTCI（℃）		舒适度评价	制冷期单位面积空调年能耗（kW·h/m²）	采暖期单位面积空调年能耗（kW·h/m²）	单位面积空调年能耗（kW·h/m²）	能耗评价	综合评价
		37.66		0.16		★★★★★	14.20	3.92	18.12	★★★★☆	★★★★⯨

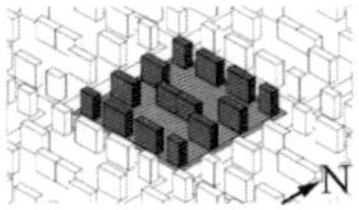

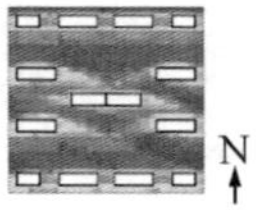

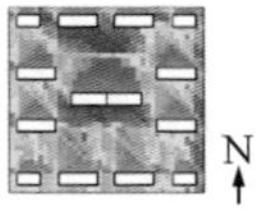

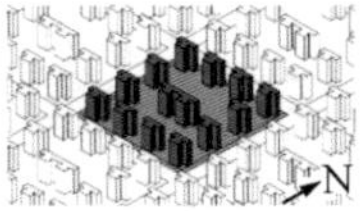

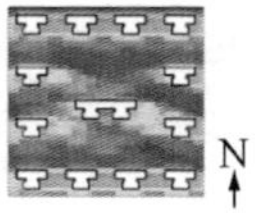

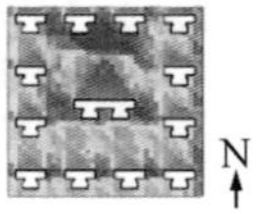

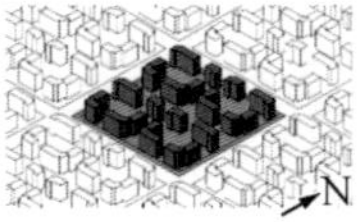

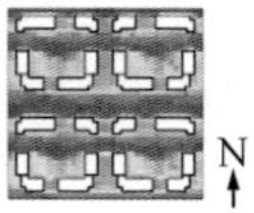

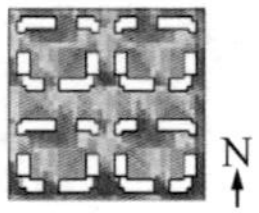

表 2-4-9　住宅街坊（0-200-2.5）布局形态的性能结果

街坊角度：0°　　街坊尺度：200 m　　容积率：2.5

	夏季极热日室外平均UTCI（℃）		冬季极寒日室外平均UTCI（℃）		舒适度评价	制冷期单位面积空调年能耗（kW·h/m²）	采暖期单位面积空调年能耗（kW·h/m²）	单位面积空调年能耗（kW·h/m²）	能耗评价	综合评价
0-200-2.5-H	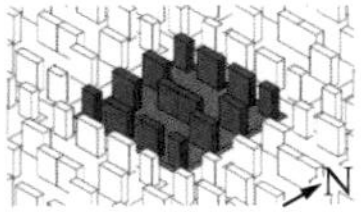 38.66	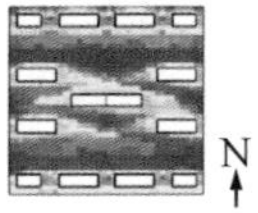	-1.47	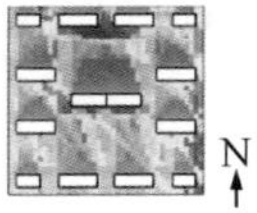	★☆☆☆☆	14.26	3.24	17.50	★★★★★	★★☆☆☆
0-200-2.5-D	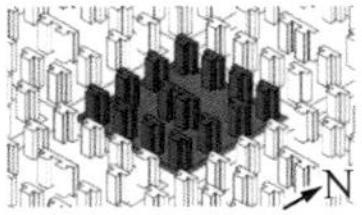 38.15	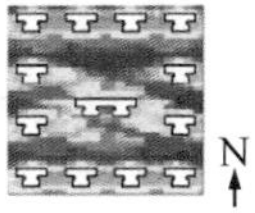	-0.74	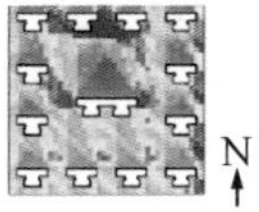	★★★☆☆	14.15	4.73	18.88	★☆☆☆☆	★★☆☆☆
0-200-2.5-W	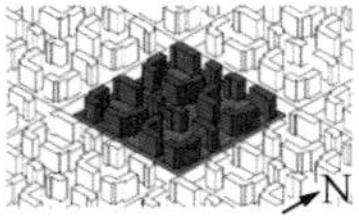 37.03	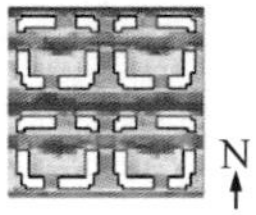	-0.70	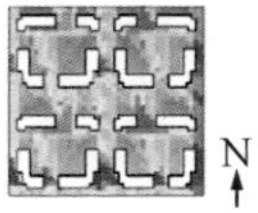	★★★★☆	13.83	4.00	17.83	★★★★☆	★★★☆☆

表2-4-10　住宅街坊(0-200-3.0)布局形态的性能结果

街坊角度:0°　街坊尺度:200 m　容积率:3.0

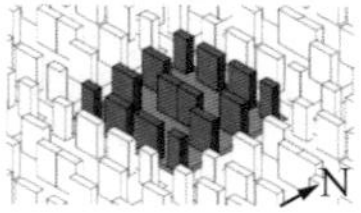

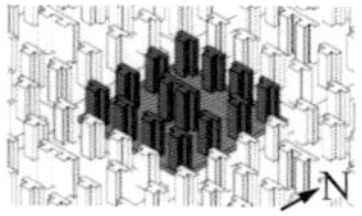

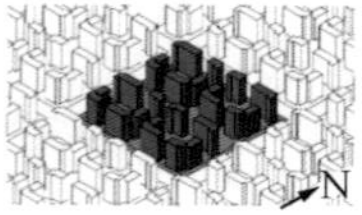

	夏季极热日室外平均UTCI(℃)	冬季极寒日室外平均UTCI(℃)	舒适度评价	制冷期单位面积空调年能耗(kW·h/m²)	采暖期单位面积空调年能耗(kW·h/m²)	单位面积年空调能耗(kW·h/m²)	能耗评价	综合评价
0-200-3.0-H	38.21	−2.10	★☆☆☆	13.91	3.39	17.30	★★★★★	★★★☆☆
0-200-3.0-D	37.68	−1.28	★★★☆	13.77	4.93	18.70	★☆☆☆	★★☆☆
0-200-3.0-W	36.53	−1.23	★★★★	13.48	3.83	17.31	★★★★★	★★★★

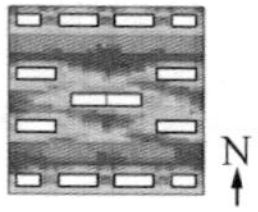

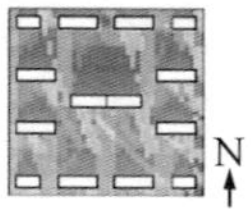

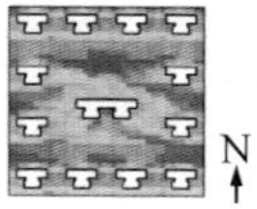

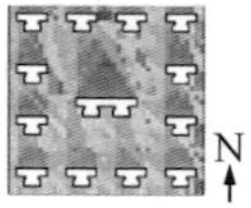

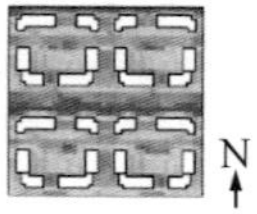

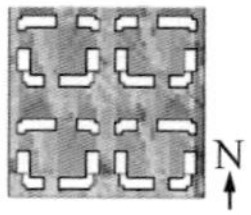

表 2-4-11　　住宅街坊(0-200-3.5)布局形态的性能结果

街坊角度:0°——街坊尺度:200 m——容积率:3.5											
0-200-3.5-H		夏季极热日室外平均UTCI(℃)		冬季极寒日室外平均UTCI(℃)		舒适度评价	制冷期单位面积空调年能耗(kW·h/m²)	采暖期单位面积空调年能耗(kW·h/m²)	单位面积空调年能耗(kW·h/m²)	能耗评价	综合评价
		37.57		−2.59		★☆☆☆☆	13.59	3.57	17.16	★★★★★	★★★☆☆
0-200-3.5-D		夏季极热日室外平均UTCI(℃)		冬季极寒日室外平均UTCI(℃)		舒适度评价	制冷期单位面积空调年能耗(kW·h/m²)	采暖期单位面积空调年能耗(kW·h/m²)	单位面积空调年能耗(kW·h/m²)	能耗评价	综合评价
		38.84		−1.90		★★★☆☆	13.40	5.22	18.62	★☆☆☆☆	★★☆☆☆☆
0-200-3.5-W		夏季极热日室外平均UTCI(℃)		冬季极寒日室外平均UTCI(℃)		舒适度评价	制冷期单位面积空调年能耗(kW·h/m²)	采暖期单位面积空调年能耗(kW·h/m²)	单位面积空调年能耗(kW·h/m²)	能耗评价	综合评价
		35.74		−1.43		★★★★★	13.13	4.02	17.15	★★★★★	★★★★★

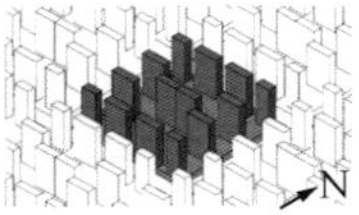

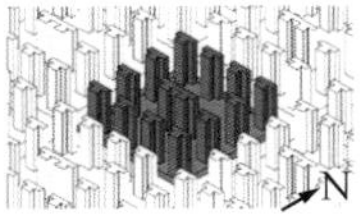

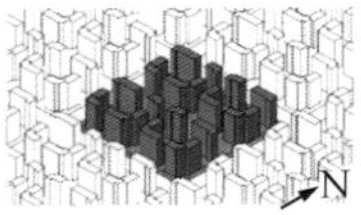

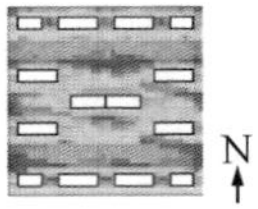

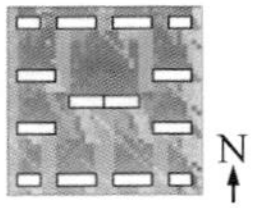

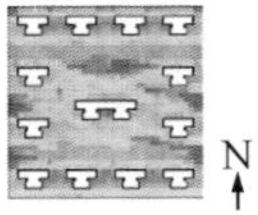

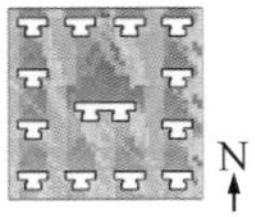

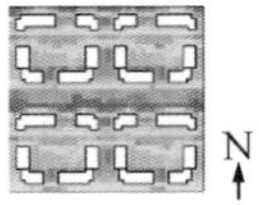

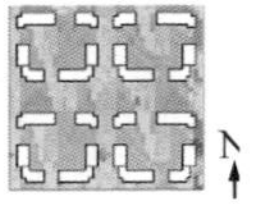

的高密度城市住宅街坊布局中,不同容积率条件下围合式住宅的夏季极热日白天室外平均 UTCI 值均最低,行列式住宅最高,点式住宅则位于二者之间。说明在 0-200 的住宅街坊中,夏季室外热舒适度方面围合式住宅表现最佳,点式住宅次之,行列式住宅最差。

据图 2-4-6 结果显示,不同容积率条件时围合式住宅的冬季极寒日白天室外平均 UTCI 值均最高,点式次之,行列式住宅最低,其中在容积率为 2.5 和 3.0 时,围合式和点式住宅的冬季极寒日白天室外平均 UTCI 值非常接近,但仍是围合式略高于点式住宅。说明在 0-200 的住宅街坊中,冬季室外热舒适度方面围合式住宅表现最佳,点式住宅次之,行列式住宅最差。

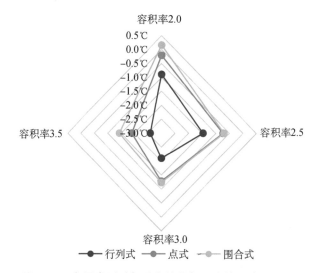

图 2-4-6 布局类型对冬季室外热舒适度的影响(0-200)

结合夏季与冬季室外热舒适度表现,可得出:在 0-200 的住宅街坊中,全年舒适度方面表现由好到差依次为围合式、点式、行列式住宅。

将室外热舒适度表现最佳的围合式与表现最差的行列式在不同容积率下的白天室外平均 UTCI 的差值进行比较分析,可以得到表 2-4-12 的相关结果。

表 2-4-12　　不同容积率下舒适度表现最佳与最差布局类型的 UTCI 差值(0-200)

时间	平均差值(℃)	平均差值的极差(℃)	最大差值(℃)	最大差值时的容积率
夏季极热日	1.62	0.48	1.83	3.5
冬季极寒日	0.96	0.39	1.16	3.5

*上述温度均为白天室外平均 UTCI 值。

由表 2-4-12 可得,在 0-200 的住宅街坊中,不同布局类型对夏季与冬季室外热舒适性的影响差异都在高容积率(容积率为 3.5)地块中最明显。

不同的布局类型对夏季室外热舒适度影响差异的程度比对冬季室外热舒适度影响差异的程度要大。

2) 容积率的影响

据图 2-4-7、图 2-4-8 结果显示,在地块朝向为南北 0°朝向、地块尺度为 200 m 的高密度城市住宅街坊布局中,容积率从 2.0 增大到 3.5,三种不同布局类型的夏季极热日白天室外平均 UTCI、冬季极寒日白天室外平均 UTCI 值都逐渐减小。可得出在 0-200 的住宅街坊中,随着容积率的增大,行列式、点式、围合式住宅的夏季室外热舒适度均逐渐提高,而冬季室外热舒适度均逐渐降低。

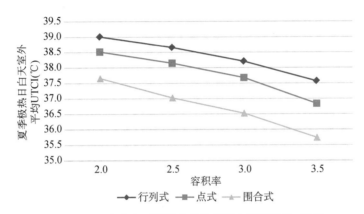

图 2-4-7　容积率对夏季室外热舒适度的影响(0-200)

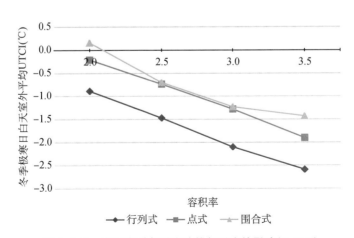

图 2-4-8　容积率对冬季室外热舒适度的影响(0-200)

3）街坊大小的影响

在南北向住宅街坊中，将 100 m 与 200 m 地块的不同布局类型的夏季极热日和冬季极寒日白天室外平均 UTCI 数据制成图。

据图 2-4-9、图 2-4-10 结果显示，在地块朝向为南北 0°朝向的高密度城市住宅街坊布局中，街坊尺度从 100 m 扩大到 200 m 时，三种不同布局类型的夏季极热日白天室外平均 UTCI、冬季极寒日白天室外平均 UTCI 值均减小。且分别在 2.0、2.5、3.0、3.5 容积率下三种不同布局类型的夏季极热日白天室外平均 UTCI 的平均减幅为：0.14℃、0.19℃、0.33℃、0.56℃，冬季极寒日白天室外平均 UTCI 的平均减幅为：0.46℃、0.64℃、0.69℃、0.77℃。

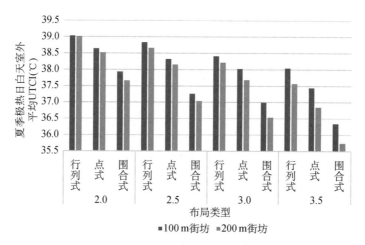

图 2-4-9　地块大小对夏季室外热舒适度的影响(0°朝向街坊)

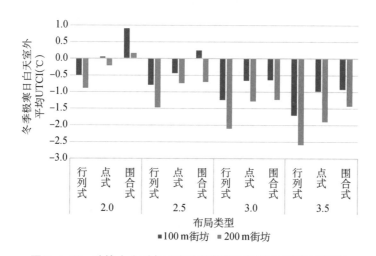

图 2-4-10　地块大小对冬季室外热舒适度的影响(0°朝向街坊)

从上述实验结果可得出,在南北向街坊中,随着街坊尺度从 100 m 到 200 m 的增大,行列式、点式、围合式住宅的夏季室外热舒适度提高,而冬季室外热舒适度降低。且容积率越高,变化幅度均越大。

2. 南偏东 45°朝向住宅街坊布局形态的舒适度性能分析

当街坊朝向从南北 0°转到南偏东 45°时,除了上述行列式、点式和围合式三种布局类型,还出现了建筑主要朝向顺着街坊朝向布局的东南行列式与东南点式这两种新的布局类型。因此,后续研究将住宅街坊的布局类型从三种形式增加到五种,即:行列式、东南行列式、点式、东南点式、围合式。

（1）100 m 住宅街坊布局形态的结果分析

通过对表 2-4-13—表 2-4-16 的分析,下文将基于布局类型、容积率和建筑主要朝向这三个影响因子对性能表现进行分析和总结。

1）布局类型的影响

将表 2-4-13—表 2-4-16 的夏季极热日和冬季极寒日白天室外热舒适度数据制成图。

据图 2-4-11 结果显示,在地块朝向为南偏东 45°朝向、地块尺度为 100 m 的高密度城市住宅街坊布局中,不同容积率条件时夏季极热日白天室外平均 UTCI 值从低到高依次均是东南点式、东南行列式、围合式、点式、行列式。

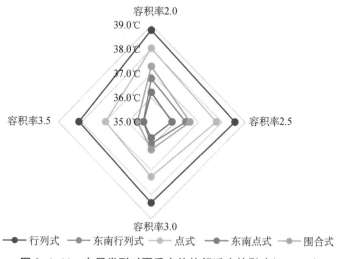

图 2-4-11　布局类型对夏季室外热舒适度的影响(45-100)

据图 2-4-12 结果显示,不同容积率条件时冬季极寒日白天室外平均 UTCI 值总体从低到高依次是行列式、围合式、点式、东南点式、东南行列式。

表 2-4-13　住宅街坊(45-100-2.0)布局形态的性能结果

街坊角度：0°——街坊尺度：100 m——容积率：2.0

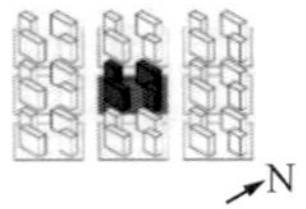

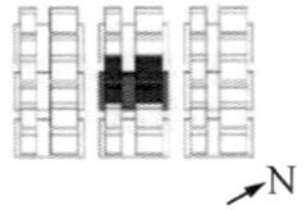

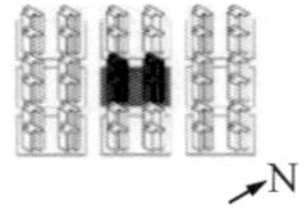

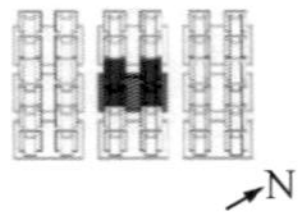

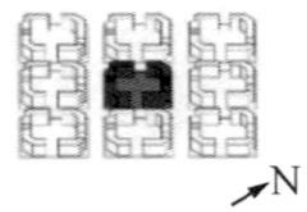

45-100-2.0-H		夏季极热日室外平均UTCI(℃)		冬季极寒日室外平均UTCI(℃)		舒适度评价	制冷期单位面积空调年能耗(kW·h/m²)	采暖期单位面积空调年能耗(kW·h/m²)	单位面积空调年能耗(kW·h/m²)	能耗评价	综合评价
		38.79		−0.47		★☆☆☆☆	15.41	3.38	18.79	★★★★☆	★★⯪☆☆
45-100-2.0-HX		夏季极热日室外平均UTCI(℃)		冬季极寒日室外平均UTCI(℃)		舒适度评价	制冷期单位面积空调年能耗(kW·h/m²)	采暖期单位面积空调年能耗(kW·h/m²)	单位面积空调年能耗(kW·h/m²)	能耗评价	综合评价
		36.79		0.71		★★★★☆	16.64	3.87	20.51	★★☆☆☆	★★★☆☆
45-100-2.0-D		夏季极热日室外平均UTCI(℃)		冬季极寒日室外平均UTCI(℃)		舒适度评价	制冷期单位面积空调年能耗(kW·h/m²)	采暖期单位面积空调年能耗(kW·h/m²)	单位面积空调年能耗(kW·h/m²)	能耗评价	综合评价
		38.04		0.24		★★☆☆☆	15.12	4.82	19.94	★★★☆☆	★★⯪☆☆
45-100-2.0-DX		夏季极热日室外平均UTCI(℃)		冬季极寒日室外平均UTCI(℃)		舒适度评价	制冷期单位面积空调年能耗(kW·h/m²)	采暖期单位面积空调年能耗(kW·h/m²)	单位面积空调年能耗(kW·h/m²)	能耗评价	综合评价
		36.22		0.71		★★★★★	16.03	5.16	21.19	★☆☆☆☆	★★★☆☆
45-100-2.0-W		夏季极热日室外平均UTCI(℃)		冬季极寒日室外平均UTCI(℃)		舒适度评价	制冷期单位面积空调年能耗(kW·h/m²)	采暖期单位面积空调年能耗(kW·h/m²)	单位面积空调年能耗(kW·h/m²)	能耗评价	综合评价
		37.30		0.48		★★★☆☆	14.55	3.86	18.41	★★★★★	★★★★☆

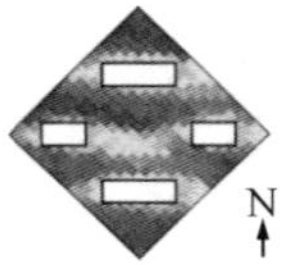

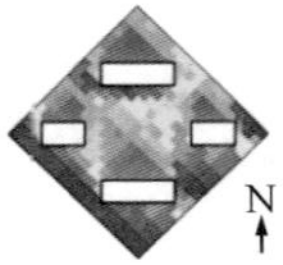

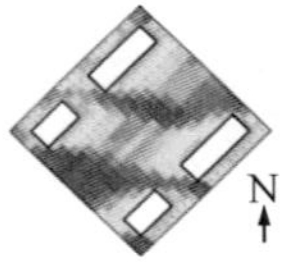

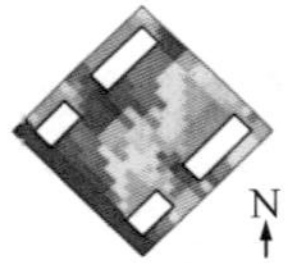

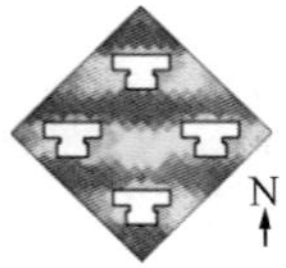

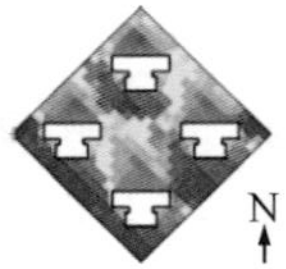

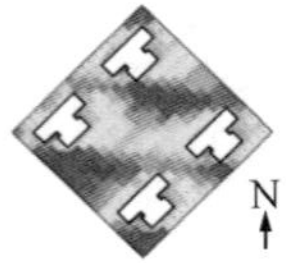

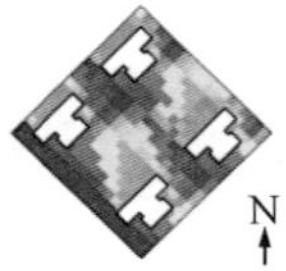

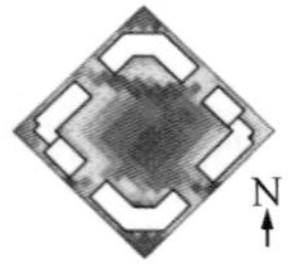

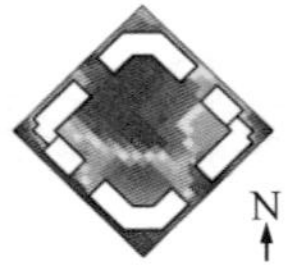

表 2-4-14　　住宅街坊(45-100-2.5)布局形态的性能结果

街坊角度:45°——街坊尺度:100 m——容积率:2.5											
45-100-2.5-H		夏季极热日室外平均UTCI(℃)		冬季极寒日室外平均UTCI(℃)		舒适度评价	制冷期单位面积空调年能耗(kW•h/m²)	采暖期单位面积空调年能耗(kW•h/m²)	单位面积空调年能耗(kW•h/m²)	能耗评价	综合评价
		38.55		−0.92		★☆☆☆☆	15.01	3.37	18.38	★★★★★	★★★☆☆
45-100-2.5-HX		夏季极热日室外平均UTCI(℃)		冬季极寒日室外平均UTCI(℃)		舒适度评价	制冷期单位面积空调年能耗(kW•h/m²)	采暖期单位面积空调年能耗(kW•h/m²)	单位面积空调年能耗(kW•h/m²)	能耗评价	综合评价
		36.46		0.45		★★★★★	16.23	3.87	20.10	★★☆☆☆	★★★⯨☆
45-100-2.5-D		夏季极热日室外平均UTCI(℃)		冬季极寒日室外平均UTCI(℃)		舒适度评价	制冷期单位面积空调年能耗(kW•h/m²)	采暖期单位面积空调年能耗(kW•h/m²)	单位面积空调年能耗(kW•h/m²)	能耗评价	综合评价
		37.76		−0.03		★★☆☆☆	14.76	4.83	19.59	★★★☆☆	★★⯨☆☆
45-100-2.5-DX		夏季极热日室外平均UTCI(℃)		冬季极寒日室外平均UTCI(℃)		舒适度评价	制冷期单位面积空调年能耗(kW•h/m²)	采暖期单位面积空调年能耗(kW•h/m²)	单位面积空调年能耗(kW•h/m²)	能耗评价	综合评价
		35.88		0.30		★★★★★	15.59	5.19	20.78	★☆☆☆☆	★★★☆☆
45-100-2.5-W		夏季极热日室外平均UTCI(℃)		冬季极寒日室外平均UTCI(℃)		舒适度评价	制冷期单位面积空调年能耗(kW•h/m²)	采暖期单位面积空调年能耗(kW•h/m²)	单位面积空调年能耗(kW•h/m²)	能耗评价	综合评价
		36.64		−0.03		★★★☆☆	14.40	3.92	18.32	★★★★★	★★★★☆

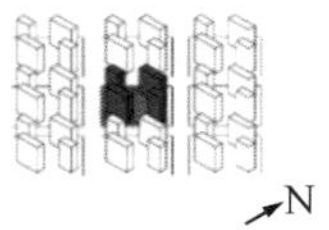

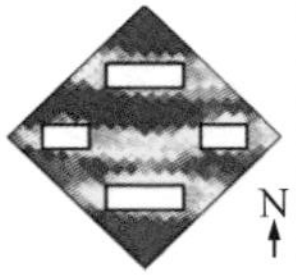

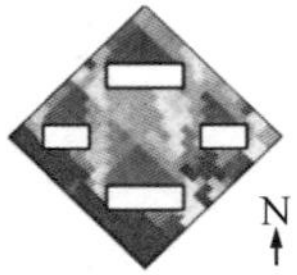

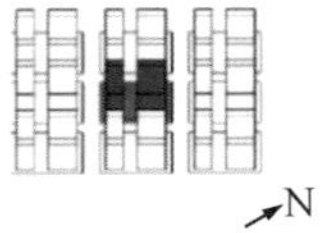

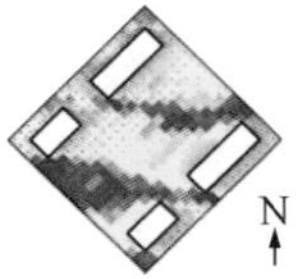

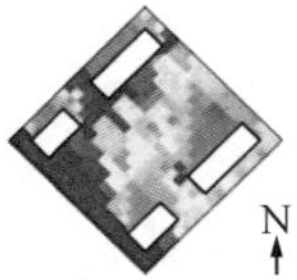

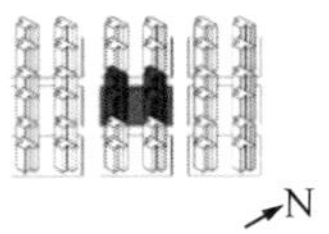

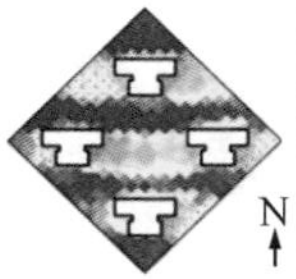

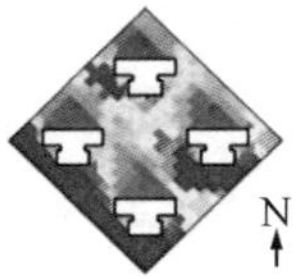

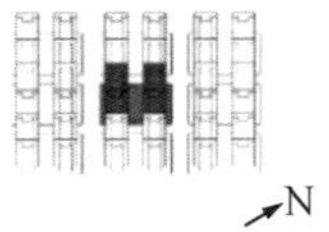

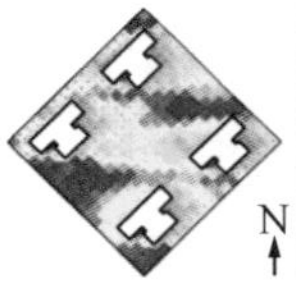

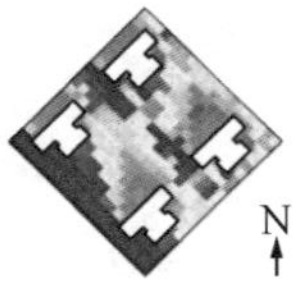

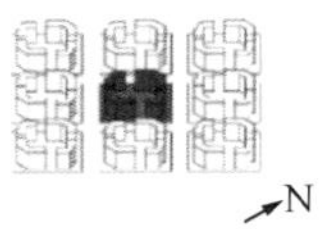

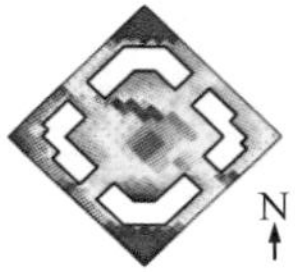

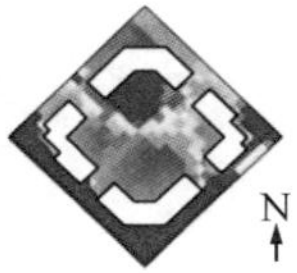

表2-4-15　住宅街坊(45-100-3.0)布局形态的性能结果

街坊角度:45°　街坊尺度:100 m　容积率:3.0

编号	夏季极热日室外平均UTCI(℃)	冬季极寒日室外平均UTCI(℃)	舒适度评价	制冷期单位面积年空调能耗(kW·h/m²)	采暖期单位面积年空调能耗(kW·h/m²)	单位面积年空调能耗(kW·h/m²)	能耗评价	综合评价
45-100-3.0-H	38.34	-1.14	舒适度评价 ★☆☆☆	14.69	3.45	18.14	能耗评价 ★★★★	综合评价 ★★☆
45-100-3.0-HX	35.91	0.31	舒适度评价 ★★★★	15.82	3.94	19.76	能耗评价 ★★☆☆	综合评价 ★☆
45-100-3.0-D	37.27	-0.33	舒适度评价 ★★☆☆	14.42	4.91	19.33	能耗评价 ★★☆☆	综合评价 ★★☆
45-100-3.0-DX	35.66	-0.16	舒适度评价 ★★★☆	15.18	5.29	20.47	能耗评价 ★☆☆☆	综合评价 ★★☆
45-100-3.0-W	36.15	-0.62	舒适度评价 ★★★☆	14.22	3.86	18.08	能耗评价 ★★★★★	综合评价 ★☆

表 2-4-16　住宅街坊(45-100-3.5)布局形态的性能结果

街坊角度:45°　　街坊尺度:100 m　　容积率:3.5

	夏季热日室外平均UTCI(℃)	冬季寒日室外平均UTCI(℃)	舒适度评价	制冷期单位面积空调年能耗(kW·h/m²)	采暖期单位面积空调年能耗(kW·h/m²)	单位面积空调年能耗(kW·h/m²)	能耗评价	综合评价
45-100-3.5-H	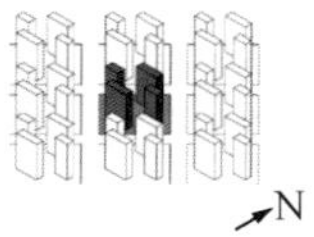 38.11	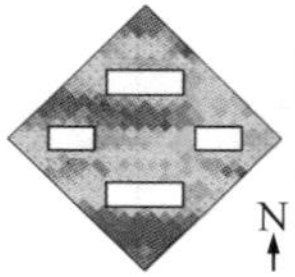 -1.57	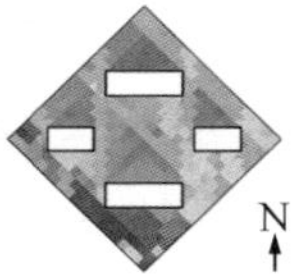 ★☆☆	14.45	3.61	18.06	★★☆	★★☆
45-100-3.5-HX	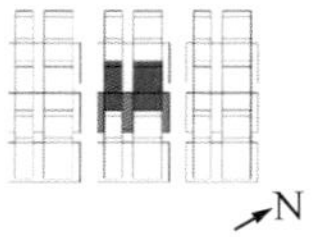 35.34	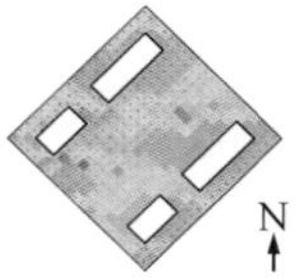 0.05	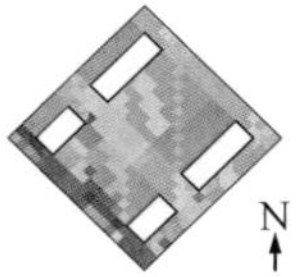 ★★★	15.39	4.08	19.47	★☆☆	★★☆
45-100-3.5-D	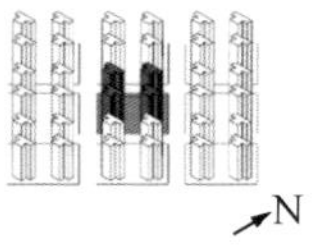 36.97	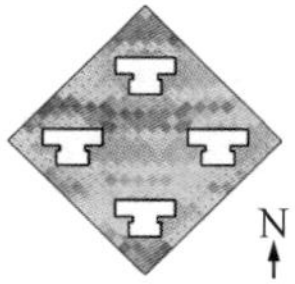 -0.78	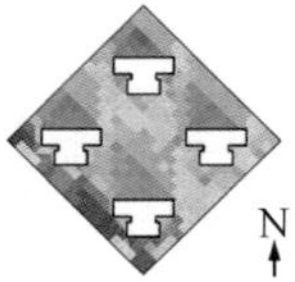 ★★★★	14.08	5.06	19.14	★★☆	★★☆
45-100-3.5-DX	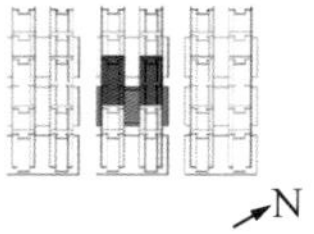 35.33	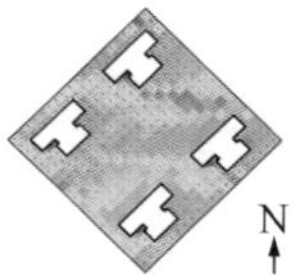 0.05	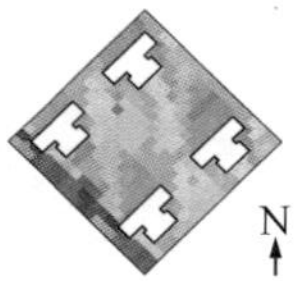 ★★★★	14.77	5.44	20.21	★☆☆☆	★★☆
45-100-3.5-W	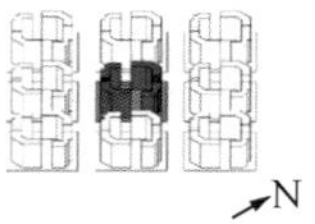 35.60	 -1.14	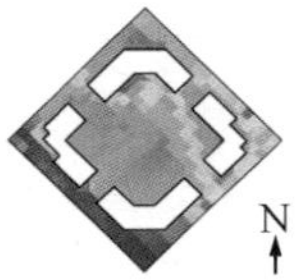 ★★☆	13.95	3.88	17.83	★★★☆	★★☆

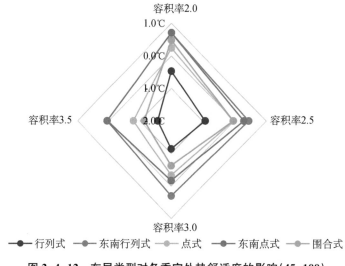

容积率2.0

1.0℃

0.0℃

1.0℃

容积率3.5　　　2.0℃　　　容积率2.5

容积率3.0

—●— 行列式　—●— 东南行列式　—●— 点式　—●— 东南点式　—●— 围合式

图 2-4-12　布局类型对冬季室外热舒适度的影响(45-100)

　　上述实验结果反映了,在 45-100 的住宅街坊中,夏季室外热舒适度方面表现从好到差依次为:东南点式、东南行列式、围合式、点式、行列式住宅;冬季室外热舒适度方面总体而言表现从好到差依次为:东南行列式、东南点式、点式、围合式、行列式住宅。

　　将室外热舒适度表现最佳的布局类型与表现最差的布局类型在不同容积率下的白天室外平均 UTCI 的差值进行比较分析,可以得到表 2-4-17。

表 2-4-17　　不同容积率下舒适度表现最佳与最差布局类型的 UTCI 差值(45-100)

时间	平均差值(℃)	平均差值的极差(℃)	最大差值(℃)	最大差值时的容积率
夏季极热日	2.68	0.21	2.78	3.5
冬季极寒日	1.41	0.44	1.62	3.5

＊上述温度均为白天室外平均 UTCI 值。

　　由表 2-4-17 可得,在 45-100 的住宅街坊中,不同布局类型在不同容积率地块下对夏季室外热舒适度影响差异的程度相似,而对冬季室外热舒适度的影响差异在高容积率(容积率为 3.5)地块中最明显。

　　不同的布局类型对夏季室外热舒适度影响差异的程度要大于对冬季室外热舒适度影响差异的程度。

　　2) 容积率的影响

　　将表 2-4-13—表 2-4-16 的夏季极热日和冬季极寒日白天室外平均 UTCI 值的数据制成图。

据图 2-4-13、图 2-4-14 结果所示,在地块朝向为南偏东 45°朝向、地块尺度为 100 m 的高密度城市住宅街坊布局中,容积率从 2.0 增大到 3.5,五种不同布局类型的夏季极热日、冬季极寒日白天室外平均 UTCI 值都逐渐减小。

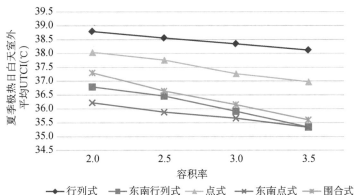

图 2-4-13　容积率对夏季室外热舒适度的影响(45-100)

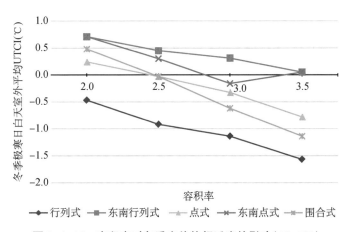

图 2-4-14　容积率对冬季室外热舒适度的影响(45-100)

上述实验结果可得出:在 45-100 的住宅街坊中,随着容积率的增大,行列式、东南行列式、点式、东南点式、围合式住宅的夏季室外热舒适度均逐渐提高,而冬季室外热舒适度均逐渐降低。

3) 建筑主要朝向的影响

建筑主要朝向的影响仅存在于行列式与点式住宅中,围合式住宅不受其影响。将表 2-4-13—表 2-4-16 的夏季极热日和冬季极寒日白天室外热舒适度数据制成图。

据图 2-4-15、图 2-4-16 结果显示,在地块朝向为南偏东 45°朝向、地块尺度为 100 m 的高密度城市住宅街坊布局中,建筑主要朝向从南北 0°变成南偏东 45°时,行列式与点式住宅的夏季极热日白天室外平均 UTCI 值均减小,而冬季极寒日白天室外平均 UTCI 值均增大。

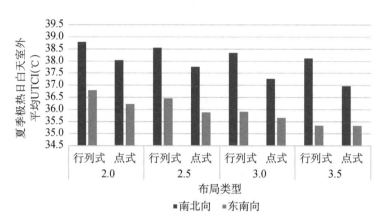

图 2-4-15　建筑主要朝向对夏季室外热舒适度的影响(45-100)

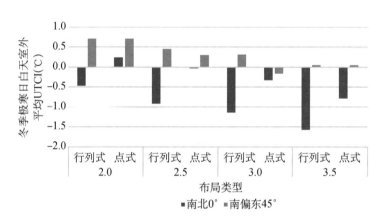

图 2-4-16　建筑主要朝向对冬季室外热舒适度的影响(45-100)

上述实验结果可得出:在 45-100 的住宅街坊中,随着建筑主要朝向从南北 0°变为南偏东 45°,行列式、点式住宅的夏季和冬季室外热舒适度均提高,即全年室外热舒适度都提升。

且就容积率的影响而言,分别在 2.0、2.5、3.0、3.5 容积率下,行列式与点式住宅的夏季极热日白天室外平均 UTCI 的平均减幅为:1.91℃、1.99℃、2.02℃、2.21℃,冬季极寒日白天室外平均 UTCI 的平均增幅为:0.83℃、0.85℃、0.91℃、1.23℃。

将上述关于容积率变化的实验数据进行分析,可得出:随着建筑主要朝向从南北 0°变为南偏东 45°,容积率越高,行列式与点式住宅的室外热舒适度的提升幅度越大。

就布局类型的影响而言,行列式、点式住宅在不同容积率下的夏季极热日白天室外平均 UTCI 的平均减幅为 2.23℃ 和 1.74℃,冬季极寒日白天室外平均 UTCI 的平均增幅为 1.41℃ 和 0.45℃。

上述关于布局类型的实验数据进行分析,可得出:在 45-100 的住宅街坊中,随着建筑主要朝向从南北 0°变为南偏东 45°,行列式住宅夏季和冬季室外热舒适度的提升幅度比点式住宅高。

(2) 200 m 住宅街坊布局形态的结果分析

在街坊朝向为南偏东 45°朝向、街坊尺度为 200 m 的高密度城市住宅居住街坊用地条件下,布局类型的研究也将依 2.0、2.5、3.0、3.5 这四种容积率进行展开(表 2-4-18—表 2-4-21)。

1) 布局类型的影响

将表 2-4-18—表 2-4-21 的夏季极热日和冬季极寒日白天室外热舒适度数据制成图。

据图 2-4-17 结果所示,在地块朝向为南偏东 45°朝向、地块尺度为 200 m 的街坊中,容积率分别为 2.0 和 2.5 时夏季极热日白天室外平均 UTCI 值从低到高依次均是东南点式、东南行列式、围合式、点式、行列式,而容积率分别为 3.0 和 3.5 时从低到高依次是东南点式、围合式、东南行列式、点式、行列式。

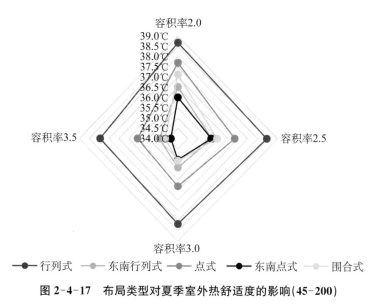

图 2-4-17　布局类型对夏季室外热舒适度的影响(45-200)

表 2-4-18

住宅街坊(45-200-2.0)布局形态的性能结果

街坊角度:45°　　街坊尺度:200 m　　容积率:2.0

编号	夏季极热日室外平均UTCI(℃)	冬季极寒日室外平均UTCI(℃)	舒适度评价	制冷期单位面积空调年能耗(kW·h/m²)	采暖期单位面积空调年能耗(kW·h/m²)	单位面积空调年能耗(kW·h/m²)	能耗评价	综合评价
45-200-2.0-H	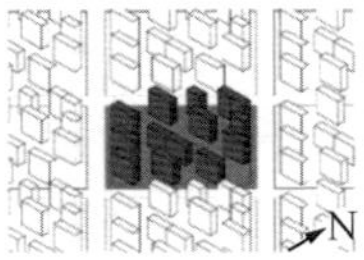 38.69	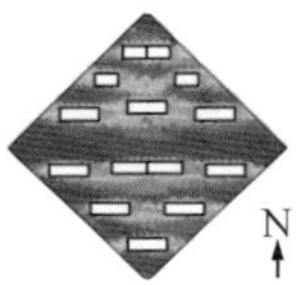 -0.81	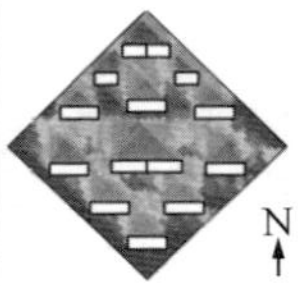 ★☆☆	14.55	3.23	17.78	★★★	★☆☆
45-200-2.0-HX	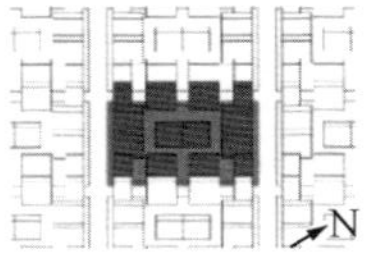 36.52	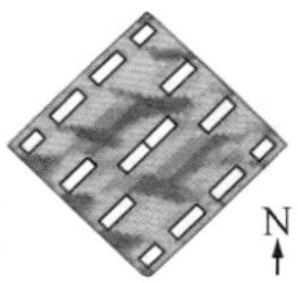 0.28	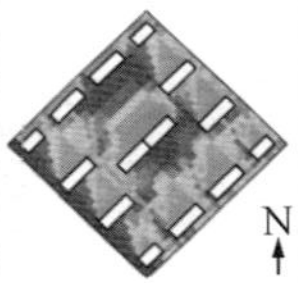 ★★☆	15.98	3.77	19.75	★☆☆	★★☆
45-200-2.0-D	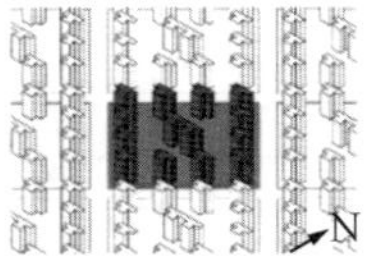 37.70	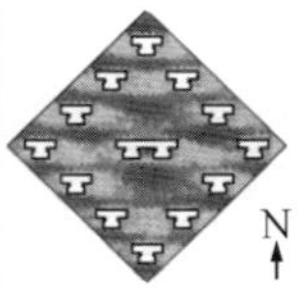 0.04	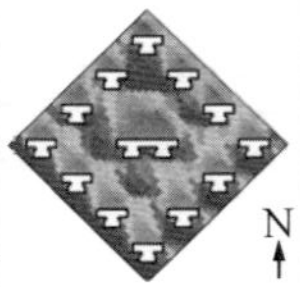 ★★★	14.67	4.77	19.44	★★☆	★★☆
45-200-2.0-DX	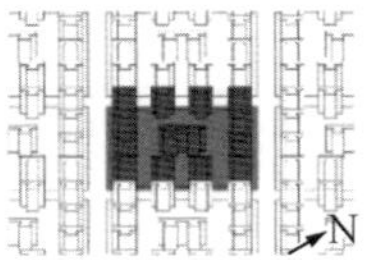 36.02	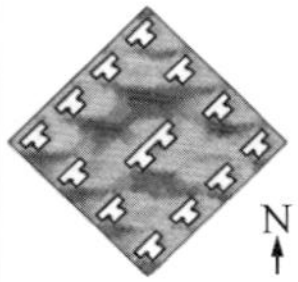 0.48	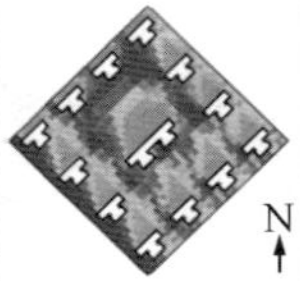 ★☆☆	15.47	5.18	20.65	★☆☆	★★☆
45-200-2.0-W	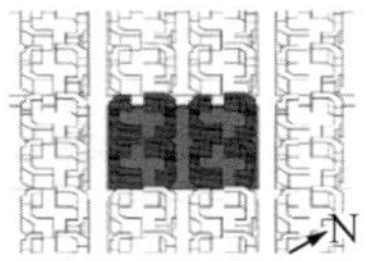 37.13	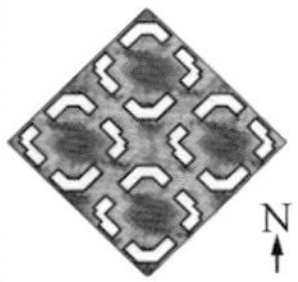 0.20	 ★★★	14.44	4.30	18.74	★★★	★★★

表 2-4-19　住宅街坊 (45-200-2.5) 布局形态的性能结果

街坊角度:45°　　街坊尺度:200 m　　容积率:2.5

布局形态		夏季极端日室外平均UTCI(℃)		冬季极端日室外平均UTCI(℃)		舒适度评价	制冷期单位面积空调年能耗(kW·h/m²)	采暖期单位面积空调年能耗(kW·h/m²)	单位面积空调年能耗(kW·h/m²)	能耗评价	综合评价
45-200-2.5-H	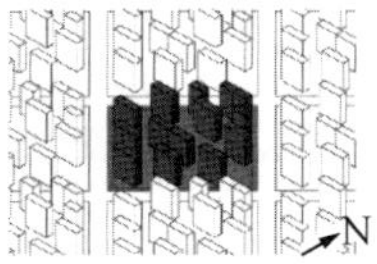	38.46	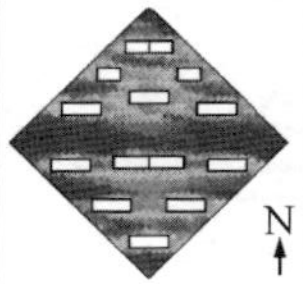	−1.17	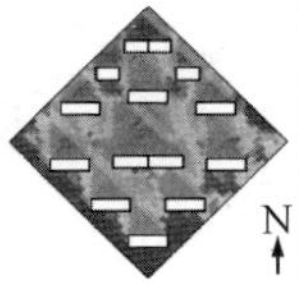	★☆☆	14.17	3.29	17.46	★★★	★★☆
45-200-2.5-HX	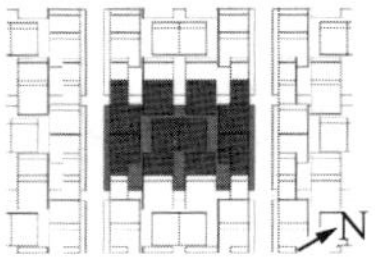	35.70	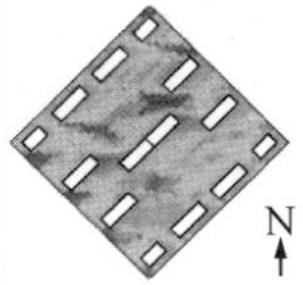	−0.25	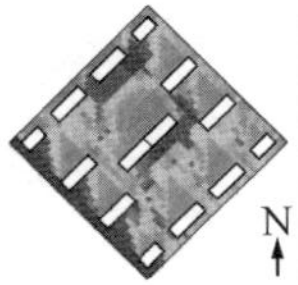	★★★	15.48	3.81	19.29	★☆☆	★★☆
45-200-2.5-D	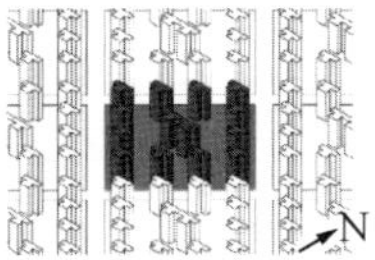	36.84	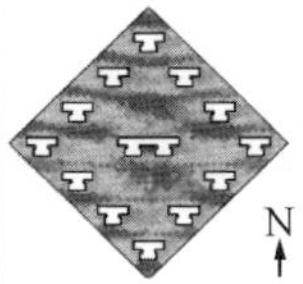	−0.24	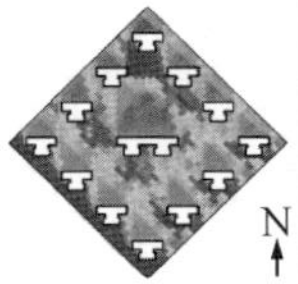	★★★	14.29	4.85	19.14	★★☆	★★☆
45-200-2.5-DX	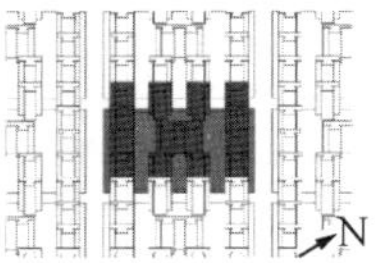	35.67	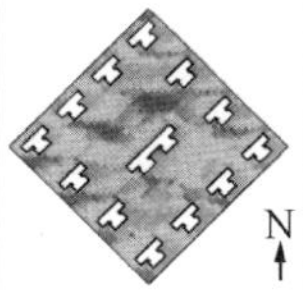	0.05	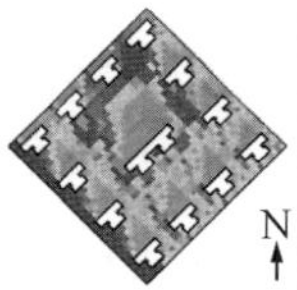	★★☆	15.02	5.27	20.29	★☆☆	★★☆
45-200-2.5-W	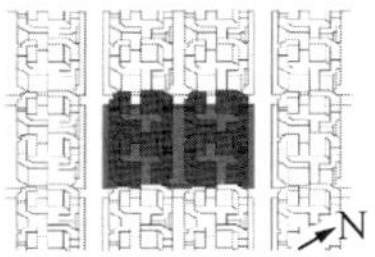	35.96	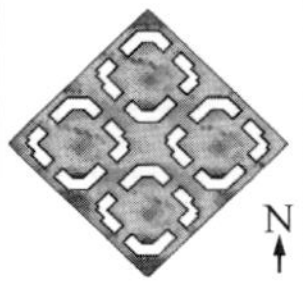	−0.57	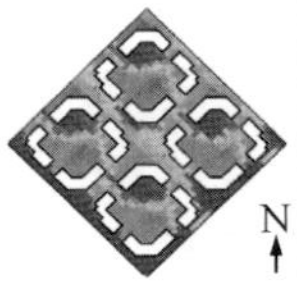	★★☆	13.97	4.22	18.19	★★☆	★★☆

表 2-4-20　住宅街坊(45-200-3.0)布局形态的性能结果

街坊角度:45°　　街坊尺度:200 m　　容积率:3.0

编号	三维形态	夏季极端日室外平均UTCI(℃)	冬季极端日室外平均UTCI(℃)	布局	舒适度评价	制冷期单位面积空调年能耗(kW·h/m²)	采暖期单位面积空调年能耗(kW·h/m²)	单位面积空调年能耗(kW·h/m²)	能耗评价	综合评价
45-200-3.0-H	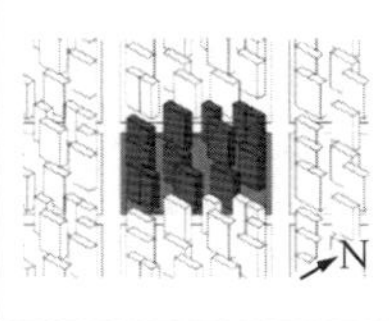	38.17	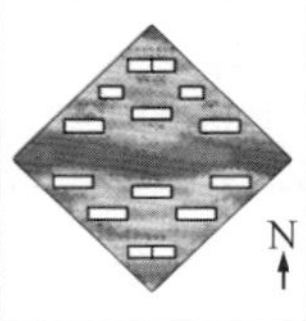 -1.64	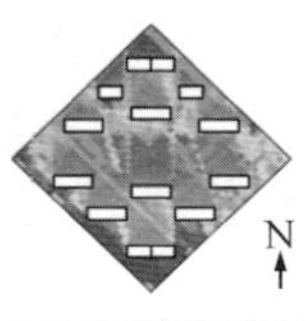	★☆☆	13.89	3.43	17.32	★★★	★★☆
45-200-3.0-HX	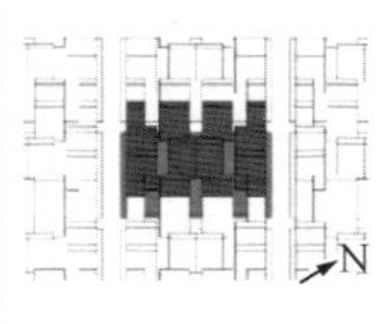	35.41	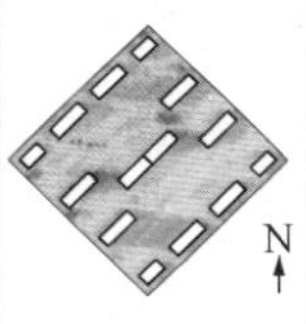 -1.11	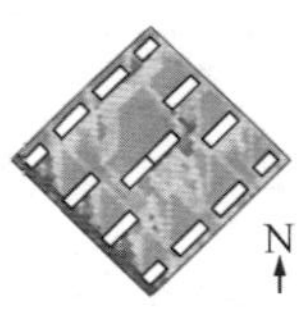	★★☆	15.02	3.92	18.94	★☆☆	★★☆
45-200-3.0-D	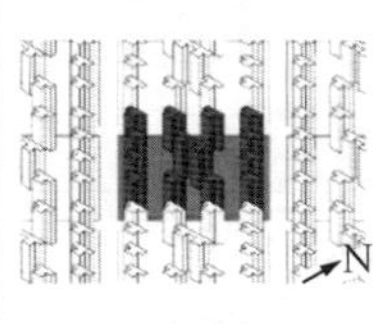	36.32	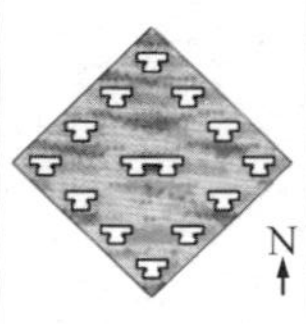 -1.00	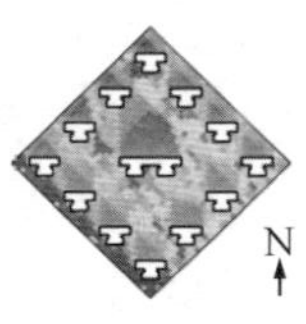	★★★	13.89	5.02	18.91	★☆☆	★★☆
45-200-3.0-DX	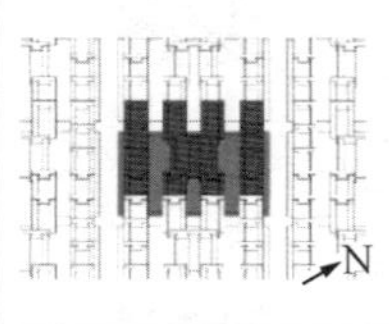	35.03	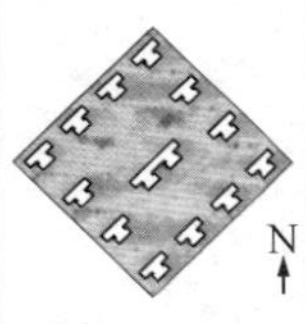 -0.45	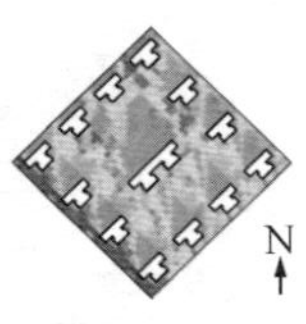	★★★	14.55	5.44	19.99	★☆☆	★★☆
45-200-3.0-W	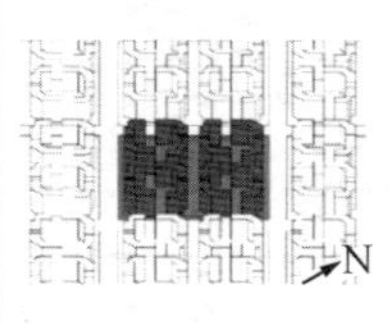	35.08	 -0.81	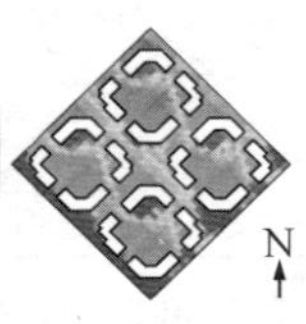	★★☆	13.69	4.21	17.90	★★★	★★★

表 2-4-21　住宅街坊 (45-200-3.5) 布局形态的性能结果

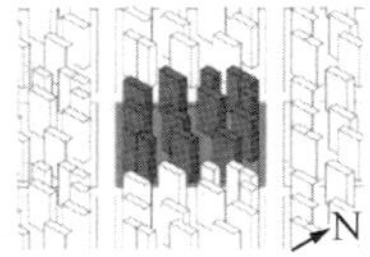

街坊角度:45°　　街坊尺度:200 m　　容积率:3.5

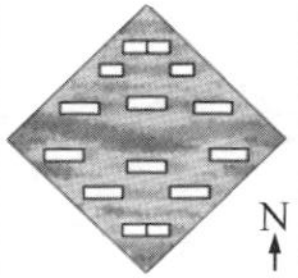

		夏季极端热日室外平均 UTCI(°C)		冬季极端冷日室外平均 UTCI(°C)	舒适度评价	制冷期单位面积空调年能耗 (kW·h/m²)	采暖期单位面积空调年能耗 (kW·h/m²)	单位面积空调年能耗 (kW·h/m²)	能耗评价	综合评价
45-200-3.5-H		37.94		−2.00	★☆☆	13.55	3.64	17.19	★☆☆	★★☆
45-200-3.5-HX		34.93		−1.59	★★☆	14.59	4.08	18.67	★☆☆	★☆☆
45-200-3.5-D		36.04		−1.24	★★☆	13.50	5.27	18.77	★☆☆	★★☆
45-200-3.5-DX		34.35		−0.66	★★★	14.09	5.67	19.76	★★☆	★★☆
45-200-3.5-W		34.64		−1.03	★★☆	13.36	4.26	17.62	★★★	★★☆

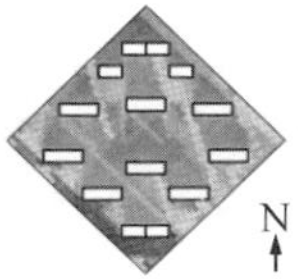

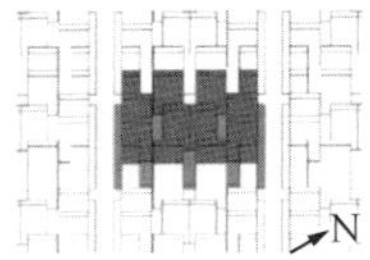

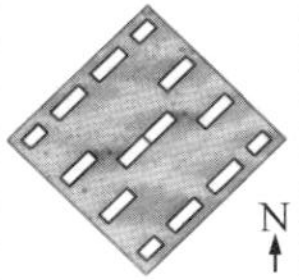

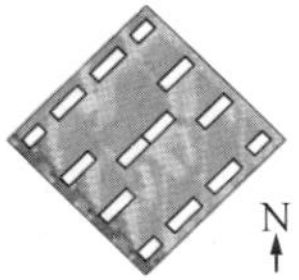

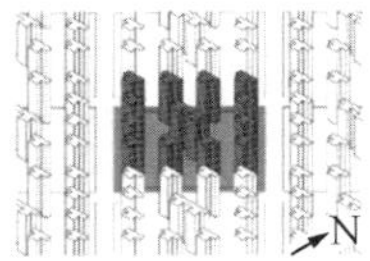

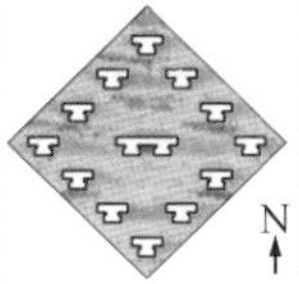

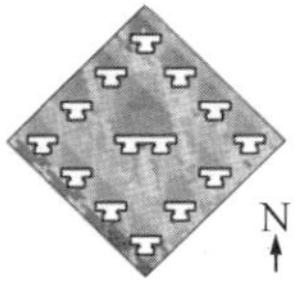

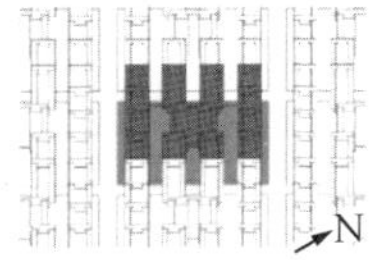

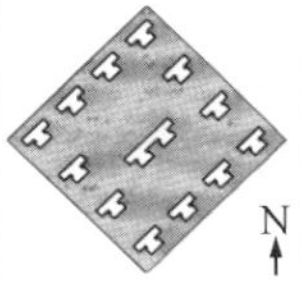

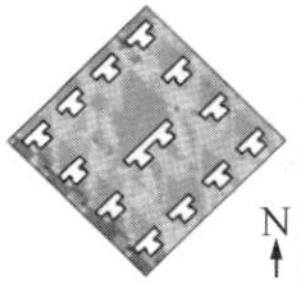

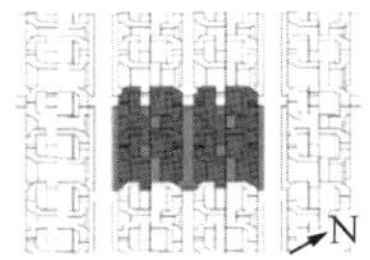

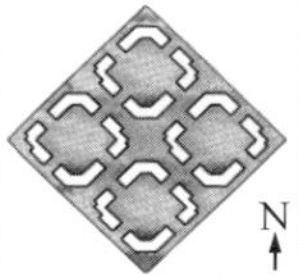

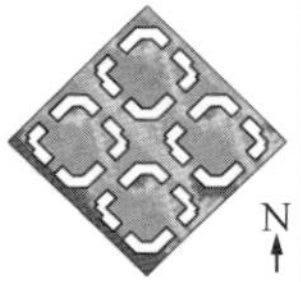

据图 2-4-18 结果所示,不同容积率条件时冬季极寒日白天室外平均 UTCI 值行列式最低,东南点式最高,而东南行列式、点式、围合式三者没有统一的规律。其中,在容积率为 2.0 时,三者的冬季极寒日白天室外平均 UTCI 值从低到高为点式、围合式、东南行列式;而在容积率为 2.5 时,东南行列式住宅的冬季极寒日白天室外平均 UTCI 值与点式住宅相等,并高于围合式;在容积率为 3.0 和 3.5 时,三者的冬季极寒日白天室外平均 UTCI 值从低到高为东南行列式、点式、围合式。

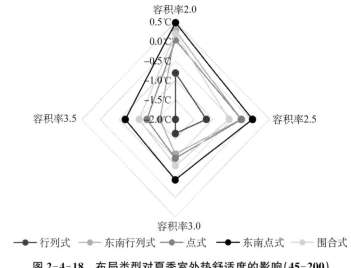

图 2-4-18　布局类型对夏季室外热舒适度的影响(45-200)

上述实验结果可以得出,在 45-200 的住宅街坊中,夏季与冬季室外热舒适度表现东南点式住宅最佳,行列式住宅最差,东南行列式、点式、围合式住宅的表现居中且没有明显规律。

将室外热舒适度表现最佳的东南点式与表现最差的行列式在不同容积率下的白天室外平均 UTCI 的差值进行比较分析,可以得到表 2-4-22。

表 2-4-22　不同容积率下舒适度表现最佳与最差布局类型的 UTCI 差值(45-200)

时间	平均差值(℃)	平均差值的极差(℃)	最大差值(℃)	最大差值时的容积率
夏季极热日	3.04	0.92	3.59	3.5
冬季极寒日	1.26	0.15	1.34	3.5

*上述温度均为白天室外平均 UTCI 值。

由表 2-4-22 可知,在 45-200 的住宅街坊中,不同布局类型对夏季室外热舒适度的影响差异在高容积率(容积率为 3.5)地块中最明显,而在不同容积率地块下对冬季室外热舒适度影响差异的程度相似。

不同的布局类型对夏季室外热舒适度影响差异的程度要大于对冬季室外热舒适度影响差异的程度。

2）容积率的影响

将表 2-4-18—表 2-4-21 的夏季极热日和冬季极寒日白天室外平均 UTCI 值的数据制成图。

据图 2-4-19、图 2-4-20 结果显示，在地块朝向为南偏东 45°朝向、地块尺度为 200 m 的高密度城市住宅街坊布局中，容积率从 2.0 增大到 3.5，五种不同布局类型的夏季极热日白天室外平均 UTCI、冬季极寒日白天室外平均 UTCI 值都逐渐减小。可得出：在 45-200 的住宅街坊中，随着容积率的增大，行列式、东南行列式、点式、东南点式、围合式住宅的夏季室外热舒适度均逐渐提高，而冬季室外热舒适度均逐渐降低。

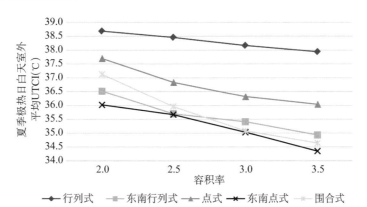

图 2-4-19　容积率对夏季室外热舒适度的影响(45-200)

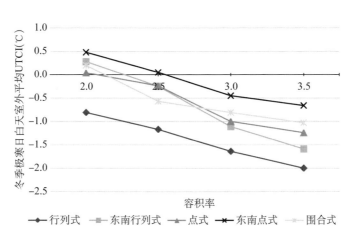

图 2-4-20　容积率对冬季室外热舒适度的影响(45-200)

3）建筑主要朝向的影响

将表 2-4-18—表 2-4-21 的夏季极热日和冬季极寒日白天室外热舒适度数据制成图。

据图 2-4-21、图 2-4-22 结果显示,在 45-200 的住宅街坊中,随着建筑主要朝向从南北 0°变到南偏东 45°,行列式、点式住宅的夏季和冬季室外热舒适度均提高,即全年室外热舒适度都有所提升。

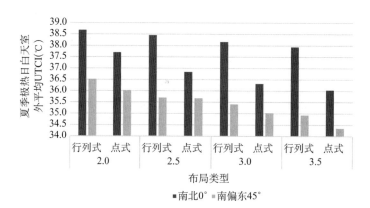

图 2-4-21　建筑主要朝向对夏季室外热舒适度的影响(45-200)

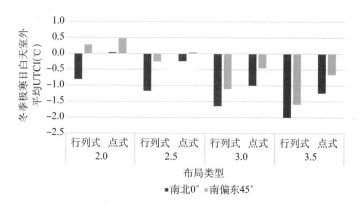

图 2-4-22　建筑主要朝向对冬季室外热舒适度的影响(45-200)

就容积率的影响,分别在 2.0、2.5、3.0、3.5 容积率下这两种布局类型的夏季极热日白天室外平均 UTCI 的平均减幅为:1.92℃、1.96℃、2.02℃、2.35℃,冬季极寒日白天室外平均 UTCI 的平均增幅为:0.77℃、0.61℃、0.54℃、0.50℃;就布局类型的影响,行列式、点式在不同容积率下夏季极热日白天室外平均 UTCI 的平均减幅为 2.67℃ 和 1.46℃,冬季极寒日白天室外平均 UTCI 的平均增幅为 0.74℃ 和 0.47℃。上述实验数据可得出:随着建筑主要朝向从南北 0°变为南偏东 45°,行列式住宅夏季和冬季室外热舒适度的提升幅度比点式住宅高。且容积率越高,夏季室外热舒适度提升的幅度越大,容积率越低,冬季室外热舒适度提升的幅度越大。

4）街坊大小的影响

根据表 2-4-18—表 2-4-21 的夏季极热日和冬季极寒日白天室外平均 UTCI 值的数据制成图。

据图 2-4-23、图 2-4-24 结果所示,在南偏东 45°朝向街坊中,随着街坊尺度

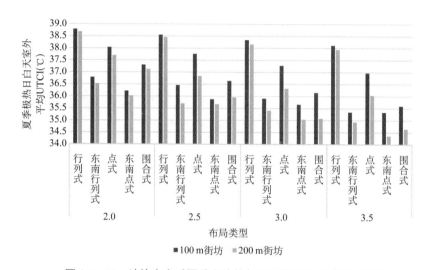

图 2-4-23　地块大小对夏季室外热舒适度的影响（45°朝向街坊）

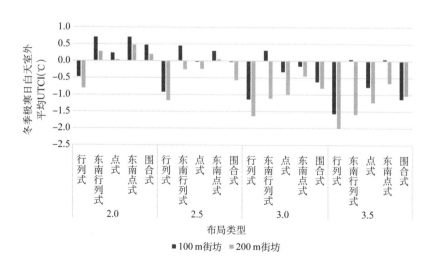

图 2-4-24　地块大小对冬季室外热舒适度的影响（45°朝向街坊）

从 100 m 到 200 m 的增大,行列式、东南行列式、点式、东南点式、围合式住宅的夏季室外热舒适度提高,而冬季室外热舒适度降低。且分别在 2.0、2.5、3.0、3.5 容积率下五种不同布局类型的夏季极热日 UTCI 平均减幅为:0.22℃、0.53℃、0.67℃、0.69℃,而冬季极寒日 UTCI 平均减幅为:0.30℃、0.39℃、0.61℃、0.63℃。说明容积率越高,舒适度变化幅度均越大。

3. 住宅街坊布局形态对街坊内室外热舒适度的影响

通过对不同住宅街坊条件下布局形式的性能结果进行分析,得到基于布局类型、容积率、建筑主要朝向、街坊大小这四方面对性能影响的以下结论:

(1) 布局类型的影响

室外热舒适度方面:①在不同用地条件下,不同布局类型的室外热舒适度排序如表 2-4-23。②不同的布局类型对夏季室外热舒适度影响差异的程度比对冬季大,几乎可达 2 倍。且总体而言在高容积率(容积率为 3.5)地块中不同的布局类型对夏季和冬季室外热舒适度的影响差异最明显,夏季 UTCI 最大可差 3.59℃,冬季 UTCI 最大可差 1.62℃。

表 2-4-23 布局类型的室外热舒适度排序

街坊角度	街坊尺度	时间	室外热舒适度排序(由好到差)
南北 0°	100 m	夏季	围合式、点式、行列式
		冬季	
	200 m	夏季	
		冬季	
南偏东 45°	100 m	夏季	东南点式、东南行列式、围合式、点式、行列式
		冬季	东南行列式、东南点式、点式、围合式、行列式
	200 m	夏季	东南点式最佳,行列式最差(其他三者表现居中且没有明显规律)
		冬季	

(2) 容积率的影响

室外热舒适度方面:随着容积率从 2.0 到 3.5 的增大,同一种布局形态的住宅街坊的夏季室外热舒适度逐渐提高,而冬季室外热舒适度逐渐降低。且夏季 UTCI 最大降幅为 2.49℃,冬季 UTCI 最大降幅为 1.87℃。

(3) 建筑主要朝向的影响(针对南偏东朝向地块)

室外热舒适度方面,在南偏东朝向街坊中,随着建筑主要朝向从南北 0°变为南偏东 45°，行列式、点式住宅的夏季和冬季室外热舒适度均提高，即全年室外热舒适度提升。室外热舒适度提升幅度行列式比点式住宅高，夏季 UTCI 最高减幅可达 3.01℃、冬季 UTCI 最高增幅可达 1.62℃。且容积率越高，舒适度提升幅度越大，仅在南偏东 45°、200 m 的用地条件下出现例外，其容积率越低，冬季室外热舒适度提升幅度越大。

（4）街坊大小的影响

室外热舒适度方面，随着街坊尺度从 100 m 增大到 200 m，同一种布局形态的住宅街坊的夏季室外热舒适度提高，而冬季室外热舒适度降低。且容积率越高，变化幅度越大，夏季 UTCI 最高减幅可达 1.07℃、冬季 UTCI 最高减幅可达 1.64 ℃。

住宅街坊布局形态与土地利用效率、室外热舒适度和街坊建筑群能耗之间有很强的关联性，建筑高度、街坊尺度、街坊朝向和布局类型都会对土地利用效率、室外热舒适度和建筑群能耗产生影响。影响因子的权重各不相同。

（1）对住宅街坊土地利用效率的影响因子比重

布局类型：建筑高度：街坊尺度：街坊朝向＝50％：26％：14％：10％

（2）对住宅街坊建筑群能耗的影响因子比重

布局类型：建筑高度：街坊朝向：街坊尺度＝46％：23％：22％：9％

（3）对住宅室外热舒适度的影响因子比重（综合街坊内外）

布局类型：建筑高度：街坊朝向：街坊尺度＝39％：26％：25％：10％

从节地、室外热舒适度和节能三个方面的影响因子比重分析，上海地区节地和提高土地利用效率、提高室外热舒适度和街坊建筑群节能的策略，首先选定最关键的影响因子——布局类型，建议选择行列式和围合式；其次为建筑高度影响因子，建议选择 18 层以上高度建筑；再次为街坊朝向影响因子，建议选择 45°朝向街坊；最后为街坊尺度影响因子，经研究街坊尺度对这三项建筑性能影响程度较小，150～200 m 之间的街坊尺度性能差别不大。

对三方面建筑性能进行分析后得到，三者的重要影响因素各不相同，平衡三项建筑性能指标是个动态的过程，想要得到理想模型需要进一步综合评价分析。

本章参考文献

［1］上海市人民政府. 上海市城市总体规划（2017—2035 年）［R］.上海：上海市人民政府，2018.

［2］刘念雄，秦佑国.建筑热环境［M］.北京：清华大学出版社，2005.

［3］PANÃO M J N O, GONÇALVES H J P, FERRÃO P M C. Optimization of the urban building efficiency potential for mid-latitude climates using a genetic algorithm approach [J]. Renewable Energy, 2008, 33(05): 887-896.

［4］ MONTAVON M. Optimisation of urban form by the evaluation of the solar potential[J]. Epfl, 2010.

［5］ 尤因, 荣芳, 秦波, 等. 城市形态对美国住宅能源使用的影响[J]. 国际城市规划, 2013 (02): 31-41.

［6］ 丁沃沃, 胡友培, 窦平平. 城市形态与城市微气候的关联性研究[J]. 建筑学报, 2012(07): 16-21.

［7］ 杨沛儒, 权纪戈. 生态容积率(EAR): 高密度环境下城市再开发的能耗评估与减碳方法 [J]. 城市规划学刊, 2014(03): 61-70.

［8］ 祝新伟. 夏热冬暖地区小街坊城市空间热环境模拟研究[D]. 哈尔滨: 哈尔滨工业大学, 2012.

［9］ 黄媛. 夏热冬冷地区基于节能的气候适应性街区城市设计方法论研究[D]. 武汉: 华中科技大学, 2010.

［10］ 徐小东, 王建国. 绿色城市设计: 基于生物气候条件的生态策略[M]. 南京: 东南大学出版社, 2009.

［11］ 叶海. 室外热环境评价指标及其可视化应用探讨[C]//2018 国际绿色建筑与建筑节能大会论文集. 北京: 2018.

第3章　住宅单体节能设计

住宅单体节能涵盖建筑设计阶段的许多方面,需要明确各分项内容中的设计要素,确定定量分析中具体可行的变量和技术指标。本章聚焦于住宅设计中节能效果的优化,讨论建筑前期设计阶段中与节能效果相关的设计变量。体形与朝向往往共同决定住宅单体太阳辐射吸收以及自然通风情况,故将朝向列入形体设计变量,从形体、平面空间和围护结构三个方面进一步细化设计变量(表 3-0-1)。

表 3-0-1　　　　　　　　　住宅单体节能设计中分项设计变量的提取

	体形设计	平面空间	围护结构
节能设计技术指标	体形系数 S	室内平均温度 t_0	窗墙比 外窗综合遮阳系数 SC_w* 外墙传热系数 K
建筑设计变量	• 单体朝向 • 标准层形态 • 面宽与进深 • 长宽比 • 高度与层高 • 标准层面积 • 单元联列设计	• 户型设计 • 阳台设计 • 交通空间 • 标准层设计	• 开窗面积 • 遮阳方式 • 外墙保温设计

* 外窗综合遮阳系数(SC_w),外窗本身的遮阳效果和窗外部(包括建筑物和外遮阳装置)的综合遮阳效果计算指数。其值为:外窗遮阳系数与外遮阳系数的乘积。

3.1　基础分析

本章主要分为三个部分,采用控制变量法,通过能耗模拟观察体形、平面空间以及围护结构设计中的不同设计因子对住宅制冷与采暖能耗的影响程度。住宅体形中,主要分析了"单体朝向、标准层平面形态、面宽与进深、长宽比、建筑高度与层高、标准层面积、单元联列"等变量,在不同设计变量下的建筑能耗值,得出互相关联程度;平面空间设计中,重点对不同交通空间、阳台设计和户型设计进行能耗模拟分析,探究平面空间设计与节能的关联性;围护结构设计部分,分别对不同朝向开窗面积、遮阳形式以外墙保温层厚度进行量化能耗模拟分析,同时结合不同围护结构优化策略,模拟探究其综合节能效果,建立外围护结构设计变量与节能的关联性。

1. 前期调研

研究前期,对上海市内 2007 年后修建的 103 栋住宅单体进行样本收集,分析表明,上海地区城市住宅具有高密度、高趋同性发展的特点,单元式住宅占目前市场的 50% 以上,以一梯两户、四户组合方式为主。住宅单体长方形平面形态数量最多,比例达 33%,其次是前凸形和"凸"字形,分别为 20% 和 24%。从户型看,60~120 m² 户型最多,占 54%;150 m² 以上的大户型近年来也有增多的趋势。从居室数量看,两室、三室户型是最为主流的住宅产品(图 3-1-1)。

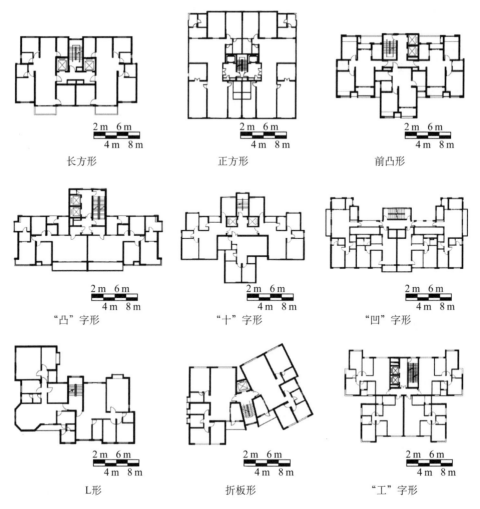

长方形	正方形	前凸形
"凸"字形	"十"字形	"凹"字形
L形	折板形	"工"字形

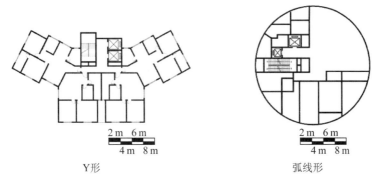

图 3-1-1　住宅平面形态示意图

2. 模型边界条件的设置

为了便于不同实验样本的对比分析,实验中的制冷采暖能耗数值均采用单位面积数值。其他住宅能耗相关因素如气候条件、建筑围护结构的热工性能、建筑模型的设计参数、采暖通风空调系统的设计以及室内人员活动状况等均采用同一设置。

（1）气象条件

实验选用上海市典型气象年气候数据进行分析,采用中国标准气象数据库(CSWD)中上海市的气象数据(CHN_Shanghai.583620)作为研究前提。该气象数据包含干球温度、湿度、风速风向、太阳辐射量的全年逐时分析。

（2）人员在室行为设置

Honeybee 参数化建筑性能分析软件内置 Schedule 板块可以对人员在室和电器使用情况进行全年逐时设置,但研究重点并非人员行为,为简化模拟过程选用软件内置住宅模型(Mid-Rise Apartment Program)自带人员在室以及设备开关时间表进行模拟。人员在室时间表如图 3-1-2 所示,人员密度为 0.02 人/m²。

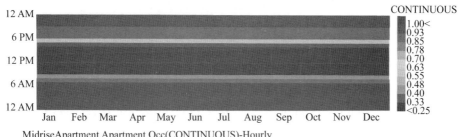

MidriseApartment Apartment Occ(CONTINUOUS)-Hourly
schedule:year
1 JAN 1:00-31 DEC 24:00

图 3-1-2　Honeybee 内置人员在室时间表

（3）围护结构参数设置

本次实验采用理想模型分析法，故利用软件内 Glazing Creator 模块和 Constrction 模块对窗墙比和围护结构传热系数统一设置，数值参考根据上海市《居住建筑节能设计标准》中的限值规定进行设置。窗户材质选择普通中空玻璃（6+12A+6）。

（4）电气负荷设置

利用 Honeybee 中 Set Zone Loads 模块可以对建筑电气负荷量进行设置，设置室内平均得热强度为 4.3 W/m²，照明强度为 5 W/m²。

（5）空调与通风设置

建筑供热通风和空调系统（HVAC）方面选用理想空调系统进行模拟，空调制冷期、采暖期、室内设计温度、换气次数均按照上海市《居住建筑节能设计标准》设置，详细参数见表 3-1-1。

表 3-1-1　　　　　　　　能耗模拟边界条件设置统计表

围护结构设计参数		外墙传热系数 1.0 W/(m²·K)　屋面传热系数 0.8 W/(m²·K) 分户墙以及楼板传热系数 2.0 W/(m²·K)
窗墙比		南向 0.50，北向 0.35，东西向 0.25
外窗设计参数		综合传热系数 2.2 W/(m²·K)　外窗综合遮阳系数 0.75 可见光透射比 0.80
空调设计参数	周期	采暖计算期：12 月 1 日—次年 2 月 28 日 制冷计算期：6 月 15 日—8 月 31 日
	设计温度	冬季全天设计温度 18℃　夏季全天设计温度 26℃
	换气次数	空调期 1 次/h
	能效比	采暖设备能效比 2.5　制冷设备能效比 3.1
室内电气负荷		室内平均得热强度 4.3 W/m²
人员活动时间表		Honeybee 软件内置住宅人员活动时间表

* 设计依据上海市《居住建筑节能设计标准》。

（6）Grasshopper 模拟电池组设计

Grasshopper 参数化电池组设计以 Ladybug+Honeybee 内置电池模块为基础，主要分为八个部分：①Rhino 模型的热区划分；②建筑开窗设置；③外围护结构热工参数设置；④内部得热强度设置；⑤HAVC 系统配置；⑥制冷采暖设备使用时间表设置；⑦运算 Energy Plus；⑧结果可视化及数据读取（图 3-1-3）。

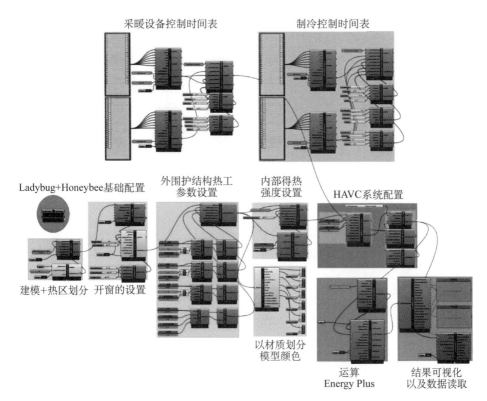

采暖设备控制时间表　　　　　制冷控制时间表

Ladybug+Honeybee基础配置　　外围护结构热工
参数设置

内部得热
强度设置

HAVC 系统配置

建模+热区划分　开窗的设置

以材质划分
模型颜色

运算
Energy Plus

结果可视化
以及数据读取

图 3-1-3　Ladybug＋Honeybee 能耗模拟主要电池配置图

3.2　住宅体形设计变量与节能

1.单体朝向

（1）物理模型的设定

为住宅单体选择合理的朝向是规划阶段首要应该考虑的问题。从节能视角看，太阳辐射吸收是朝向选择的关键因素。以上海地区为例，普遍认为南偏东30°—南偏西 30°范围内为上海地区住宅建筑的适宜朝向。为探究朝向变化对住宅单体建筑能耗的影响，以 15°为单位朝向变量，在南偏西 45°—南偏东 45°范围内采用理想模型进行实验。由前文理论研究可知，朝向和形体共同决定建筑的太阳辐射吸收量，不同方位的墙面面积的变化会影响不同朝向变化的建筑能耗，故实验选取平面长宽比 K 值为 1∶1、2∶1、3∶1、4∶1 作为四个辅助变量，基础模型各项条件如图 3-2-1（WS-45°指南偏西 45°朝向的样本，NS 指南北 0°朝向的样本,ES-45°指南偏东 45°朝向的样本),基于前期调研结果,选取标准层面积为 400 m² 的矩形平面的 18 层住宅进行模拟(表 3-2-1)。

图 3-2-1　朝向模拟模型平面示意图

表 3-2-1　　　　　　　　　朝向模拟基础模型设计表

基础模型				
长宽比	1∶1	2∶1	3∶1	4∶1
体形系数	0.218	0.230	0.249	0.268
层高(m)	3			
层数(层)	18			
建筑高度(m)	54			
标准层面积(m²)	400			

(2)模拟结果分析

通过能耗模拟计算,按照单位面积制冷、采暖以及制冷采暖总能耗分别统计,图 3-2-2—图 3-2-4 为整理数据后能耗随朝向变化的曲线图。从下列图表中可

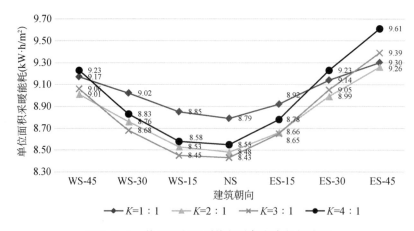

图 3-2-2　单位面积采暖能耗随朝向变化折线图

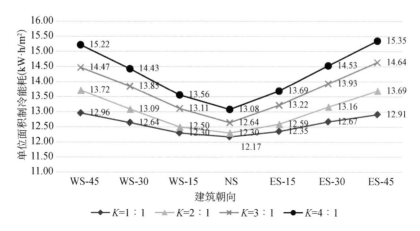

图 3-2-3　单位面积制冷能耗随朝向变化折线图

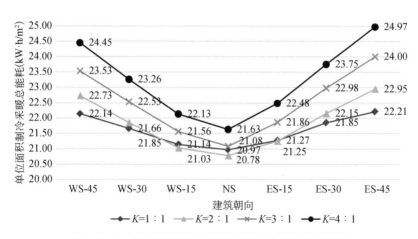

图 3-2-4　单位面积制冷采暖总能耗随朝向变化折线图

以看出,建筑单位面积制冷、采暖能耗与朝向变化而呈现显著正相关,变化幅度和形式表现出一定的共同性和差异性。

从以上图表分析可以得出结论,住宅单体建筑制冷采暖总能耗在正南北朝向时最低,随东西转动角度的增加而呈现非线性上升趋势,南偏西 15°至南偏东 15°范围内增加幅度最小,利于节能设计。由于东南向采暖能耗略高于西南向,从总体能耗角度考虑,西南向布置稍优于东南向布置,但东南向布置的住宅单体利于形成室内贯通风路,提高室内热舒适性,需综合考虑东西朝向的最优性。长宽比与朝向共同影响住宅总能耗,长宽比越小,住宅单体各朝向的热适应性越好。因此确定单体建筑最佳朝向时,需与单体形态进行联动分析。

2. 标准层平面形态

（1）物理模型的设定

标准层形态决定了住宅单体与外界发生热交换的外表面积大小，从而影响能耗。将正方形、长方形、L 形、前凸型、"凸"字形、折板形、"十"字形、"凹"字形、Y 形、"工"字形十种不同平面形态作为本此实验的基础样本。同时针对典型一梯多户住宅来说，还有两种较为常见的"凸"字形变形形态，如下表 3-2-2。住宅标准层面积一般为限制性指标，建筑根据户型配置确定最终平面形态。调研表明，上海地区住宅单元标准层面积集中在 300～400 m² 之间，故在进行能耗模拟时，设置标准层面积为 400 m²，建立基于这 12 种不同平面形状的建筑模型，凸出凹进等细部尺寸参考实际案例设计。另外，多层住宅与高层住宅标准层形态有所差异，故分别设计层高为 3 m 的 6 层、18 层住宅为代表样本进行讨论。

表 3-2-2　　　　　　　标准层形态能耗模拟基础模型设计表

基础模型					6 层模型形态	18 层模型形态
标准层形态	长方形	L 形	前凸形	"凸"字形		
基础模型						
标准层形态	折板形	"十"字形	"凹"字形	前凸形变形 1		
基础模型						
标准层形态	前凸形变形 2	Y 形	"工"字形	正方形		
层高（m）	3					
层数（层）	6、18					
建筑高度（m）	18、54					
标准层面积（m²）	400					

图 3-2-5 表示不同实验样本的体形系数(S)计算值,正方形 S 值最低,"工"字形 S 值最高;增加平面形态的凹凸会导致 S 值上升,样本中变形 2 体形系数较长方形升高近 0.05。

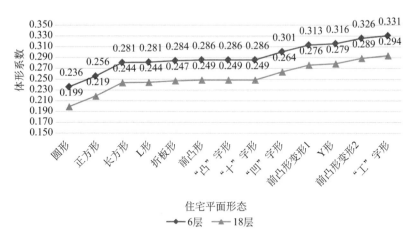

图 3-2-5　不同形态住宅单体体形系数示意图(按从低至高排列)

(2) 模拟结果分析

通过对 6 层、18 层不同形态住宅单体的定量能耗模拟,将不同平面形态从体形系数从低至高排列次序可以得出图 3-2-6、图 3-2-7。

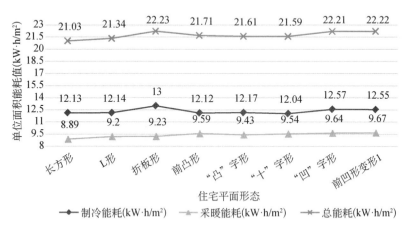

图 3-2-6　6 层住宅单位面积制冷采暖能耗变化趋势

将能耗变化曲线与体形系数曲线对比可得,随着体形系数的增大总体能耗呈现上升趋势,但在折板形和 Y 形处出现特殊变化。二者在体形系数低于其他形态时,总能耗有所反超。且体形系数相同的前凸形、"凸"字形以及"十"字形能耗

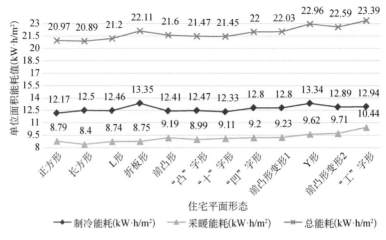

图 3-2-7　18 层住宅单位面积制冷采暖能耗变化趋势

也并不同。可见体形系数的增加不能完全表征建筑能耗的升高,需结合具体形态进行定量分析。

长方形为最佳节能平面形态,折板形和"工"字形分别为多层和高层住宅中节能性能最差的平面形态。折板形南向投影面积较大,夏季可接受日照的小时数增多,因此制冷能耗明显高于其他形态。但从通风和采光视角来看,折板形单体形体导风性能良好,较大的迎风面也便于形成室内通畅风路,室内自然采光效果也有所提升,且内部可以布置更多南向房间,因此在实际住宅项目中利用率很高。从节能设计出发,折板形单体应当特别注意南向外墙和外窗的隔热设计。

对数据进行分析可知,体形凹凸变化增多时,制冷、采暖能耗均有所上升,但对采暖能耗的影响大于制冷能耗,以 18 层长方形和"工"字形单体为例,体形系数增加 0.05,采暖能耗增加 23%,制冷能耗仅增加 3%。为了满足各房间的采光要求,住宅平面往往不可避免凹凸的形成,上海地区住宅以夏季隔热为主要节能措施,故形体凹凸上可以尽量放宽限制。

3. 面宽与进深

（1）物理模型的设定

住宅的面宽进深由内部空间尺度决定,也是建筑前期设计阶段需要衡量的重要设计因子。调研得出,住宅单元的面宽范围集中在 14～40 m 之间,其中以 20～40 m 范围占比最大,且住宅开间多以 3 m 左右为单位,故以 20～40 m 为面宽变化范围,3 m 为单位,设计实验样本。为控制变量,住宅进深统一设置为 14 m。调研得出上海地区进深主要集中在 12～18 m 范围内,故以 1 m 为单位,

12~18 m 为进深变化范围,面宽统一设置为 33 m,设计实验样本。同时,为反映多层、高层住宅面宽进深变化对能耗影响的差异性,建立 6 层、18 层两种类型单体模型。为简化计算过程,平面形状选用长方形。具体模型信息如表 3-2-3。

表 3-2-3　　　　　　　　　进深与面宽能耗模拟基础模型设计表

基础模型		
面宽变化范围(m)	20、23、26、29、32、35、38、41	33
进深变化范围(m)	14	12、13、14、15、16、17、18
层高(m)	3	
层数(层)	6、18	
建筑高度(m)	18、33、54	

（2）模拟结果分析

1）面宽与制冷采暖能耗

图 3-2-8、图 3-2-9 分别表示进深为 14 m 时,增加单体面宽,单位面积制冷、采暖以及制冷采暖总能耗得变化趋势。可见对多层、高层住宅而言,能耗变化趋势均大致相同,增加面宽三种能耗数值均呈现明显近似线性下降趋势,并随面宽数值的增大,减少幅度开始逐渐变缓。以 18 层住宅为例,面宽从 20 m 增加至

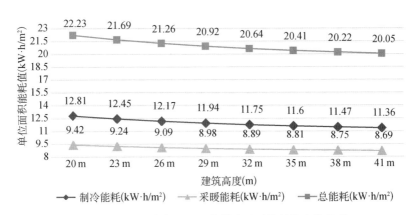

图 3-2-8　6 层住宅不同面宽制冷采暖能耗的变化趋势

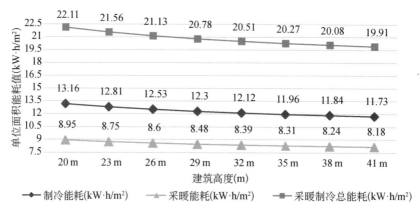

图 3-2-9　18 层住宅不同面宽制冷采暖能耗的变化趋势

41 m,采暖能耗减少 9%,而制冷能耗减少了 12%,可见面宽对制冷能耗影响更大。上海地区以减少制冷能耗为主要节能措施,故在进深一定时,可以适当增加住宅单体的面宽,利于节能。

2) 进深与制冷采暖能耗

图 3-2-10、图 3-2-11 表示面宽为 33 m 时,增加进深住宅制冷、采暖以及制冷采暖总能耗的变化趋势。面宽相同时,住宅三种能耗均随进深的加大而呈现近似线性减少的趋势,并且减少幅度逐渐变缓,不同高度的住宅变化趋势近乎相同。同样以 18 层住宅为例,进深从 12 m 增加至 18 m,总能耗降低 8%,其中制冷能耗降低 11%,采暖能耗仅降低 2%。可见等面宽时,进深变化主要影响制冷能耗。

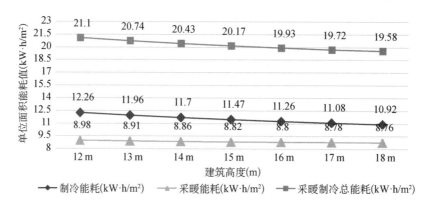

图 3-2-10　6 层住宅不同进深制冷采暖能耗的变化趋势

虽然增加面宽和进深可以从一定程度上降低住宅的制冷采暖能耗,但这两者尺度的确定还与其他因素有关。单体面宽值过大,易造成背风面风影区面积增

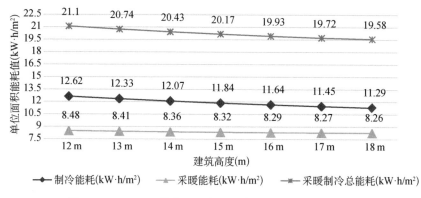

图 3-2-11　18 层住宅不同进深制冷采暖能耗的变化趋势

大,不利于形成良好的室外风环境。增加建筑平面的进深会减弱住宅建筑室内通风效果和自然采光效果。据有关研究,南北通风的住宅进深不超过 14 m 可以取得较好的通风效果,而单侧通风的建筑进深最好小于 6 m[1]。因此,虽然加大进深、面宽在一定程度上可以降低住宅能耗,但需从采光和通风角度权衡考虑,确定最适宜的值。

4. 长宽比

（1）物理模型的设定

从不同朝向的分析可以看出,等面积下不同长宽比的住宅能耗变化存在差异,为了更加深入探讨长宽比与住宅制冷、采暖以及制冷采暖总能耗的定量关系,将标准层面积同一设置为 400 m²,分为 6 层、18 层两种不同高度,在此基础上设计 8 组不同长宽比进行模拟研究。朝向模拟结果可以看出,长宽比小于 2∶1 时,能耗出现先减小后增大的变化趋势,故在此区间设置 1.25∶1、1.5∶1 两个变量,以寻找出能耗变化的谷值,确定最佳节能长宽比。具体模型信息设置如表 3-2-4。

表 3-2-4　　　　　　　　　不同长宽比能耗模拟模型设计表

基础模型				
长宽比	1∶1	1.25∶1	1.5∶1	2∶1

（续表）

基础模型	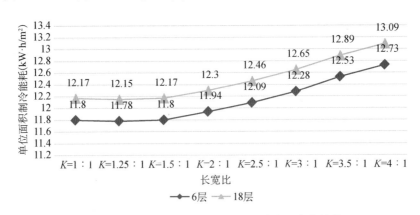			
长宽比	2.5∶1	3∶1	3.5∶1	4∶1
层高(m)	3			
层数(层)	6、18			
建筑高度(m)	18、54			
标准层面积(m²)	400			

（2）模拟结果分析

图 3-2-12—图 3-2-14 表示单位面积制冷、采暖及制冷采暖总能耗随长宽比

图 3-2-12　不同长宽比单位面积制冷能耗变化趋势

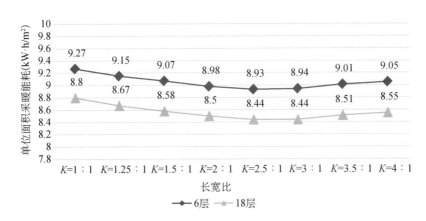

图 3-2-13　不同长宽比单位面积采暖能耗变化趋势

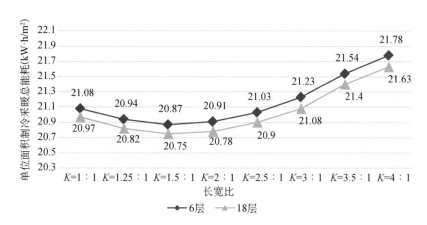

图 3-2-14　不同长宽比单位面积制冷采暖总能耗变化趋势

变化的变化趋势。可见对 6 层、18 层住宅来说,长宽比对能耗的影响大致相同,但三种能耗变化趋势不同,各有特点。

从制冷采暖总能耗变化的曲线可以看出,住宅单体长宽比 1:1 时,制冷采暖总能耗开始逐渐下降,谷值出现在长宽比 1.5:1 时,而后总能耗开始逐渐上升。长宽比在 1.5～3.5 范围内,总能耗的增长幅度随长宽比数值的增加而增大,长宽比大于 3.5 时,增长幅度开始逐渐变缓。可以得出,针对不同高度的住宅长宽比位于 1～3 范围内时,住宅体形节能性能较好,长宽比为 1.5 是最佳节能长宽比。

从采暖能耗的变化曲线可以看出,长宽比为 1～3 范围内时,采暖能耗逐渐降低,当长宽比为 3 时,到达最低点,然后开始缓慢上升。从制冷能耗的变化趋势可以看出,在长宽比为 1～1.5 范围内时,制冷能耗维持相对稳定,仅有微弱变化,长宽比大于 1.5 时,制冷能耗开始逐渐上升。以 18 层住宅为例,采暖能耗最大差值为 0.36 kW·h/m²,变化幅度为 4.2%,制冷能耗最大差值为 0.94 kW·h/m²,变化幅度为 7.7%,因此长宽比变化对制冷能耗影响更大,过大的长宽比会造成夏季室内过热。

5. 建筑高度与层高

（1）物理模型的设定

本节分为两组实验,主要探究建筑总高与层高的改变对住宅能耗的影响,模型采用长宽比为 2:1,标准层面积为 400 m² 的长方形平面。研究对象为多层以及高层住宅,建筑层数跨度范围为 4～33 层。由以往研究可知,建筑整体高度对多层建筑体形系数影响大于高层建筑,且当层数增加到一定数量后,增加层数对减小建筑体形系数的贡献就开始削弱[2]。故为简化实验,层高保持 3 m 不变,11 层以下模型,以 1 层(3 m)为单位增加层数,11 层以上模型以 3 层(9 m)为单位增加层数。根据上海市《住宅设计标准》(DGJ 08-20—2019),住宅层高宜为 2.8 m,且不超过 3.6 m。目前上海地区住宅层高多为 2.8～3.3 m 范围内,为验证实际能耗与住宅层高的关系,保持建筑总高度近似,层高分别设置 2.8 m、2.9 m、3.0 m、3.1 m、3.2 m、3.3 m 六组不同数据进行实验(表 3-2-5)。

表 3-2-5 不同建筑高度能耗模拟模型设计表

实验变量	建筑层数模拟模型	建筑层高模拟模型					
基础模型							
层数(层)	4、5、6、7、8、9、10、11、13、15、18、21、24、27、30、33	32	31	30	29	28	27
层高(m)	3	2.8	2.9	3.0	3.1	3.2	3.3
建筑高度(m)	12、15、18、21、24、27、30、33、39、45、54、63、72、81、90、99	89.6	89.9	90.0	89.9	89.6	89.1
标准层面积(m²)	400						
长宽比	2：1						

(2) 模拟结果分析

1) 建筑层数与制冷采暖能耗

图 3-2-15 可看出,随楼层的增高、体形系数的降低,制冷采暖总能耗总体变化非常小。图 3-2-16 可看出,总能耗在建筑高度小于 63 m 时呈下降趋势,而后出现轻微的反弹,且下降幅度从当层数从 4 层变化至 18 层时,单位面积制冷采暖总能耗从 21.18 kW·h/m² 降低到 20.89 kW·h/m²,降低比例仅为 1.3%。

总体而言,建筑层数的变化对采暖能耗的影响大于制冷能耗,总能耗的变化是由于采暖能耗变化的比例更大,弥补了制冷能耗反向变化趋势。制冷采暖总能耗变化幅度随层数的增加而逐渐变缓,与体形系数的变化趋势相同,可见控制建筑层数对多层建筑节能设计更为有效。

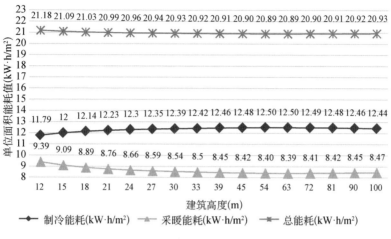

图 3-2-15　不同建筑高度单位面积制冷采暖能耗变化趋势

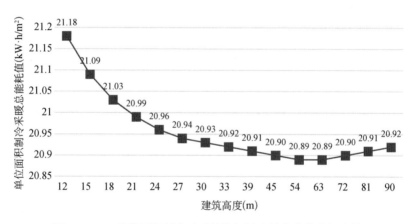

图 3-2-16　单位面积制冷采暖总能耗随建筑高度的变化趋势

2）建筑层高与制冷采暖能耗

图 3-2-17 表示不同层高住宅的能耗模拟结果，可见住宅总高保持近似不变时，制冷采暖总能耗随层高的增大而显著增加，层高从 2.8 m 增加至 3.3 m，单位面积制冷采暖总能耗从 19.48 kW·h/m² 增加至 23.04 kW·h/m²，增加幅度为 18%。就分项能耗来看，层高的增加使室内空气体积增加，导致制冷和采暖能耗均有所增加，并且对采暖能耗的影响大于制冷能耗。由此可见，在满足使用功能和舒适度的前提下，适当降低层高是一种简便有效的空间设计节能方式[3]。

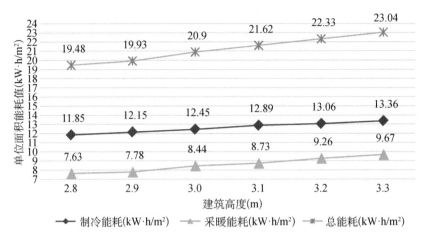

图 3-2-17　不同建筑层高制冷采暖能耗变化趋势

6. 标准层面积

（1）物理模型的设定

由体形系数理论可知，建筑高度不变的情况下，标准层面积增加时建筑表面外围面积的递增比不上其包围体积的增加，住宅单体体形系数会相应减小，推测住宅制冷采暖能耗会随标准层面积的增加而减少。实验主要探究不同标准层平面对实际建筑能耗的定量关系，选用长宽比为 2∶1 的长方形平面，分别以多层、高层住宅的典型楼层 6 层和 18 层进行实验。通过前期调研，上海地区住宅标准层面积集中在 200～800 m² 之间，故分别设置 200 m²、300 m²、400 m²、500 m²、600 m²、700 m²、800 m² 七组不同样本。其他模型边界条件均保持一致，具体模型信息如下，本组实验共 14 组实验样本（表 3-2-6）。

表 3-2-6　　　　　　不同标准层面积能耗模拟模型设计表

基础模型				
标准层面积（m²）	200	300	400	500

（续表）

基础模型			
标准层面积（m²）	600	700	800
层高（m）	3		
层数（层）	6、18		
建筑高度（m）	18、54		
长宽比	2∶1		

（2）模拟结果分析

图 3-2-18、图 3-2-19 分别表示 6 层与 18 层模型制冷采暖能耗随标准层面积变化的变化曲线，可见单位面积制冷采暖总能耗随标准层面积的增大而显著减小。标准层面积从 200 m² 增加到 800 m²，6 层模型单位面积总能耗下降了 4.96 kW·h/m²，降低幅度为 20.7%；18 层模型单位面积总能耗下降了 4.97 kW·h/m²，降低幅度为 20.9%。标准层面积变化对于高层与多层单位面积总能耗的影响大致相同，但由于高层住宅建筑面积总量更大，能耗总量变化更大。从分项能耗角度来分析，采暖和制冷能耗均随标准层面积的增大而减小，比较来看，标准层面积对制冷能耗的影响大于采暖能耗，以 18 层住宅为例，面积变化范围内，单位面积制冷能耗降低 3.71 kW·h/m²，降低幅度达 25.7%。无论是采暖和制冷分项能耗还是二者总能能耗降低幅度均随标准层面积的增加而慢慢变缓，当标准

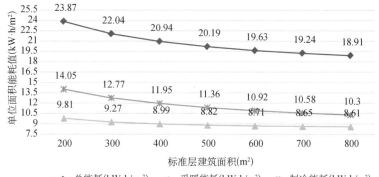

图 3-2-18　6 层住宅不同标准层面积制冷采暖能耗的变化趋势

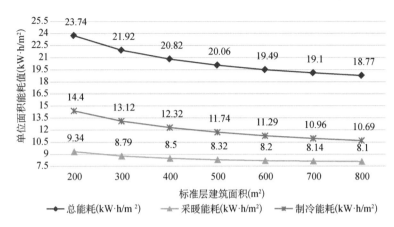

图 3-2-19　18 层住宅不同标准层面积制冷采暖能耗的变化趋势

层面积小于 500 m² 时，三种能耗的降低程度较为明显，当标准层积大于 800 m² 时，改变面积大小的节能作用不再明显。标准层面积与户型大小、单层户数以及交通体面积大小有关。从节能角度思考，当建筑高度一定时，增加户型大小或是增加户数均能使得标准层面积增大，从而减小能耗。

7. 单元联列

（1）单元联列数—物理模型设定

由体形系数的联列递减规律[4]可知，增加单元联列数可以降低体形系数。因防火规范要求，不同高度的住宅面宽有不同的限制条件。一般来说，多层单元式住宅联列单元数一般为 2～4 个，高层单元式住宅单元数一般不超过 3 个。实验为探究单元联列数与能耗的定量变化关系，选取常见的长方形与前凸形平面形态，单元标准层面积统一设置为 400 m²，分别用 6 层、18 层两种不同建筑高度的模型进行实验（表 3-2-7）。

表 3-2-7　　　　　　　　不同单元组合数能耗模拟模型设计表

基础模型—长方形			
单元数	1 单元	2 单元	3 单元

（续表）

基础模型—前凸形	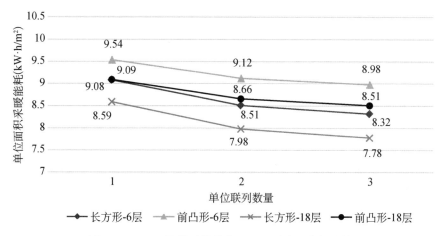		
单元数	1 单元	2 单元	3 单元
层高（m）	3		
层数（层）	6、18		
建筑高度（m）	18、54		
标准层面积（m²）	400		
长宽比	1.5：1		

（2）单元联列数—模拟结果分析

从采暖和制冷分项单位面积能耗来看(图 3-2-20、图 3-2-21)，两种能耗均呈下降趋势，但制冷能耗的下降幅度更大。从图 3-2-22 可以看出，单位面积制冷采暖总能耗随单元联列数的增加而减小，减小幅度随单元数量的增加而变缓，且高层住宅单元联列的节能效果更好。对比长方形与前凸形单体的能耗变化曲线可以看出，体形系数较小的单体联列节能效果更好。以 6 层长方形单体为例，三单元联列时制冷能耗降低 13.4%，采暖能耗降低 8%。

图 3-2-20　不同单元数单位面积采暖能耗变化趋势

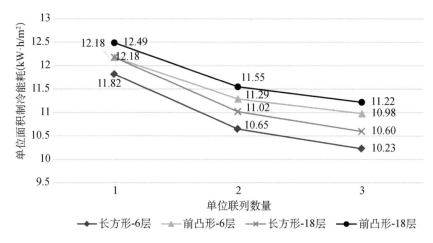

图 3-2-21　不同单元数单位面积制冷能耗变化趋势

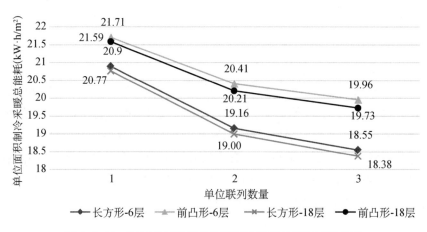

图 3-2-22　不同单元数单位面积制冷采暖总能耗变化趋势

（3）单元联列形式—物理模型设定

通过上海地区住宅单体调研发现，单元式住宅形式可以大致分为并列式、错位式、排比式以及镜像式四种。实际工程中还经常出现更复杂的组合方式，如不同单元的组合，或是根据地形将单元或单元组合旋转一定角度再彼此组合[2]。为了探讨单元组合方式与制冷采暖能耗的关联，实验以常见的 4 种组合方式建立模型，单个单元选择长宽比为 1.5∶1，标准层面积为 400 m² 的长方形，分别设置 6 层与 18 层两种模型，详细模型信息见表 3-2-8。

表 3-2-8　　　　　　　　　不同单元组合方式能耗模拟模型设计表

基础模型—长方形	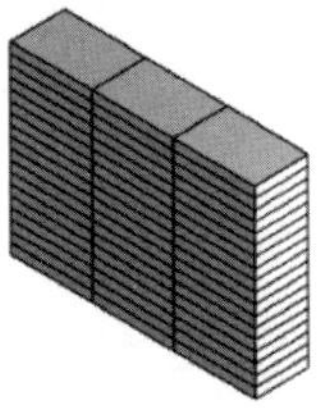	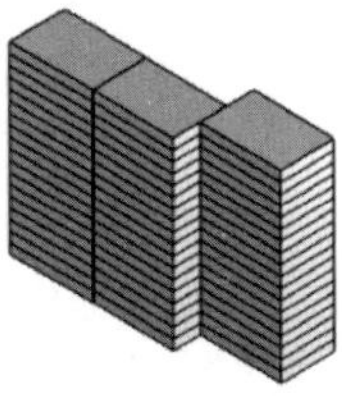
单元联列方式	并列式	错位式
基础模型—前凸形	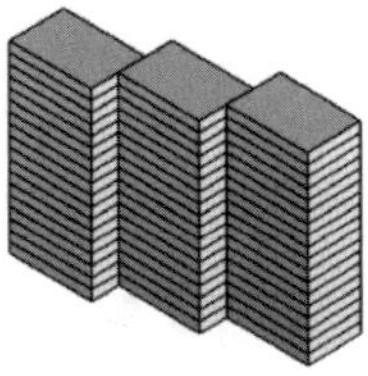	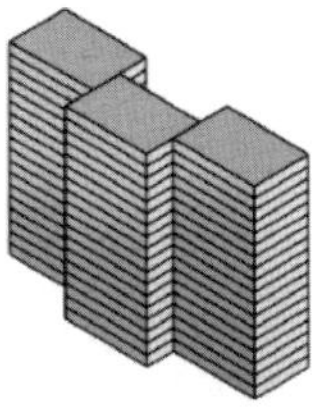
单元联列方式	排比式	镜像式
层高(m)	3	
层数(层)	6、18	
建筑高度(m)	18、54	
标准层面积(m²)	400	
长宽比	1.5∶1	

（4）单元联列形式—模拟结果分析

图 3-2-23、图 3-2-24 表示 6 层住宅、18 层住宅不同单元联列形式对制冷采暖能耗的影响,从实验结果可以看出排比式制冷采暖总能耗最大,其次为镜像式。这两种组合方式,会在等面积情况下形成较长的外墙长度,形成较大的体形系数,不利于住宅单体的节能设计。并列式单元联列方式最为节能。6 层、18 层并列式与排比式住宅单位面积总能耗的差值相当,约为 $1.31\ \mathrm{kW \cdot h/m^2}$,增长幅度均约为 7%。可见不同单元联列形式对多层、高层住宅制冷采暖能耗影响是近似相同的。

从实验结果可以看出,错位虽然会使得制冷和采暖能耗有所增加,但是整体而言增加幅度并不大。住宅单元的平面错位通常是为了增加住宅采光与通风面积。上海地区属于夏热冬冷气候分区,对保温与体形系数要求不是很高,通常采用平面迎向夏季主导风向错位布置,让建筑立面在迎风面上尽量延展,加强室内自然通风效果。特别是单元进深较大时,平面错位会大大提升住宅内部居住舒适度。

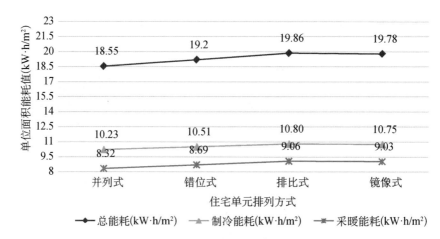

图 3-2-23　6 层住宅不同单元组合方式制冷采暖能耗变化趋势

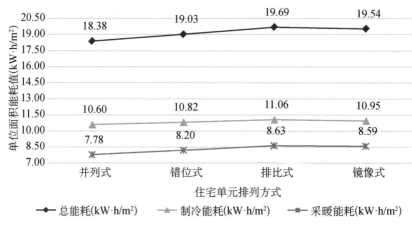

图 3-2-24　18 层住宅不同单元组合方式制冷采暖能耗变化趋势

8. 住宅体形设计变量对能耗的影响

在对"单体朝向、标准层平面形态、面宽与进深、长宽比、建筑高度与层高、标准层面积、单元联列"等体形设计变量对制冷采暖能耗的变化分析基础上,为明晰各自影响的权重程度,展开不同变量横向比较分析,结果如表 3-2-9。需特别说明的是,图中"变化比例"一项,为变量变化范围内,单位面积制冷采暖总能耗最低值与最高值的差值比例。通过比较该项数值结果,可以初步表明变量对能耗影响的重要程度排名。

表3-2-9　体形设计变量与制冷采暖能耗的关联性图表总结

形体因素		取值范围	与单位面积采暖空调能耗的关联性								备注
			采暖制冷总能耗			关系	采暖能耗			制冷能耗	
			趋势	幅度	变化比例		程度	趋势	主因	趋势	主因	
O	朝向	南偏西45°—南偏东45° WO↑则 EO↑则	↑	—	K=1：15.91% K=2：10.4% K=3：13.9% K=4：15.4%	非线性	★★	↑		↑	√	南北向为最佳朝向，南偏西15°至南偏东15°范围内能耗较低
S	体形系数	0.19~0.29 S↑则	↑不定	—	11.50%	非线性	★★	↑不定	√	↑不定		体形系数与能耗并非绝对正相关，需具体分析
PS	平面形态	正方形、长方形、L形、折板形、前凸形、"凸字形"、"十"字形、"回"字形、变形1、Y字形、变形2、"工"字形 凹凸↑则	↑	—	能耗从高至低排序："工"字形>Y字形>变形2>折板形>变形1>"回"字形>前凸形>"凸字形">"十"字形>L形>正方形>长方形	非线性	★★	↑	√	↑		折板形特别注意夏季隔热设计；减少体形凹凸利于体节能，且凹凸形式与能耗有关
W	平面面宽	20~41 m W↑则	↓	↓	06层—10.8% 18层—11.1%	非线性	★★	↓		↓	√	面宽与进深内采光通风需设计结合考虑，确定最优值
D	平面进深	12~18 m D↑则	↓	↓	06层—7.20% 18层—7.30%	非线性	★	↓		↓	√	
K	长宽比	1:1~4:1 K↑则	↓	—	06层—4.40% 18层—4.10%	非线性	★	↓		↑	√	

（续表）

形体因素		取值范围	与单位面积采暖空调能耗的关联性									备注
			采暖制冷总能耗					采暖能耗		制冷能耗		
			趋势	幅度	变化比例	关系	程度	趋势	主因	趋势	主因	
H	建筑高度	12~99 m H↑则	↑↓	—	1.34%	非线性	☆	↓↑	√	↑↓		
h	建筑层高	2.8~3.3 m h↑则	↓	↗	18.30%	≈线性	★★	↓	√	↑		层高设计宜与室内采光通风、建筑造价结合考虑，确定最优值
A	平面面积	200~800 m² A↑则	↓	→	06层-20.9% 18层-20.7%	非线性	★★ ★	↓	√	↓	√	
N	单元数	1~3 N↑则	↓	→	06层矩形-11.2% 18层矩形-11.5% 06层前凸-8.2% 18层前凸-8.6%	非线性	★★	↓		→	√	
F	联列形式	并列式、错位式、排比式、镜像式	能耗从高至低排序：排比式＞镜像式＞错位式＞并列式									错位布置应迎向夏季主导风向，以增强室内通风效果

（1）标准层面积和层高是对住宅单体制冷采暖能耗影响最大的体形设计变量。以 18 层住宅为例,标准层面积从 200 m² 增加到 800 m²,单位面积制冷采暖能耗降低了 20.7%;层高从 2.8 m 增加到 3.3 m,相应数值升高了 18.30%。在保证居住空间合理性的基础上,应当增大平面面积、减小层高来达到节能的目的。

（2）朝向对能耗的影响与形体长宽比有关。长宽比为 4:1 时,东西朝向变化 45°,单位面积能耗最大增长比例为 15.4%;长宽比为 1:1 时,变化比例仅有 5.91%。因此对于长宽比较大的单元式住宅而言,应尽量使其朝向为正南北向,或在南偏西 15°—南偏东 15°范围内。朝向南北时,增加长宽比,能耗呈现先下降后增大的趋势(长宽比为 1.5:1 时,能耗达到最低值)。

（3）平面形态的选择直接影响住宅单体的体形系数,体形系数上涨 0.1,单位面积能耗增加了 11.5%。控制体形凹凸对于降低体形系数、减少制冷采暖能耗具有积极作用。折板形住宅单体制冷能耗较高,需特别注意南立面的隔热设计,如采用外遮阳等措施。

（4）增加平面面宽与进深利于住宅节能。以 18 层住宅为例平面面宽从 20 m 变化至 40 m,进深从 12 m 增加至 18 m,单位面积能耗分别降低 11.1%、7.3%。但面宽过大不利于节地,进深过大不利于采光通风。实际设计过程中还需结合多种因素综合考虑,确定面宽进深的最优值。

（5）满足防火扑救面要求和结构合理性的前提下,增加单元式住宅单元联列数利于节能。单元联列数从 1 变为 3,18 层住宅单位面积制冷采暖能耗下降 11.5%。联列方式应当尽量避免体形凹凸,以排比式布置最佳。

（6）建筑高度对住宅单位面积能耗的影响很小,建筑高度从 12 m 变至 99 m,单位面积制冷采暖能耗仅仅下降了 1.3%。从能耗总量考虑,高层住宅建筑面积远大于多层住宅,因而其能耗总量也远大多层住宅。不能靠增加层数来达到节能的目的。

3.3　住宅平面空间设计与节能

住宅平面空间设计是住宅单体前期设计阶段的重要内容,主要分为户外设计与户内设计两部分,涉及绿色性能的重点内容为交通空间、户型设计以及阳台设计。交通空间是住宅的公共非空调区域,本身并不产生制冷采暖能耗,但其布置方式与居住空间的传热与通风相关,从而影响住宅单体的节能效果;户型设计与居民日常生活息息相关,同时也是住宅建筑设计中建筑师最为关注的设计内容。不同房间布局不仅与空间使用有关,也会影响室内热舒适性和能耗;阳台可以看作建筑外遮阳设施,也可封闭形成阳光房改善居住空间的热舒适性。

1. 交通空间

交通空间中楼电梯的形式和数量与消防规范相关,制约于住宅单体的高度(表 3-3-1),其组织方式可分为交通核型和走廊型。其中交通核型又可分为偏置式和内核式两种,走廊型则可分为单面走廊和中间走廊型两种(图 3-3-1)。2010 年以后上海地区住宅以一梯多户的单元式住宅和点式住宅为主,偏置式交通核占绝大多数。为了将南向留给更多居住空间,偏置式交通核通常位于单元北侧,可开窗采光。一梯三、四户形式的高层住宅中,为了使得中间套型能够获得较好的采光通风,通常将走廊开敞布置,为户型内部留出通畅的风路。偏置型交通核可以与空中花园结合设计,内部布置丰富的景观植物形成都市垂直绿色院落,引导室外清凉的空气进入到建筑的内部,以达到降温效果。空中花园设计不仅利于住宅居住空间的节能,也使得高密度城市住宅的立面景观丰富多样起来。

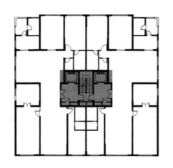 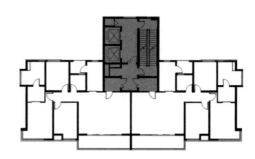

图 3-3-1　住宅交通核相对位置示意图

表 3-3-1　　　　　　　　　住宅建筑楼电梯布置规范表

住宅类型	建筑高度 H	楼梯	电梯
多层住宅	$H \leqslant 21$ m	一部(开敞/封闭)	一部/不设
多层住宅	21 m$<H \leqslant 27$ m	一部(封闭)	一部
二类高层住宅	27 m$<H \leqslant 33$ m	户门为乙级防火门时可开敞	一部(兼消防电梯)
二类高层住宅	33 m$<H \leqslant 54$ m	一部(防烟)	两部(一部消防电梯)
一类高层住宅	54 m$<H \leqslant 100$ m	一部防烟剪刀梯或两部楼梯	两部(一部消防电梯)

* 根据《建筑设计防火规范》(GB 50016-2014)整理。

2. 阳台设计

阳台是居住空间向室外自然环境拓展的中介空间,可以分为位于起居室和卧室之外的生活性阳台和位于厨卫外侧的服务性阳台。早期住宅阳台的形式较为单一,随着住宅设计的成熟化和精细化,阳台空间的形式和功能均发生变化。从住宅节能的角度而言,阳台设计有三个要点:①利用挑出作为建筑外遮阳;②封闭凹阳台减小体形系数;③封闭南阳台形成"阳光间"。

（1）开敞阳台的导风和遮阳作用

开敞阳台的楼板可以看作住宅外部的水平遮阳板,一般来说,水平遮阳对于南北向房间的遮阳效果较好,但对东西向房间的影响有限。阳台的尺度与其遮阳效果有关,上海地区一般参照相邻居住空间的开间尺度设计阳台长度。而随悬挑梁板强度逐渐增大,住宅阳台的进深有逐渐增大的趋势。上海市《居住建筑节能设计标准》规定"阳台进深不宜小于 1.3 m,阳光室得进深不小于 1.5 m"。纵然大进深的阳台夏季遮阳效果更优,但同时严重影响了居住空间冬季采光的太阳得热。上海地区得外窗综合遮阳系数为 0.3～0.5 之间为宜[5],阳台尺度需要权衡夏季遮阳和冬季得两方面综合考虑,确定最优值。

除了外遮阳作用,合理的阳台设计还可以具备良好的导风效果。不少住宅建筑利用两层阳台的错位设计,使得不同楼层的阳台均能获得良好的通风效果。作为住宅重要的造型元素,阳台可以通过形态的变化构成具有韵律感的外立面设计（图 3-3-2、图 3-3-3）。

图 3-3-2　米兰新兴住宅公寓

图片来源:https://www.gooood.cn/citylife-residences-in-milan.htm

图 3-3-3　米兰垂直森林住宅

图片来源:https://www.gooood.cn/tmvertical-forest-by-stefano-boeri-office.h

（2）封闭阳台与体形系数

目前商品住宅以开敞阳台设计为主,此时阳台空间不参与单体体形系数计算。而在实际生活中,许多居民会自行封闭阳台,当阳台封闭形成室内空间后,与相邻居住空间有无内隔断决定这部分面积是否纳入体形系数计算。当无内隔断时,室内与阳台连为一体,因而以阳台外边界作体形系数计算范围。当有外围护结构(外墙、外落地窗)作为内隔断时,以内隔断外侧作为边界计算体形系数[6,7](图 3-3-4)。基于阳台与居住空间的相对位置,阳台可分为凸出式、内凹式和半凸出式三种。无内隔断式封闭阳台会减小原有住宅单体的体形系数,具体效果会因阳台的平面位置关系而存在差异[2]。如图 3-3-5 所示三种平面形式的封闭阳台减小体形系数的作用依次为内凹式>半凸出式>凸出式。内凹式最有利于控制体形系数,凸出式体形系数的减小作用最弱。

图 3-3-4 封闭阳台与相邻房间空间关系示意图

图片来源:李东辉,2010

凸出式   半凸出式   内凹式

图 3-3-5 阳台与相邻居住空间相对位置示意图

图片来源:李东辉,2010

（3）封闭阳台与室内热环境

封闭住宅南向阳台的节能主要原理是使阳台在室内外环境之间充当气候交换层的作用,使得冬夏两季的冷热空气不会直接作用于居室内部,从而改善了居室的热舒适环境。封闭阳台冬季可以成为"阳光间"为居室供热,但夏季的温室效应同样严重。大量的研究表明,封闭南向阳台的房间夏季室温过高,且夜间不利于散热[6]。改善阳台空间保温性能对于提升其保温隔热作用十分关键。适宜于上海地区的阳光间应当具备"可变"的特点,即冬天集热保温,夏季遮阳隔热。主要的策略包括：①利用温室效应和蓄热体集热；②利用开窗和遮阳降温；③利用活动隔墙被动式隔热。

　　特殊处理后的阳台地板可以成为蓄热体，增加阳光间的储热容量，提升冬季室内温度。在阳光间外侧设计高窗，可以利用热压通风原理降低温度带走热量。结合活动卷帘遮阳设计，在夏季能够有效减少室外的热辐射：将隔墙设计为隔热性能良好的实体折叠门，冬季白天隔墙开启利于热量的传递，夜晚关闭防止热量散失；夏季白天隔墙关闭，卷帘放下遮挡太阳辐射，夜晚高窗开启带走室内余热（图 3-3-6）。

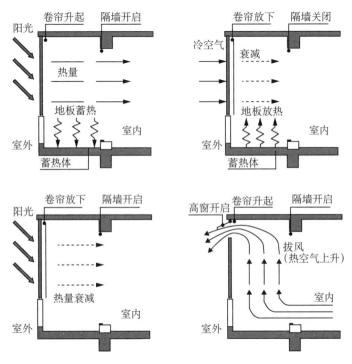

图 3-3-6　封闭阳台集热降温示意图

图片来源：李东辉，2010

　　（4）不同形式封闭阳台的能耗模拟

　　不同阳台形式封闭后其能耗与热环境的改变也不尽相同。实验分别对封闭凹阳台以及封闭凸阳台进行讨论。为简化实验，以位于三楼的三房间为理想模型，具体设计尺寸如图 3-3-7，模型排除住宅首层与顶层的能耗特殊性，通过变化隔墙形式以及外遮阳类型对中间层中间房间的制冷采暖期内的平均基础室温、空调能耗进行统计分析。其他模型边界条件均采用 3.1 节中的模拟边界设置表统一设置，本节不予详述。

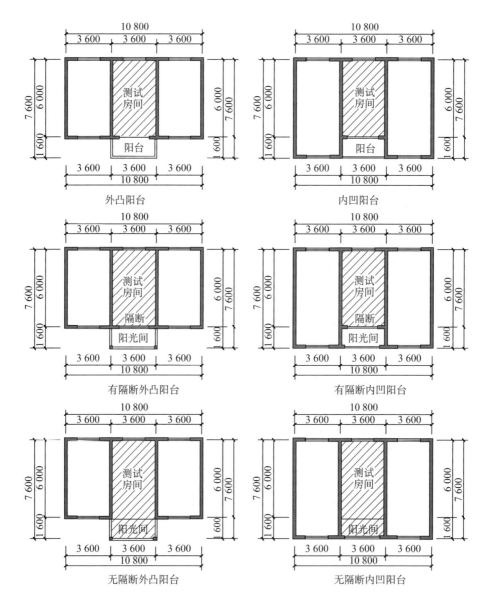

图 3-3-7　不同形式阳台平面示意图

当阳光间与居室空间有隔断时，以原有居室空间作为计算热区，隔断墙传热系数均设置为 1.0 W/(m²·K)；无隔断时，将阳光间与测试房间一同作为计算热区，阳光室窗体传热系数与原有外窗传热系数相等设置为 2.2 W/(m²·K)。活动遮阳通过改变阳光间外窗的太阳得热系数（SHGC）来实现，冬季时假设无遮阳，SHGC 为 0.75，夏季开启遮阳，SHGC 为 0.43。为简化实验,忽略阳光间因施工带来的保温性能下降,假设其与原有建筑外围护结构传热系数相同(表 3-3-2)。

表 3-3-2　不同形式封闭阳台下居住空间制冷采暖能耗与室温计算结果

模式	形式	单位面积能耗(kW·h/m²)				平均室温(℃)	
		采暖+制冷	采暖	制冷	节能率	夏季	冬季
模式 1	内凹阳台	22.93	8.11	14.82	0%	28.87	9.21
模式 2	内凹封闭阳台+隔断	19.35	6.89	12.46	15.6%	28.73	8.64
模式 3	内凹封闭阳台+无隔断	22.41	6.59	15.82	2.2%	29.11	9.85
模式 4	内凹封闭阳台+隔断+活动遮阳	16.78	6.89	9.89	26.8%	28.29	8.64
模式 5	内凹封闭阳台+无隔断+活动遮阳	18.45	6.59	11.86	19.5%	28.10	9.85
模式 6	内凹封闭阳台+活动隔断+活动遮阳	16.48	6.59	9.89	28.1%	28.10	9.85
模式 7	外凸阳台	23.26	7.70	15.56	0%	29.03	9.48
模式 8	外凸封闭阳台+隔断	20.76	7.00	13.76	11.4%	29.05	8.72
模式 9	外凸封闭阳台+无隔断	29.42	8.11	21.31	-25.9%	30.03	10.23
模式 10	外凸封闭阳台+隔断+活动遮阳	17.63	7.00	10.63	24.2%	28.78	8.72
模式 11	外凸封闭阳台+无隔断+活动遮阳	23.43	8.11	15.32	-0.7%	28.27	10.23
模式 12	外凸封闭阳台+活动隔断+活动遮阳	18.74	8.11	10.63	19.4%	28.27	10.23

从实验结果分析可得,封闭内凹阳台的节能效果优于封闭外凸阳台,封闭外凸阳台冬季集热效果更佳,封闭内凹阳台夏季隔热效果更好。综合考虑室内热舒适和节能效果,上海地区南向封闭阳台宜采用活动隔断和活动外遮阳策略,此时内凹阳台节能约 28.1%,外凸阳台节能约 19.1%。

3. 户型设计

(1)户型设计与太阳能利用

户型内部各类居住空间的平面布置应当综合考虑舒适性如采暖、降温、采光与功能等各方面的要求,应当根据自然形成的南暖北冷的格局来布局。直接受益式太阳能采暖节能措施"温度分区法"主要分为三明治法、围合法以及半封闭法三种[8]。围合法布置时主要居住空间不能形成顺畅的室内风路,不利于夏季通风致凉。因此针对夏热冬冷的气候特点,上海地区可以采用三明治法和半封闭法结合利用,既保证夏季防热、冬季防寒,又满足南北通风的要求。如图3-3-8所示上海市某高层住宅案例将楼梯间、厨房布置在北侧,户型内部的卫生间布置与东西山墙面,将卧室、起居室等主要居室布置与南侧,起居室能形成穿堂风。

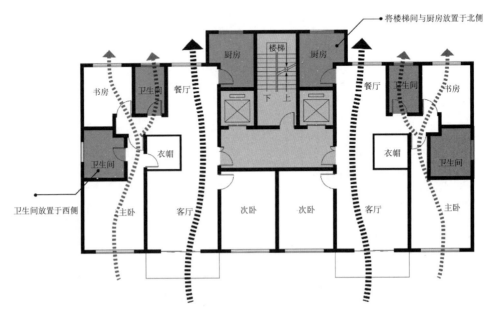

图 3-3-8　上海市某高层住宅三明治式温度分区以及室内风路示意图

(2) 户型设计与风压通风

户型布局与开窗共同影响住宅室内的风压通风。大面宽、小进深、少隔墙的平面形式利于形成室内穿堂风。可以将大面积房间如起居室等布置在迎风面,室内风速较大,且气流在室内分布均匀。建筑师在方案设计阶段可以利用室内空间的调节来弥补套型空间存在的先天通风条件的缺点。国内外大量学者对室内通风优化措施进行研究,主要有以下几个方面(表3-3-3)[9]。

表 3-3-3　　　　　　　　　室内通风优化措施综述

序号	具体措施
1	住宅的平面进深不宜过大,以遵守不超过 14 m 为宜。当超过 14 m 时,可在相对外墙加开外窗,其平面距离越大越好
2	建筑的开口位置应当相对位置贯通,减少气流的迁回和阻力。如果在风的通路上阻碍比较少,则应当尽量在平面上错开相对,这样可使室内空气流畅,分布均匀

（续表）

序号	具体措施
3	充分利用窗扇、阳台、外遮阳板的导风作用,或另外设计导风构件有助于形成贯通的风道
4	在功能布局方面,可将主要使用房间(起居室、卧室等)布置在迎风面上,将辅助空间(厨房、卫生间等)布置在背风面
5	当起居室与餐厅呈进深方向南北贯通布局时,室内穿堂风流线顺畅,通风效果最好;主卧与次卧南北相对布置通风效果受到很大限制,因此需要精心设计,在方面门上设置通风百叶,使外窗—门—外窗形成相对通路
6	室内隔墙、隔断的设置要注意不能阻断穿堂风的流线,最好能在隔墙或者隔断上设置开口

＊来源:郭瑞,2012。

　　虽然自然通风可以在一定程度上提升夏季室内热舒适性,但对住宅制冷能耗的降低作用却十分有限。上海地区夏季室外温度均值在30℃以上,日间最高温度可达到38～40℃。高温影响下,很难仅通过自然通风达到热舒适要求。上海市夏季晚上室外温度不高,夜间通风对降低制冷能耗具有积极影响,但上海夜间静风率较高,靠微弱的自然通风改善的效果要远低于通过夜间机械通风的效果。因此,除了保证室内具备形成穿堂风的良好基础条件,结合机械通风设备设计可以有效提升住宅室内舒适性(图3-3-9—图3-3-12)。

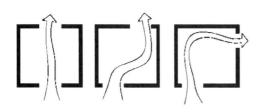

图 3-3-9　保持门窗开口相对或者
一定错开利于通风

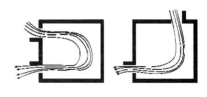

图 3-3-10　利用导风板加强导风作用

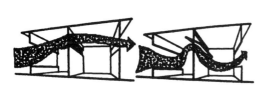

图 3-3-11　隔墙上方开口或增加
导风板加强通风

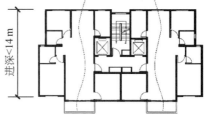

图 3-3-12　住宅平面进深不宜
大于 14 m

图片来源:图 3-3-9—图 3-3-11 来自《建筑创作中的节能设计》,图 3-3-12 作者自绘

（3）不同户型能耗模拟分析

居民对各房间室内热舒适的需求有所不同，户型内部不同房间的布局使得房间的朝向和形态发生改变，影响不同居住空间的热传递和室内热感觉。因此，为了探究不同房间布局对室内热舒适性和能耗的影响，本节利用 Ladybug Tools 系列软件进行相应能耗模拟分析。上海地区主流户型存在高度趋同性，从房间布局形式来看，主要在于起居室相对位置的不同。目前市场上常见的类型有：南北竖厅、南向横厅、南向角厅、东西竖厅、北向横厅等五种。实际项目中户型的设计变量非常多，为了简化能耗模拟过程，实验采用理想模型进行实验。模型采用常见的一梯两户单元式住宅中的三室户型，忽略户型内非空调房间，在 Rhino 中建立 3.6 m×3.6 m 的模块模型，每个房间的相对开窗宽度统一设置为 1.8 m，高度为 1.8 m。具体模型的尺寸如图 3-3-13。实验分别对采暖季、制冷季的基础室温和

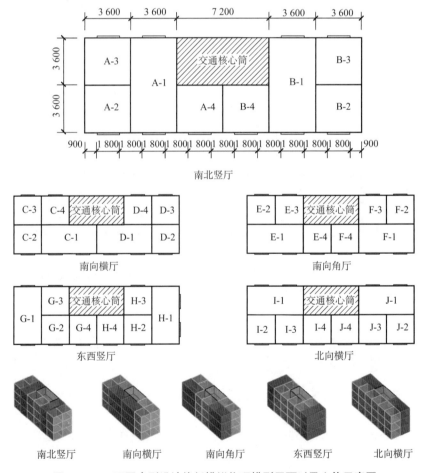

图 3-3-13　不同户型设计能耗模拟物理模型平面以及立体示意图

空调能耗进行统计。计算基础室温时,采用自然通风模式,换气次数设为 5 次/h,计算能耗时,换气次数设为 1 次/h。其他边界条件设计均保持一致。实验以标准层为单位进行数据统计,建立三层模拟模型,取中间层的数据进行统计(表 3-3-4)。

表 3-3-4　　　　　　　　　　能耗模拟模型边界条件设计表

项目		设计参数
围护结构设计参数		外墙传热系数 1.0 W/(m² · K) 屋面传热系数 0.8 W/(m² · K) 分户墙以及楼板传热系数 2 W/(m² · K)
外窗尺寸		1.8 m×1.8 m
外窗设计参数		综合传热系数 2.2 W/(m² · K) 外窗综合遮阳系数 0.75 可见光透射比 0.80 选用普通中空玻璃(6+12A+6)
空调设计参数	周期	采暖计算期:12 月 1 日—次年 2 月 28 日 制冷计算期:6 月 15 日—8 月 31 日
	设计温度	冬季全天设计温度 18℃　夏季全天设计温度 26℃
	换气次数	空调期 1 次/h(计算基础室温时:5 次/h)
	能效比	采暖设备能效比 2.5　制冷设备能效比 3.1
室内电气负荷		室内平均得热强度 4.3 W/ m²
人员活动时间表		Honeybee 软件内置住宅人员活动时间表

＊设计依据上海市《居住建筑节能设计标准》。

1) 不同户型能耗模拟分析室内平均温度分析

南北竖厅。从图 3-3-14 可以看出南北竖厅布置中 A-3/B-3 卧室冬季平均室温较低,夏季平均室温较高,是全年热舒适最差的房间;A-4/B-4 卧室则冬暖夏凉,为全年热舒适性最好的房间。A-2/B-2 卧室位于角部,室外接触面较大,虽然冬季吸热效果良好,但夏季室内平均气温为所有房间中的最高值,夏季热舒适性较差。南北竖厅进深较大夏季隔热效果良好,典型日内室温波动较小。而大进深同时也使得冬季太阳光入射效果减弱,冬季室温较低,不利于人体热舒适。

南向横厅。南北向房间冬季平均室温形成显著差异,北向房间平均室温较南向房间低近 1.5℃;夏季时东西房间与中间房间形成典型差异,其中西向房间夏季室内热舒适性最差。综合冬夏两季来看,C-1/D-1 客厅冬季气温较高,夏季气温较低,为户型内最为舒适的居住空间;东北角与西北角卧室 C-3/D-3 冬夏两季室内热舒适均好性较差,为户型内最不舒适的居住空间。南向横厅可以使室内获

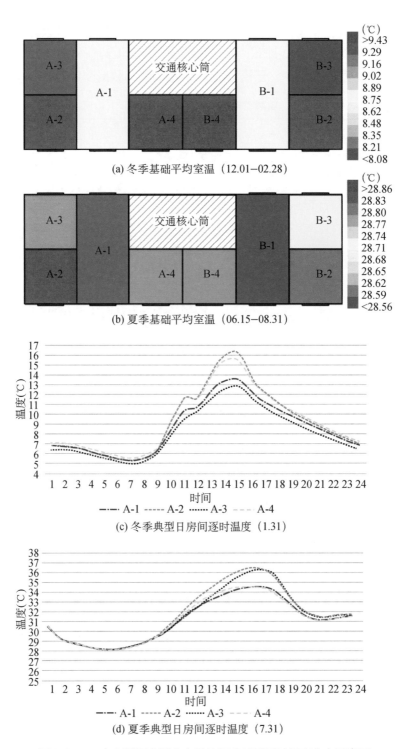

(a) 冬季基础平均室温（12.01－02.28）

(b) 夏季基础平均室温（06.15－08.31）

(c) 冬季典型日房间逐时温度（1.31）

(d) 夏季典型日房间逐时温度（7.31）

图 3-3-14　南北竖厅布置室内平均温度以及逐时温度分布示意图

得更大的采光面和景观视野,视觉上使客厅空间更为开敞明亮,不少中高端户型均采用这种布局模式,但南向界面的减少使卧室热舒适均好性极大降低,不利于对卧室热舒适要求更高的人群(图 3-3-15)。

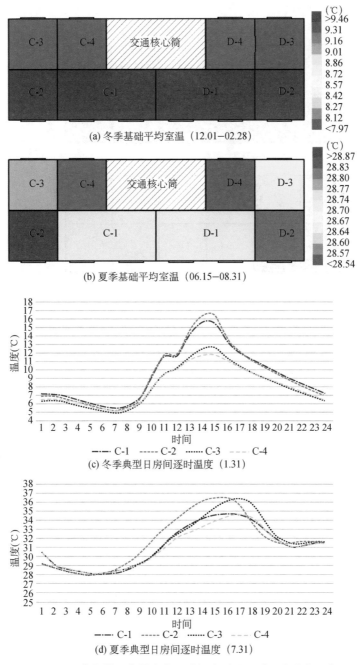

(a) 冬季基础平均室温 (12.01—02.28)

(b) 夏季基础平均室温 (06.15—08.31)

(c) 冬季典型日房间逐时温度 (1.31)

(d) 夏季典型日房间逐时温度 (7.31)

图 3-3-15　南向横厅布置室内平均温度以及逐时温度分布示意图

南向角厅。南向角厅与南向横厅冬季平均室温分布相似，主要差异在于E-1/F-1客厅夏季室温的显著升高。此时客厅位于东南和西南角部，夏季太阳辐射吸收量增加幅度较大，不利于夏季室内热舒适度。但客厅的移动使得南向卧室E-4/F-4冬季室温提升，夏季室温下降，整体热舒适度提升(图3-3-16)。

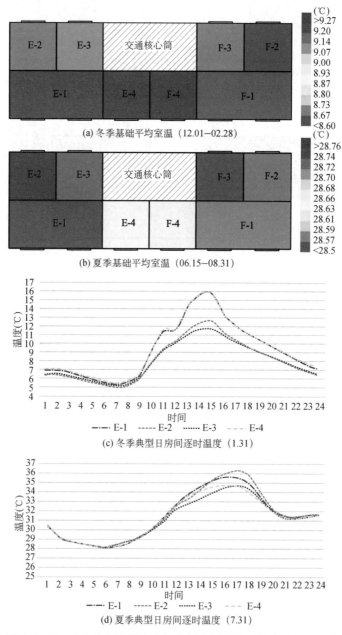

图 3-3-16　南向角厅布置室内平均温度以及逐时温度分布示意图

东西竖厅。东西向有景观需求时,边套户型往往采用东西厅布置模式。这种布局下客厅室内热舒适会受到很大影响。就客厅 G-1/G-2 而言,上海地区夏季东西向太阳光入射角较低,室内热量积聚后夏季室温显著升高。典型夏季气象日逐时室内气温图中,G-1 西向客厅室内温度最高值达到 42℃,极大降低室内热舒适度(图 3-3-17)。

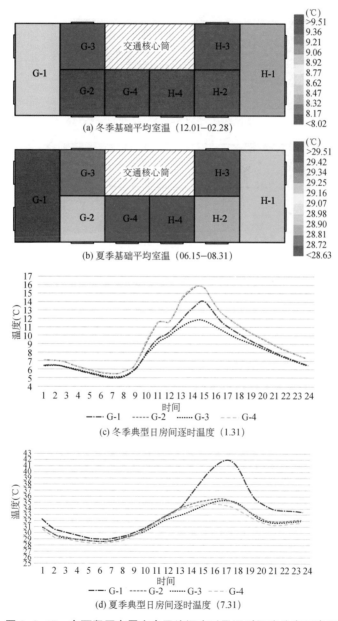

图 3-3-17　东西竖厅布置室内平均温度以及逐时温度分布示意图

北向横厅。北向客厅布置使得三个卧室均朝南,同时形成北向温度阻尼区使得冬季室温显著提升,室内热舒适性有所提高。夏季时,虽然西南、东南角卧室温较高,但与另外两个卧室的温差并不算很大。而就客厅 I-1/J-1 来说,北向布置减少了冬季和夏季太阳辐射吸收,冬季室内舒适度不佳。且大空间的北向布置,不利于室内自然通风和采光(图 3-3-18)。

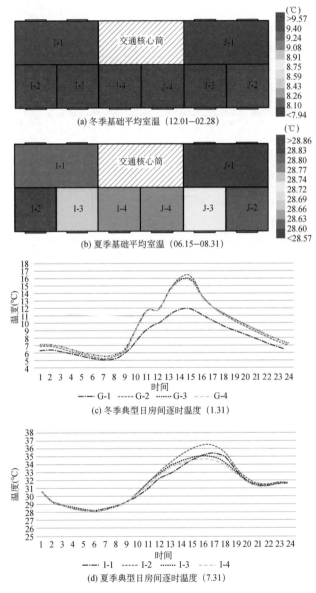

(a) 冬季基础平均室温(12.01—02.28)

(b) 夏季基础平均室温(06.15—08.31)

(c) 冬季典型日房间逐时温度(1.31)

(d) 夏季典型日房间逐时温度(7.31)

图 3-3-18 北向横厅布置室内平均温度以及逐时温度分布示意图

2）制冷采暖能耗分析

东西套的能耗差异。从图 3-3-19 中可以看出，一梯两户单元式住宅中西边套的能耗均大于东边套。以常见的南北竖厅为例，西边套单位面积制冷采暖能耗比东边套高 0.5 kW·h/m²，能耗增加比例约为 2%，二者单位面积采暖能耗差异很小，主要是制冷能耗的差异。

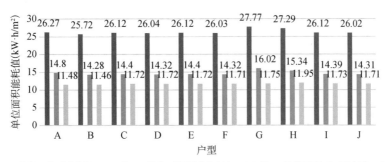

A、B 南北竖厅　　C、D 南北横厅　　E、F 南向角厅　　G、H 东西竖厅　　I、J 北向横厅

图 3-3-19　不同户型的制冷采暖能耗

户型的能耗差异。从图 3-3-19 比较不同布局西边套的能耗情况可以看出，东西竖厅布局的 G 户型单位面积制冷采暖总能耗明显高于其他户型，南北竖厅布置的 A 户型最低，二者能耗差值为 1.5 kW·h/m²，差值比例约为 5.7%。东西竖厅既不利于冬夏两季的室内热舒适，耗能也较大，非常不利于住宅单体的节能设计。南向横厅 C 户型、南向角厅 E 户型、北向横厅 I 户型三种布局方式能耗水平相当，虽略高于南北竖厅 A 户型能耗，但差值很小，出于舒适性的差异，实际项目中可以针对不同舒适性要求的人群进行设计。

标准层的能耗差异。图 3-3-20 表示不同布局标准层的制冷采暖能耗差异，

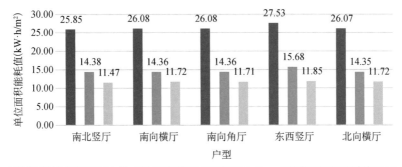

图 3-3-20　不同布局标准层单位面积能耗分布图

可以看出东西竖厅的标准层单位面积能耗最高,南北竖厅最低,差值为 1.68 kW·h/m²,增加比例约为 6.4%。当住宅必须设置东厅或西厅时,采用不对称布局形式,部分户型南北竖厅布置,有利于减少住宅标准层的总体能耗,从而减低住宅单体的能耗水平。

客厅的能耗差异。虽然不同房间布局对于户型和标准层的制冷采暖总体能耗影响不大,但对于单个房间的热舒适性和能耗来说影响却十分显著。根据图 3-3-21,虽然南北竖厅布局对标准层和户型来说是最节能的形式,但是就客厅制冷采暖总能耗而言,却是南向横厅 C-1 布局较为节能,较南北竖厅 A-1 节能 10.5%。西向客厅 G-1 单位面积制冷和采暖能耗均为最大值,较南向横厅 C-1 总能耗增加了 46%。北向横厅布局下户型和标准层能耗水平并不高,但客厅能耗水平却很高,I-1 房间单位面积制冷采暖总能耗达 28.85 kW·h/m²,较南向横厅 C-1 增加了 29%。因此,东西竖厅、北向横厅布置非常不利于客厅室内热舒适性。

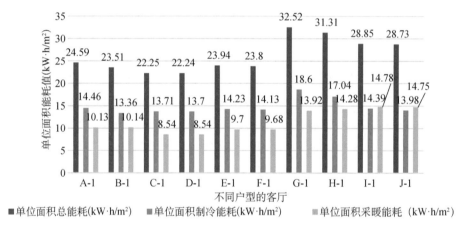

A、B 南北竖厅　　C、D 南北横厅　　E、F 南向角厅　　G、H 东西竖厅　　I、L 北向横厅

图 3-3-21　不同客厅的制冷采暖能耗

综上分析,可知不同房间布局对住宅单体制冷采暖总能耗影响不大,主要影响单个居住空间的室内热舒适性以及单户的能耗水平。

南北竖厅布置下不同居住空间室内热舒适性的均好性较好,且能耗较低。针对有老人和儿童的家庭,南向客厅的布局形式可以使客厅获得最大程度的热舒适满意度。

东西厅户型节能性能最差,需要谨慎考虑。如果在室外景观因素影响下,需要设计东西朝向的房间,应该适当加大房间的东向进深,以降低夏季太阳辐射对室内空气的加温效果。从节能角度看,东西横厅的设计优于东西竖厅设计。

北向起居室布置有利于减少户型的能耗。但是由于北向布置中,起居室的采光和通风效果都不是很理想,且冬季受西北季风的影响,室温较低,不适合对起居室舒适需求高的老人和有儿童的家庭,适合以青年家庭和单身群体为目标群体的住宅单体设计。

封闭阳台对住宅单体节能有积极作用,增加保温性能良好的活动隔断和活动遮阳的封闭阳台可以兼顾冬季集热和夏季隔热需求,经过定量能耗模拟分析采取这种措施可为居室节能 19%～28%。

3.4　住宅围护结构设计与节能

本节在于探究不同围护结构设计变量对能耗的影响程度。建筑设计阶段当中围护结构主要设计变量为开窗面积、遮阳形式与外墙保温层厚度,相应的节能技术指标为窗墙比、遮阳系数与外墙传热系数。本节通过对这三类变量进行分项讨论,归纳其中的设计要点,并在 Rhino 中建立模型利用 Ladybug Tools 系列软件,采用控制变量法分别对不同朝向开窗面积、遮阳形式以及外墙保温层厚度进行量化能耗模拟分析,同时结合不同围护结构优化策略,模拟探究其综合节能效果,建立外围护结构设计变量与节能的关联性。

1. 围护结构节能设计要点

（1）窗墙比优化设计

普通窗户的保温性能远低于外墙,上海地区夏季白天透过窗户进入住宅室内的太阳辐射热是室内温度升高的主因,因此控制开窗面积有利于降低制冷能耗。以上海为例的夏热冬冷地区,节能设计应当以控制住宅东西墙面的开窗面积为主,南北墙面为辅。但窗墙比通常是不区分房间,从住宅整体外立面去规定的技术指标。实际住宅项目当中,不同房间类型开窗面积大小与制冷采暖能耗的关系存在明显的差异性。而厨房、卫生间等非空调房间开窗面积的大小对相邻空调房间的能耗影响非常小。因此,关于窗墙比的限值,应当直接对起居室、卧室等空调空间进行控制更为适宜。上海现代建筑设计（集团）有限公司以上海市住宅项目为例,通过 Dest-h 软件计算得出,东、西、北向房间窗墙比每增加 0.1,房间制冷采暖能耗上升幅度分别为 6.5%、6.6% 和 4.7%,而南向房间窗墙比每增加 0.1,制冷采暖能耗变化幅度小于 1%[10]。因此上海地区住宅可以在严格控制东西向房间的开窗面积的同时,放宽对南向窗墙比的控制。南向开窗面积的增大不仅利于室内采光,而且能够拓宽景观视野,提升居住品质。为保证室内形成风压通风,在控制开窗面积的同时,也应当保证一定的外窗可开启面积,满足住宅相应设计规范。

(2)遮阳形式的选用

城市住宅外窗遮阳的节能设计要点是降低外窗综合遮阳系数,主要途径分为构件遮阳与玻璃遮阳。构件遮阳又可分为外遮阳、内遮阳与中间遮阳三种类型,这其中外遮阳直接减弱入射到外窗的太阳辐射强度,遮阳效果最佳。就构件活动性而言,又可分为活动遮阳与固定式遮阳。夏热冬冷地区住宅在冬夏两季对太阳辐射的需求具有矛盾性。冬季需要利用太阳辐射使室内温度升高,夏季则要避免过多太阳辐射入射,降低室内温度。活动式遮阳可以根据季节改变遮阳形式,更加适用于上海地区住宅节能设计(图3-4-1)。

图 3-4-1 活动百叶帘外遮阳

图片来源:http://www.globalbuy.cc/
gongyingxinxi/8554110.html

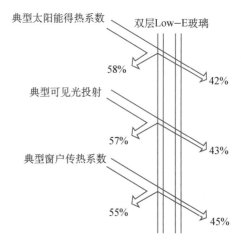

图 3-4-2 Low-E 镀膜玻璃降低太阳辐射

图片来源:Climate Consultant

除了利用遮阳构件,外窗采用 Low-E 镀膜玻璃也可达到降低遮阳系数的作用(图3-4-2)。玻璃遮阳的设计要点是只让"需要的阳光"进来,最理想的情况是在减少热量和紫外线的同时保证室内良好的自然采光。但玻璃遮阳也可看作为一种固定式遮阳,虽然可有效降低制冷能耗,却也使得采暖能耗上浮,实际遮阳效果不如活动式外遮阳好。

(3)合理的外墙保温层厚度

在现行居住建筑节能标准下,住宅的能源负荷主要来自外墙和外窗,其中外墙占比 53.45%[7],可见外墙保温设计直接影响住宅制冷采暖能耗。上海地区住宅以挤塑聚苯板外保温系统为主,增加保温层厚度可以降低外墙传热系数,从而达到节能效果。外墙保温性能提升对采暖能耗具有积极意义,但在夏季却不利于室内的散热,因此保温层厚度需要权衡制冷采暖能耗的综合影响,需通过量化模拟确定最优值。另外,过厚的保温层会造成过高的成本投入,保温层厚度的确定还需从经济适用性角度和节能效果综合考虑。邓丰对保温层厚度进行节能与成本的交叉分析,研究表明,当前节能建筑设计标准下所选用的 30 mm 厚度在能耗和成本控制上更为合理[11]。

2. 不同围护结构设计的能耗模拟分析

（1）物理模型的建立

对上海地区来说,外窗开窗面积的优化、外遮阳的设置、外墙保温性能的优化是最为主要的三种节能措施。本节分别对这三种节能措施进行能耗模拟的定量分析。模型选用调研住宅之中的典型案例,在 Rhino 中根据图纸建立模型,然后通过 Ladybug Tools 系列软件进行能耗模拟分析。忽略顶层和底层的影响,实验以中间标准层为研究对象,对其单位面积制冷采暖能耗进行统计。初始模拟边界条件根据上海市《居住建筑节能设计标准》中规定的限值进行设置,具体信息参见表 3-4-1 设置,案例建筑平面见图 3-4-3。

表 3-4-1　　　　　　　　　　围护结构能耗模拟边界条件设计表

项目		设计参数
围护结构设计参数		外墙传热系数 1.0 W/(m² · K) 屋面传热系数 0.8 W/(m² · K) 分户墙以及楼板传热系数 2 W/(m² · K)
外窗设计参数		综合传热系数 2.2 W/(m² · K) 外窗综合遮阳系数 0.75 可见光透射比 0.80
空调设计参数	周期	采暖计算期:12 月 1 日—次年 2 月 28 日 制冷计算期:6 月 15 日—8 月 31 日
	设计温度	冬季全天设计温度 18℃　夏季全天设计温度 26℃
	换气次数	空调期 1 次/h
	能效比	采暖设备能效比 2.5　制冷设备能效比 3.1
室内电气负荷		室内平均得热强度 4.3 W/ m²
人员活动时间表		Honeybee 软件内置住宅人员活动时间表

＊设计依据上海市《居住建筑节能设计标准》。

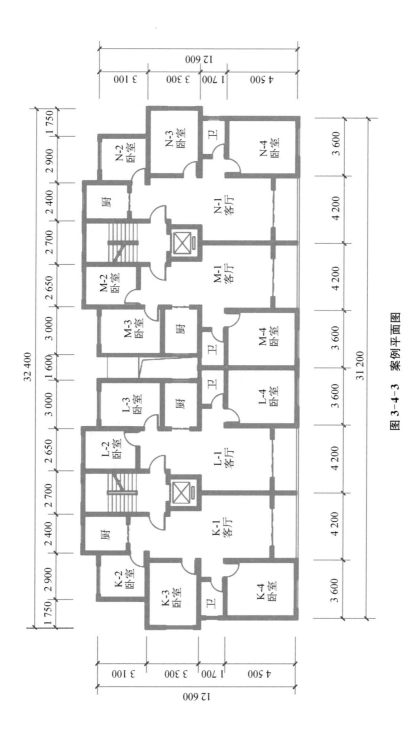

图 3-4-3 案例平面图

（2）优化空调房开窗面积

将所有房间混在一起，以整个墙面的窗墙比进行控制并不一定可以取得节能效果，直接对卧室、起居室等空调房间进行控制更为合适。且上海地区应当以控制东西和北向开窗面积为主，可以适当增加南向开窗面积。实验设计 A、B、C 三种计算模式，A 模式仅减小东西开窗面积、B 模式减小东西北向开窗面积、C 模式减小东西北向开窗面积的基础上增加南向开窗面积（均在窗台高度不变的情况下改变卧室的开窗面积，非空调房间开窗面积不变）。具体窗墙比与开窗面积绝对值如表 3-4-2 所示。

表 3-4-2　　　　　　　　　开窗面积与窗墙比统计表

	窗墙比				开窗面积（m²）			
	南	东	西	北	南	东	西	北
原始模式	0.41	0.10	0.10	0.31	37.92	4.29	4.29	30.20
计算模式 A	0.41	0.07	0.07	0.31	37.92	2.85	2.85	30.20
计算模式 B	0.41	0.07	0.07	0.26	37.92	2.85	2.85	25.07
计算模式 C	0.44	0.07	0.07	0.26	40.80	2.85	2.85	25.07

图 3-4-4 中可以看出改变窗面积对能耗的整体影响不算太大，因为案例建筑各个朝向的窗墙比已经较低，且东西向房间数较少，开窗面积基数不大。减少约三分之一东西开窗面积、五分一北向开窗面积后，标准层单位面积制冷能耗降低，采暖能耗轻微上升，总能耗呈下降趋势，幅度为 2.6%。在此基础适当增加南向卧室的开窗面积，总能耗仅上涨 0.1 kW·h/m²，上涨幅度不足 0.3%。南向开窗面积的增加，不仅使室内视野得到拓展，同时也使采光效果变好。因此也侧面证明了减少东西、北向开窗面积的同时适当增加南向开窗面积的节能措施在上海地区是可行的。

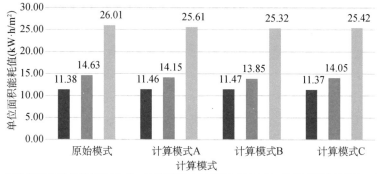

图 3-4-4　不同开窗面积的制冷采暖能耗分布图

（3）增加外窗遮阳设计

本节主要对外遮阳和利用玻璃性质两种遮阳方式进行模拟分析，以上一节优化开窗面积后的标准层为模型。外遮阳种类选用铝合金格栅固定式外遮阳、导轨式百叶帘活动外遮阳、卷帘活动外遮阳三种模式（图3-4-5—图3-4-7），各种情况下的外窗综合遮阳系数和太阳得热系数见表3-4-3、图3-4-8。活动遮阳夏季打开、冬季收起，外窗太阳得热系数等同于无遮阳时中空玻璃传热系数。

图3-4-5　固定格栅外遮阳图　图3-4-6　活动百叶帘外遮阳　图3-4-7　活动卷帘外遮阳

图片来源：http://www.bml365.com/qy/prod/v/699-994

表3-4-3　　　　　　　　　　　　不同外遮阳性能参数

	外遮阳性能参数	
	综合遮阳系数	太阳得热系数
无遮阳	0.84	0.75
铝合金格栅固定外遮阳	0.50	0.43
导轨式百叶帘外遮阳	0.25/0.84	0.21/0.75
卷帘外遮阳	0.3/0.84	0.261/0.75

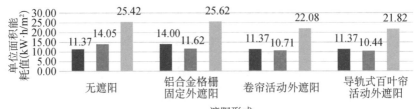

图3-4-8　不同外遮阳形式的制冷采暖能耗分布图

可以看出固定遮阳虽然使得制冷能耗下降不少,却也使得冬季采暖能耗上升,总能耗水平也呈现小幅度上升的趋势。与之相比,活动外遮阳的节能效果十分显著。以无遮阳的原模型能耗水平为基础,卷帘外遮阳和百叶式遮阳节能率分别为 13% 和 14%。可见活动外遮阳对于上海地区而言节能效果较好。

不同镀膜 Low-E 玻璃遮阳模拟中,选用三种不同构造的 Low-E 玻璃,其热工性能系数如表 3-4-4。在无其他外遮阳的情况下进行能耗计算。

表 3-4-4　　　　　　　　　　不同 Low-E 玻璃性能参数

	外窗玻璃性能参数			
	传热系数 [W/(m² · K)]	可见光透射比	综合遮阳系数	太阳得热系数
普通中空玻璃	2.20	0.80	0.84	0.75
5 高透光 Low-E+9Ar+5	2.00	0.72	0.62	0.53
5 中透光 Low-E+12A+5	1.90	0.62	0.50	0.43
5 中透光 Low-E+12A+5+12A+5	1.60	0.55	0.40	0.34

从图 3-4-9 中可以看出,制冷能耗随外窗综合得热系数的减少呈现明显下降的趋势,采暖能耗则呈现上升趋势,总体能耗水平先下降后上升。整体而言,虽然高性能外窗传热系数降低,保温性能有所提升,但是能耗的变化幅度却并不大,节能效果不如活动外遮阳好。且更换高性能外窗后投资成本大幅度上涨,并不经济。上海地区外窗遮阳设计应当首选活动外遮阳。

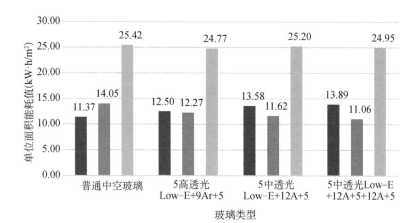

图 3-4-9　不同 Low-E 玻璃的制冷采暖能耗分布图

（4）增加外墙保温层厚度

本节以上文增加导轨百叶活动外遮阳的模型为基础，对 EPS 外墙外保温系统保温层厚度分别设置为 40 mm、60 mm、80 mm，改变外墙的综合传热系数，利用 Ladybug Tools 系列软件进行能耗计算。设置参数如表 3-4-5，计算结果如图 3-4-10。

表 3-4-5 不同保温层厚度外墙热工性能系数

		外墙性能参数		活动外遮阳
		保温层厚度（mm）	传热系数[W/(m² · K)]	太阳得热系数
节能标准外墙参数		——	1.00	0.21/0.75
EPS 外墙外保温	墙体 1	40.00	0.65	0.21/0.75
	墙体 2	60.00	0.50	0.21/0.75
	墙体 3	80.00	0.40	0.21/0.75

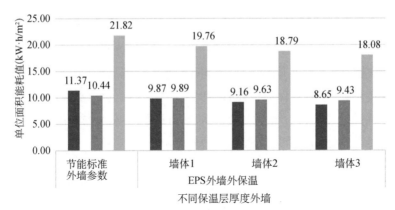

图 3-4-10　不同保温层厚度外墙制冷采暖能耗分布图

可见，随着外保温层厚度的增加，外墙综合传热系数逐渐减小，案例建筑能耗水平有明显的下降，单位面积总能耗下降了 3.74 kW · h/m²，节能率达到 17.1%。保温层从 40 mm 增加至 80 mm 厚，单位面积采暖能耗从 11.37 kW · h/m² 变为 8.65 kW · h/m²，制冷能耗从 10.44 kW · h/m² 变为 9.43 kW · h/m²，可见提升外墙保温性能对采暖能耗影响大于制冷能耗，在同保温层厚度下，采暖期节能率比空调期节能率高很多。

（5）综合分析

对案例建筑外立面分别采取优化开窗面积、增加导轨式活动外百叶、增加保温层厚度为 80 mm 后,标准层单位面积制冷采暖总能耗从 26.01 kW·h/m² 降低至 18.08 kW·h/m²,可以在满足上海居住建筑节能标准的基础上,继续节能 30.4%。外立面设计作为住宅单体方案深化阶段,其节能潜力巨大。建筑师应当从节能视角出发,结合前期体形和内部空间综合考虑,从开窗、遮阳、构造三个要点出发。控制住宅单体外立面的节能设计(表 3-4-6)。

表 3-4-6　　　　　围护结构节能优化设计能耗计算表与节能率

| | | | 单位面积能耗(kW·h/m²) | | | |
			采暖	制冷	采暖＋制冷	节能率
		原始模型	11.38	14.63	26.01	0
节能优化措施	1	减少东、西、北向窗墙比适当增加南向窗墙比	11.37	14.05	25.42	2.2%
	2	导轨式百叶活动外遮阳	11.37	10.44	21.82	16.1%
	3	80 mm 保温层 EPS 外保温外墙系统	8.65	9.43	18.08	30.4%

综上所述,对空调房间不同朝向的窗墙比进行细化控制能够更加有效地达到节能的效果。上海地区住宅节能设计应以控制东、西、北向窗墙比为主,可以适当增加南向开窗面积。模拟计算表明,增加南向卧室开窗面积 3 m²,标准层制冷采暖能耗上升幅度仅小于 0.3%。

上海地区住宅采用活动式外遮阳节能效果明显优于固定式遮阳,模拟计算表明采用导轨式百叶帘外遮阳节能率可达到 14%。虽然采用高性能 Low-E 玻璃外窗也能起到遮阳的作用,但是模拟结果显示其节能效果十分有限。

应当从成本投入和节能效果两方面考虑,确定外墙保温层厚度的最优值。结合活动外遮阳设计,EPS 保温层厚度从 40 mm 增加到 80 mm,案例建筑制冷采暖能耗可降低 17.1%。改善外墙保温性性能对采暖能耗节能贡献率远高于制冷能耗。

分别对案例建筑进行开窗面积优化、增加活动外遮阳、增加外墙保温层厚度后,住宅节能率可达 30.4%,节能效果显著。可见住宅单体节能设计应当格外重视外围护结构热工性能的优化。

形体、内部空间是建筑前期设计阶段的两个重要内容,本章主要对这两者其中的设计变量与节能的关联性进行重点研究,结合理想模型和实际案例,利用新型能耗模拟软件 Ladybug Tools 系列软件进行制冷采暖能耗以及室内平均温度的模拟计算,得出不同设计变量与能耗之间的定量关系,同时从定性的角度分析各种变量对住宅单体空间设计的影响,积极探索建筑能耗的模拟的新方法。外立面设计中的开窗、遮阳和节能构造设计与节能关系密切,甚至从一定程度上直接决定住宅单体的热工性能。

在体形设计方面(就实验模拟对象)。上海地区住宅体形节能设计应当首要考虑控制标准层面积和层高,适当增大标准层面积、减小层高均对节能具有积极作用。对于长宽比较大的单元式住宅而言,应尽量使其朝向为正南北向,而对长宽比较窄的住宅单体朝向可以在保证采光要求的前提下适当放宽朝向限制。体形系数增加 0.1,单位面积制冷采暖能耗提高了 11.5%。控制体形凹凸对于降低体形系数、减少制冷采暖能耗具有积极作用。但体形系数不能完全表征能耗的高低,实际项目中还需结合能耗模拟确定形体最优设计。折板形住宅单体因其南向受热面积较大,制冷能耗水平较高,需特别注意建筑南立面的隔热设计。增加平面面宽与进深利于住宅节能,但实际项目中需结合节地、采光、通风等多种因素以确定最优值。满足防火扑救面要求和结构合理性的前提下,增加单元式住宅单元联列数利于节能。联列方式应当尽量避免体形凹凸,以排比式布置最佳。

在空间设计方面(就实验模拟对象)。选取的模型实验分析表明,等面积条件下,南北竖厅布置时户型能耗最低,东西厅布置既不利于冬夏两季的室内热舒适,能耗消耗也最大。南向横厅、南向角厅、北向横厅三种布局方式能耗水平相当,虽略高于南北竖厅户型的能耗,但差值很小。出于舒适性的差异,实际项目中可以针对不同舒适性要求的人群进行设计。封闭阳台对住宅单体节能有积极作用,为使得封闭阳台可以兼顾冬季集热和夏季隔热需求,可以增加保温性能良好的活动隔断和活动遮阳,经过定量能耗模拟分析采取这种措施可为相邻居室节能 19%~28%。

在围护结构方面。上海地区住宅节能设计应严格控制东、西、北向窗墙比,可以适当增加南向开窗面积。采用活动式外遮阳节能效果最佳,能耗模拟实验表明节能率可达到 14%。从经济性和节能效果综合考虑,采用高性能 Low-E 玻璃适用性不如活动外遮阳。增加外墙保温层厚度后节能效果明显,EPS 保温层厚度从 40 mm 增加到 80 mm,住宅制冷采暖能耗可降低 17.1%,采暖期节能率高于空调期节能率。外围护结构热工性能对住宅节能设计十分关键,优化开窗面积、增加活动外遮阳、增加外墙保温层厚度后,案例建筑节能率可达 30.4%。

本章参考文献

［1］夏冰,陈易.建筑形态创作与低碳设计策略[M].北京:中国建筑工业出版社,2016.

［2］刘文婧.大连集合式节能住宅空间优化设计研究[D].大连:大连理工大学,2011.

［3］刘立,吴迪,李晓俊,等.空间设计要素对建筑能耗的影响研究:以寒冷地区点式高层办公楼为例[J].建筑节能,2016,44(09):59-65.

［4］宋德萱,张峥.建筑平面体形设计的节能分析[J].新建筑,2000(03):8.

［5］刘加平,谭良斌,何泉.建筑创作中的节能设计[M].北京:中国建筑工业出版社,2009.

［6］孙喆.夏热冬冷地区多层住宅被动式太阳能设计策略研究[D].武汉:华中科技大学,2005.

［7］李东辉.寒冷地区被动式多层住宅设计策略研究[D].大连:大连理工大学,2010.

［8］郭飞.上海高层住宅被动式节能技术与策略研究[D].上海:同济大学,2008.

［9］郭瑞.大连 60 m² 以下高层住宅套型优化及节能策略研究[D].大连:大连理工大学,2012.

［10］上海现代建筑(集团)有限公司技术中心.被动式建筑设计技术与应用[M].上海:上海科学技术出版社,2014.

［11］邓丰,朱凯.上海高层住宅被动式超低能耗设计策略研究[J].住宅科技,2018,38(02):40-45.

第4章　绿色性能再提升

夏热冬冷地区的住宅,不仅需要通过总体设计(住宅街坊布局)和单体设计来获得良好的绿色性能,也需要在设计的多处细节深化研究,来获得绿色性能的再提升。本章应对气候区特点,聚焦在建筑遮阳、立体绿化和水资源利用,探讨绿色性能的细部设计。

4.1　住宅建筑的遮阳设计

1.住宅遮阳的需求与现状

研究表明,因建筑外表面得热量而导致的建筑能耗占全年总能耗的比重较高[1]。而夏季,以上海为例,仅因为外窗的太阳辐射得热就占到总热负荷的50%[2]。根据《民用建筑热工设计规范》(GB 50176—2016)中建筑能耗静态计算方式,计算得到的典型上海某多层住宅建筑的能耗构成,可得到图 4-1-1。图中的外窗能耗仅仅表示因为外窗两侧室内外温差造成的能耗。可见,外窗节能在住宅建筑节能中可大有作为。

图 4-1-1　住宅建筑冬季建筑能耗构成图

冬冷夏热地区,夏季高温,遮阳技术作为外窗节能的有效手段之一,可有效隔热,降低室内温度,减少建筑对于空调能耗的消耗。

住宅建筑外遮阳虽然早已不是新鲜话题,但目前仍然多应用于公共建筑立面,并未在国内住宅市场中普及和推广。以上海历史悠久的虹口区为例,住宅分布从市中心到边缘区,且历经多次更新改造,住宅种类丰富,覆盖不同密度、不同价位的样本。2018 年上海虹口区的住宅建筑外遮阳调研结果呈现了几种主要遮阳形式(表 4-1-1)。

表 4-1-1 虹口区遮阳形式调研结果

遮阳形式收集			
阳台挑板	 左:彩虹湾;右:粤秀名邸	垂直遮阳	 左:上海逸苑垂直遮阳; 右:瑞虹怡庭垂直遮阳
水平遮阳	 华虹苑公共租赁房水平遮阳	综合遮阳	 霍山路21弄综合遮阳
撑板遮阳	 永乐坊	雨棚遮阳	 左:垦业小区雨棚;右:同心路小区雨棚

同时,结合 2018 年上海市居民对于外遮阳的使用情况及意愿调查问卷显示:目前上海的住户普遍更加倾向于使用内遮阳,而非外遮阳。房龄较大的小区比新小区更多安装了外遮阳,但主要是表 4-1-1 显示的雨篷,其主要作用是遮风避雨而非遮阳。

内遮阳技术因其便于使用、管理及维护,形式多样,价格可控被更为广泛地使用于住宅。但由于其安装于室内,太阳辐射所带来的热量早已进入房间,因而隔热效率并不高,在节能表现方面稍逊一筹[3]。

可以推测,外遮阳设施目前在住宅中没有被推广的主要原因有:①遮阳理论知识的推广不足,普通居民和开发商等对于遮阳设施的优越性缺乏重视。②复杂的节能理论体系很难介入建筑师的设计流程。③市面大多存在的外遮阳设施为固定遮阳,虽有遮阳效果但也阻隔了冬季的阳光,影响得热,不符合冬冷夏热区气候矛盾性对于遮阳设施提出的要求。

因此，从理论成果层面，将节能理念转化为切实可行的设计方法尤为重要；从产品层面，低技术的手动控制可调节遮阳设施，将更加符合冬冷夏热区的气候特征，在现阶段也更适用于大多数的居民。

2. 遮阳构件形式及不同朝向的效果

（1）模拟研究的目的

本次模拟的目的是为了得到基于热舒适度评价指标和节能指标下的，不同朝向房间的遮阳形式适用图谱。本次模拟通过比较不同形式的遮阳在不同朝向房间中的遮阳效果，得到各个朝向房间适用的遮阳形式排序。

（2）评价指标

模拟采用了室内热舒适度与节能效果相结合的评价指标。

针对室内热舒适度，采用的模型为适应性热舒适模型（Adaptive Model），此模型由澳大利亚悉尼大学学者理查德·德·迪尔（Richard de Dear）提出[4]。相比于 PMV-PPD 模型等其他热舒适模型，适应性热舒适模型将更好地适用于被动式节能建筑室内环境的评价，因为它充分考虑了不同气候特征下各地域被动式节能措施对于室内热舒适度的影响，具有更高的实际意义。

适应性热舒适模型在国内学术领域已得到相当广泛的认可，2006 年叶晓江等学者[5]也提出了人体对于气温的主观感受会受到自身生理调节的影响，并展开了基于上海地区气候特征的适应性热舒适模型研究。

2013 年，阎海燕[6]基于大量的实测数据运用多元回归统计分析的方法得到风速、湿度、温度等因素与人体适应性反应的关系，并提出温度因素在适应性热舒适模型中是影响权重最大的因素，但同时也不能忽略风速湿度等因素对于人体感受的影响，还对国内外的适应性热舒适模型在我国的运用进行了验证。

针对外遮阳研究，适应性舒适度模型也能更好地应用于上海作为夏热冬冷区无空调环境下，被动式节能设施——外遮阳对于室内热舒适度的影响研究，因而本章将主要运用适应性热舒适模型研究遮阳形式对于室内热舒适的影响。外遮阳虽然有较为可观的遮阳效果，但仍需要精确数值才能进行相互比较。

热中性温度是适应性热舒适模型中较为关键的一个指标。适应性热舒适模型根据大量的实验数据，得到了基于不同气候特征下，当地人们在特定时间下感受最佳的温度值。热中性温度会将当地人们对于当地气候的适应性因素考虑在内，因而和典型室外气温有密不可分的联系。针对某一时刻，典型室外气温与当时的热中性温度的差值可以用来表达具体室内温度的热舒适度，差值越大则说明越不舒适。而室内温度越高越不舒适,空调能耗也会相应地越高。本模拟使用舒适度度时数,即与逐时热中性温度的温度差来判断各个遮阳形式的逐时遮阳效果。该指标将同时反映遮阳形式对于室内热舒适度和能耗的作用:与热中性温度的温度差值越小,则表示遮阳效果和节能效果越好。

以下为舒适度度时数计算方法:

$$V = \sum_{n=a}^{b} T_n - t_n$$

式中:V——舒适度度时数;

　　T_n——n 时刻室温;

　　t_n——n 时刻热中性温度;

　　a——分析时段初始时间;

　　b——分析时段结束时间。

模拟将记录分析时段内不同遮阳形式影响下的逐时室内温度与逐时热中性温度的温度差,累加得到分析时间段内舒适度度时数(与热中性温度的逐时温度差累计值),比较它们之间的大小,由此判断各种遮阳形式在不同朝向房间的遮阳效果,选取各参数情况下表现最优的结果作为此类遮阳形式的舒适度度时数,与其余遮阳形式进行横向比较,得到某一朝向下遮阳形式性能排序(图 4-1-2)。

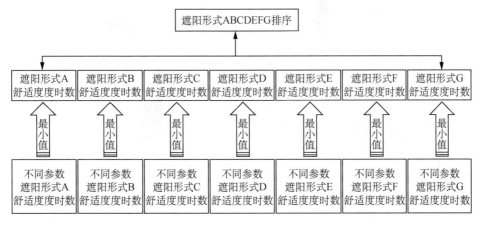

图 4-1-2　遮阳形式排序方法

(3) 模拟平台及工具

本次研究的主要计算机平台为 Ladybug Tools 系列软件产品。此产品的运行平台基于由美国 Mostapha Sadeghipour Roudsari 开发,基于 Rhino 平台中的插件 Grasshopper。本次研究基于多种情境下的遮阳研究比选优化,还涉及多种遮阳的各自属性变量的调整对比,模拟计算量大,因此使用基于 Grasshopper 的模拟平台将是较为便捷的选择。

(4)模拟时间段

为了比较各种遮阳形式的性能,需要选取极端情况作为模拟时间。根据 Ladybug_Import stat 模块,得到上海夏季极热日 6 月 30 日,将其作为模拟的时间,采取早上 5 点开始,下午 7 点结束的模拟时间段。

(5)模拟的遮阳形式及变量确定

根据上海和其他冬冷夏热区的代表城市的典型遮阳形式,相关节能规范中推荐的遮阳形式[3]和国内外市场上较为普遍有效的遮阳构件形式,总结了以下八种遮阳形式以及其相关尺寸变量范围和性能参数(表 4-1-2)。

表 4-1-2　　　　　　　　　　　　　遮阳形式表

遮阳形式简图		遮阳构件变量及属性参数			
水平遮阳板		直遮阳板	X: 0.1~2.0 m 单位:0.1 m 材质:铝合金 反射率:0.65 透射率:0.2		X: 0.1~2.0 m 单位:0.1 m 材质:铝合金 反射率:0.65 透射率:0.2
垂合遮阳板			X: 0.1~2.0 m 单位:0.1 m 材质:铝合金 反射率:0.65 透射率:0.2	挡板	X: 0.1~1.8 m 单位:0.1 m (据窗高核定) 与窗距: 0.3 m/0.45 m /0.6 m 材质:铝合金板 孔隙率:0.35 材质反射率:0.65 透射率:0.2

（续表）

遮阳形式简图	遮阳构件变量及属性参数			
撑板	X： $10°\sim90°$ 单位：$10°$ 材质： 铝合金板 孔隙率：0.35 材质反射率： 0.65 透射率：0.2	横向大百叶	X： $10°\sim90°$ 单位：$10°$ 材质：铝合金板 孔隙率：0.35 材质反射率： 0.65 透射率：0.2	
向横向小百叶	X： $10°\sim90°$ 单位：$10°$ 与窗距离： 0.05 m 材质： 铝合金 反射率：0.65 透射率：0.2 百叶宽度： 25 mm 百叶间距： 18 mm	卷帘	X： $0.1\sim1.8$ m 单位：0.1 m （据窗高核定） 材质：铝合金 孔隙率：0.2 反射率：0.65 透射率：0.2	

（6）房间朝向及窗墙比设定

根据上海市《居住建筑节能设计标准》对于外窗朝向的分类，可以大致得到：东/西向包括东/西偏南 60°至东/西偏北 30°，而南/北向包括南/北偏东西各 30°范围。但是为了使模拟结果更加完整，将东/西偏北 30°至 60°范围也纳入讨论范围，并设置每 15°一个变量单位。得到表 4-1-3 所示朝向范围，共计模拟计算 24 个不同的房间朝向。

表 4-1-3　　　　　　　　　　　　房间朝向表

南向	正南；南偏东 15°；南偏西 15°
北向	正北；北偏东 15°；北偏西 15°
东向	东偏南 60°；东偏南 45°；东偏南 30°；东偏南 15°；正东；东偏北 15°；东偏北 30°；东偏北 45°；东偏北 60°
西向	西偏南 60°；西偏南 45°；西偏南 30°；西偏南 15°；正西；西偏北 15°；西偏北 30°；西偏北 45°；西偏北 60°

　　根据上海市《居住建筑节能设计标准》规定,北向:包括北偏东 30°至北偏西 30°范围,窗墙比不得超过 0.35,本模拟取 0.35。南向:包括南偏东 30°至南偏西 30°范围,窗墙比不得超过 0.50,本模拟取值 0.50。东西向:包括东/西偏北 30°至东/西偏南 60°范围,窗墙比不得超过 0.25,本书取值 0.25。

　　(7) 理想模型建构及边界条件设定

　　气象参数设定。本研究使用 CSWD 典型气象年参数,分析时间段采用上海极热日的日出至日落段,即 6 月 30 日的 5∶00—19∶00。

　　通风设定。模拟旨在衡量具体遮阳形式对室内热舒适度的影响,因而采用非人工控制的环境设置,即 Non-Ai Conditioned"非空调"设置,并使用 Set Air Flow 电池模块大致模拟遮阳构件对室内风环境的影响。

　　理想模型体量简化。除却本身采暖制热,房间得热的主要来源是外界的太阳辐射。部分太阳辐射被反射到周围物体或者外界大气中,其中的部分热量会被窗框或者玻璃及遮阳构件吸收,这部分热量中的小部分通过长波辐射或者对流传热的形式进入室内。同时房间得热还来自周围房间的热交换和周围墙壁等构件的热辐射。但是对于夏季向外开窗的房间,房间之间对流得热等次要得热的影响相较于太阳辐射得热的影响甚微,大部分的太阳辐射通过玻璃窗直接进入室内,这部分的得热量占总得热量的 80%[7]。本次模拟基于比较中性温度度时数得到结论,因而简化模型,使用 4 m×3 m 的理想房间作为朝向模拟的理想模型。

　　(8) 朝向模拟结论

　　图 4-1-3 展示了本章的研究成果,即不同遮阳形式对于不同朝向房间遮阳效果的影响,从温度差的角度反映其对于室内热舒适度和能耗的优化作用。图中,从外圈至内圈 1～6 指对应朝向下 1～6 名遮阳形式的排序,外圈性能最好,内圈性能最弱。在图谱中只列出了排名前六的遮阳形式,为后文可调优化模拟做选形准备。图中圈层上的数值标识出该遮阳形式在当前朝向下夏季极热日的舒适度度时数,单位为摄氏度。

　　从遮阳形式的性能分析可以得到以下结论:①综合全朝向分析,百叶及撑板是遮阳效果最好的形式。其中大百叶和小百叶的适用朝向有所不同,小百叶对于偏南向和北向的房间较为有效,而撑板和大百叶则对偏向东向和西向的房间较为有效。②针对南北向朝向的房间,小百叶始终是最优的遮阳形式。但在北向的房间,撑板和小百叶的效果相差不大。③撑板遮阳在东北和西北方向效果最为明显,达到了比较优势的峰值。④作为基本遮阳形式,水平遮阳、综合遮阳的遮阳效果普遍不及撑板和百叶。但是在南向面跨度为 120°左右的范围内综合遮阳的效果有较为可观的表现。在北向房间,垂直遮阳是继综合遮阳之后最为有效的基本

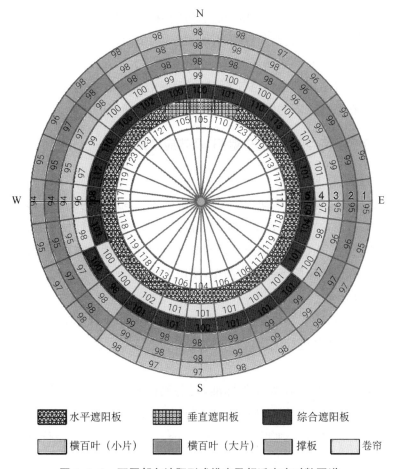

图 4-1-3 不同朝向遮阳形式排序及舒适度度时数图谱

遮阳形式,除此之外,所有朝向的房间均较为适用水平遮阳。

上海市《居住建筑节能设计标准》中提到东西向建议使用垂直遮阳板[8]。但是在实际的模拟中,垂直遮阳板对东西向的遮阳效果并不如水平遮阳板明显。其实,该结论已经经过诸多专家论证,垂直遮阳板并不适用于东西向窗户的遮阳。1998 年,清华大学建筑系的叶歆教授已经指出[9],根据太阳方位角和高度角的计算规则,垂直遮阳板对于中国大部分地区的西向窗遮阳效果非常有限,文中给出了和上海市(北纬 30°40′)纬度近似的武汉市(北纬 30°)在夏季时,垂直遮阳板只能遮挡半小时不到的直射阳光,水平遮阳对于直射光的有效遮挡时间远高于垂直遮阳板。

从遮阳性能的敏感度分析可以得到以下结论:①遮阳形式对于西向的改善效率大于东向,南向次之,北向最弱。符合其他文献研究中对于北向遮阳效率的探讨结论。但是遮阳设施对于南北向房间的改善程度相差不大,证明北向外窗仍需遮阳。②东南朝向在安装遮阳设施后改善最为微弱,百叶和撑板在其余朝向表现突出,但在东南方向其性能和基本遮阳形式相差不大。东南房间夏季面向盛行风向,但百叶撑板等阻碍了窗口空气对流,因而影响室内舒适度提升。说明为提升夏季舒适度,在考虑遮阳的同时,还应关注室内自然通风的可能。

3. 适应气候特点的"可变外遮阳"及效应模拟

(1)可调优化目的

前文已经通过理论和调研两个层面详细阐述可调遮阳的优越性,以及上海气候特征影响下,用户存在可调节外遮阳的需求。本节聚焦于低技术手动调节的遮阳形式可调优化。为了便利用户手动调节,应较为精确地计算得到可调遮阳具体的调节档位,并保证遮阳产品操作简单,使用方便。

(2)模拟对象

出于实际建造成本和比较优势的考虑,优化模拟将选择基本遮阳形式的前两名和总排名的前两名进行优化。

(3)模拟标准

以室内舒适度和能耗为评价标准,对各遮阳形式进行可调节优化,得到具体遮阳形式的调节策略和调节档位,同时计算得到相应的节能率和舒适度时间增加百分比。为更直观地反映比较性结论,同时使用星级评价的方法展现结果。

优化的结果得到具体遮阳形式最优档位设置和一天中最多的调节次数,也可以得到具体的舒适时间增加百分比和节能率。

舒适度时间增加百分比。使用 Ladybug Tools 系列软件的适应性热舒适模型计算得到具体房间室内一年 8 760 个小时的逐时舒适情况,统计舒适(读数为 0)的小时数占全年小时数的百分比。舒适时间增加百分比计算规则为:

$$\left(\begin{matrix}优化后的\\舒适小时数\end{matrix}-\begin{matrix}原舒适\\小时数\end{matrix}\right)\bigg/\begin{matrix}原舒适\\小时数\end{matrix}=\begin{matrix}舒适时间\\增加百分比\end{matrix}$$

节能率。由于遮阳对于室内热舒适度的影响最终会影响到用户的制冷采暖行为。因此本节计算的全年能耗包括制冷采暖设备的能耗,而照明或其他种类的设备能耗将不被统计在内。节能率计算规则为:

$$(原能耗-优化后的能耗)/原能耗=节能率$$

（4）优化模拟思路

优化模拟程序采取遍历枚举的方法，通过计算机程序将各种档位进行配对组合比较，选取舒适度最高的逐时档位组合，作为最优解输出。其中的调节档位和具体遮阳形式的变量有关。具体优化模拟思路见图4-1-4。

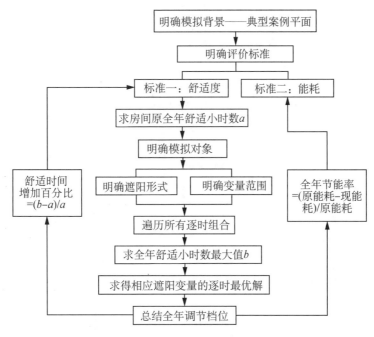

图4-1-4　优化模拟思路图

（5）典型案例选取

选取上海典型20层点式一梯四户住宅案例户型进行优化（图4-1-5）。由于户型对称，本书选取边套S户和T户进行遮阳优化（表4-1-4）。本次模拟以标准层中某个户型为单位进行数据统计，只建立三层模拟模型，取中间层目标户型的数据进行统计分析。

表4-1-4　　　　　　　　　　　优化模拟的遮阳形式

房间朝向	房间名	遮阳形式
南向	S1、S2、T1、T2、T3	小百叶、撑板、综合遮阳板、水平遮阳板
北向	S3、S4、T4、T卫、T厨	小百叶、撑板、综合遮阳板、垂直遮阳板
西向	S卫、S厨	撑板、大百叶、综合遮阳板、水平遮阳板

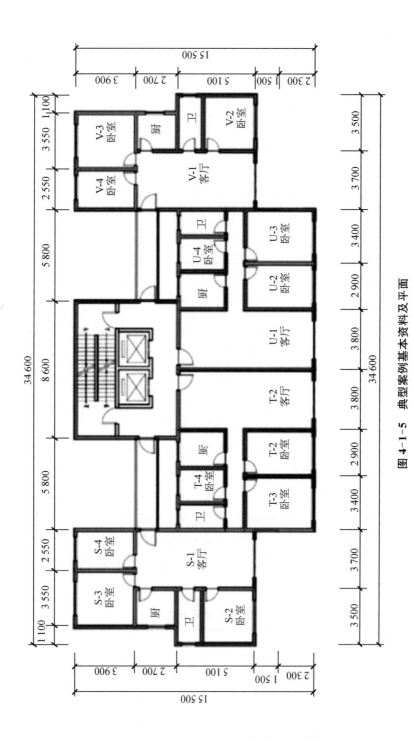

图 4-1-5 典型案例基本资料及平面

（6）明确优化遮阳形式及变量范围

以度为单位的遮阳形式其变量范围为：①撑板：10°～90°；②小百叶：10°～90°；③大百叶：10°～90°。

以米单位的遮阳形式，包括水平遮阳、垂直遮阳、综合遮阳，其尺寸变量范围将基于上一节中朝向实验的讨论范围展开。统计 20 种尺寸影响下 24 小时舒适度度时数，并分析当尺寸比之前增加 0.1 m 时，室内舒适度度时数的改变变化，探求尺寸进一步增大对于舒适度提高的边际效益，从而找到较为合理的尺寸范围。

（7）S 户型和 T 户型优化结果分析

总体分析，相比于 S 户的南向房间优化结果，T 户的小百叶和撑板对于南向房间室内热舒适度及能耗的优化效果更明显，这与其不在自遮挡阴影区中有关。

与 T 户基础室温和能耗的分析结果类似，遮阳优化对于 T 户南北房间的作用差异也相对较大。T-4 房间和 T 户的厨房、卫生间经过遮阳可调优化，其舒适度时间百分比和节能率也有一定的提升，同时撑板和百叶相较于综合垂直遮阳的优势较大，差异明显。但是北侧房间的总体优化效果并不明显，这与三间房间本身属于外立面中的内凹房间有关，它们两侧的房间及核心筒会遮挡一部分夏季的直射阳光，适当削弱了夏季太阳辐射对它们的影响。同时，在冬季，三间房间的日照时间也偏短，同时又是北向房间，整体温度偏低，遮阳对于冬季舒适度的提升和采暖能耗的控制能力有限，因此遮阳优化对于这三间房间的作用较小。

4. 上海地区住宅建筑遮阳设计推荐

本研究主要围绕上海作为夏热冬冷区高密度城市，其住宅外遮阳对于室内热舒适度和节能。针对不同朝向房间，不同遮阳形式及其属性变量与舒适度和能耗之间的互动机制，展开了性能比选和可调优化的讨论。

（1）推荐使用的遮阳形式

上海地区推荐使用的遮阳形式如表 4-1-5。其中，基本遮阳形式是上海市《居住建筑节能设计标准》中推荐的遮阳形式[8]，其具体形式材质更加灵活多变，可以更好地与建筑外立面相结合，构造成本也相对较低。特殊遮阳形式是根据市场情况提取的较为普遍且适用于上海的遮阳形式，以成品构件为主，也是供应商开发更广的形式，但是成本相对来较高。

（2）不同朝向房间适用的遮阳形式性能排序

最终的研究成果将以每个朝向房间推荐的遮阳形式图谱的形式展现，使其更为直观可读，并表达了遮阳对每个朝向房间的优化影响大小。由于挡板、卷帘的

表 4-1-5　　　　　　　　　　　　推荐的遮阳形式汇总表

主要分类	遮阳形式/图例/示意图		
基本遮阳形式			
	▨ 水平遮阳板	▦ 垂直遮阳板	■ 综合遮阳板
特殊遮阳形式			
	▨ 横百叶（小片）	■ 横百叶（大片）	▨ 撑板

遮阳效果有限，同时横向比较同等价位的遮阳产品，其遮阳效果并不突出，因而并不涵盖在最终的推荐图谱中（表 4-1-6、图 4-1-6）。

表 4-1-6　　　　　　　　　各朝向房间遮阳形式性能比较表

房间朝向		遮阳形式性能排序
南向	正南向	小百叶＞撑板＞大百叶＞综合遮阳＞卷帘＞水平遮阳
	南偏西 15°	小百叶＞撑板＞大百叶＞综合遮阳＞卷帘＞水平遮阳
	南偏东 15°	小百叶＞撑板＞大百叶＞综合遮阳＞卷帘＞水平遮阳
北向	正北向	小百叶＞撑板＞大百叶＞卷帘＞综合遮阳＞垂直遮阳＞水平遮阳
	北偏西 15°	小百叶＞撑板＞大百叶＞卷帘＞综合遮阳＞垂直遮阳＞水平遮阳
	北偏东 15°	撑板＞小百叶＞大百叶＞卷帘＞综合遮阳＞垂直遮阳＞水平遮阳
西向	正西向	撑板＞大百叶＞小百叶＞卷帘＞综合遮阳＞水平遮阳＞挡板
	西偏南 15°	撑板＞大百叶＞小百叶＞卷帘＞综合遮阳＞水平遮阳＞挡板
	西偏南 30°	撑板＞大百叶＞小百叶＞综合遮阳＞卷帘＞水平遮阳

（续表）

房间朝向		遮阳形式性能排序
西向	西偏南 45°	撑板＞大百叶＞小百叶＞综合遮阳＞卷帘＞水平遮阳
	西偏南 60°	小百叶＞撑板＞大百叶＞综合遮阳＞卷帘＞水平遮阳
	西偏北 15°	撑板＞大百叶＞小百叶＞卷帘＞综合遮阳＞水平遮阳＞挡板
	西偏北 30°	撑板＞大百叶＞小百叶＞卷帘＞综合遮阳＞水平遮阳
	西偏北 45°	撑板＞大百叶＞小百叶＞卷帘＞综合遮阳＞水平遮阳
	西偏北 60°	撑板＞小百叶＞大百叶＞卷帘＞综合遮阳＞水平遮阳
东向	正东向	撑板＞大百叶＞小百叶＞卷帘＞综合遮阳＞水平遮阳＞挡板
	东偏南 15°	撑板＞大百叶＞小百叶＞卷帘＞综合遮阳＞水平遮阳＞挡板
	东偏南 30°	撑板＞大百叶＞小百叶＞卷帘＞综合遮阳＞水平遮阳
	东偏南 45°	撑板＞小百叶＞大百叶＞综合遮阳＞卷帘＞水平遮阳
	东偏南 60°	小百叶＞撑板＞大百叶＞综合遮阳＞卷帘＞水平遮阳
	东偏北 15°	撑板＞大百叶＞小百叶＞卷帘＞综合遮阳＞水平遮阳＞挡板
	东偏北 30°	撑板＞大百叶＞小百叶＞卷帘＞综合遮阳＞水平遮阳
	东偏北 45°	撑板＞大百叶＞小百叶＞卷帘＞综合遮阳＞水平遮阳
	东偏北 60°	撑板＞小百叶＞大百叶＞卷帘＞综合遮阳＞水平遮阳

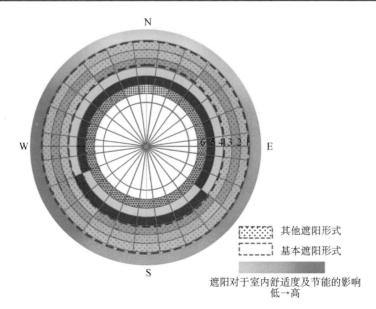

图 4-1-6　不同朝向遮阳形式分布及遮阳效果图谱

外遮阳构件对于每个房间的室内热舒适度情况和能耗的优化效果都不同，这与房间的朝向，具体户型是否存在自遮挡等因素都有关。但是优化幅度结果大致为：西向＞东向＞南向＞北向。但通过对于上海典型户型的分析，大部分情况东西向等不利朝向大概率设置厨卫等辅助空间，是人员在室率较低的房间，日常也并不需要空调制冷采暖，因而一般户型的南向房间仍是遮阳的重点区域。

（3）不同遮阳形式的可调优化策略

基于具体的典型户型案例，使用计算机编程、遍历算法对各种组合方式进行舒适度和能耗比较，可以得到各类遮阳形式的可调优化结果。数据显示，水平遮阳、垂直遮阳、综合遮阳除了关闭以外的另一档位最佳值越大越好，但还应根据材料、立面设计等相关条件结合考虑，而随着尺寸的增大，其边际效益降低。

最终根据具体案例的优化结果，总结得到各类遮阳形式优化的一般结果，如表 4-1-7 所示。

表 4-1-7　　　　　　　　各遮阳形式可调优化的一般结果

遮阳形式	调节档位	示意图（打开）	示意图（关闭）
小百叶	三档 关闭/ 20°/ 60°	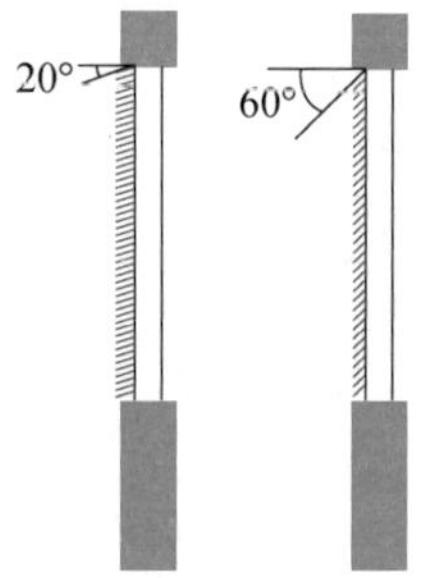 20° 60°	
大百叶	三档 关闭/ 80°/ 90°	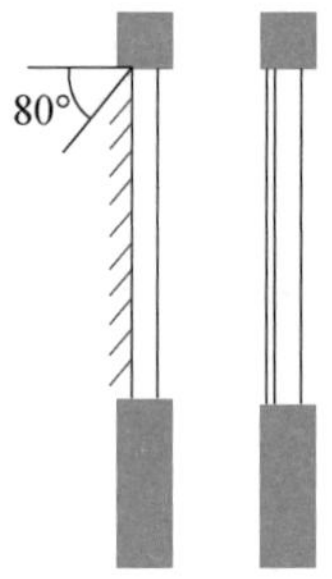 80°	

（续表）

遮阳形式	调节档位	示意图（打开）	示意图（关闭）
撑板	三档 关闭/ 80°/ 90°	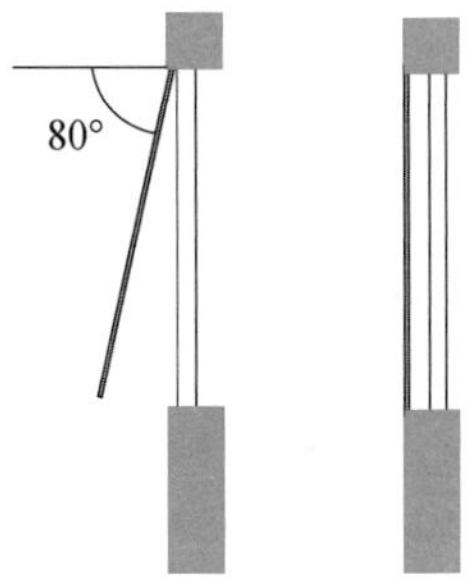	
水平遮阳	二档 关闭/ 1.2 m	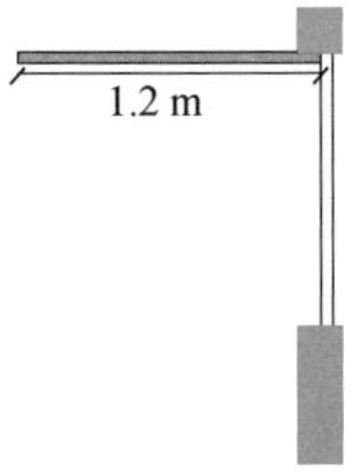	
垂直遮阳	二档 关闭/ 1 m	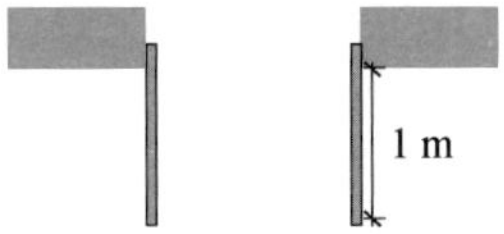	
综合遮阳	二档 关闭/ 1.2 m	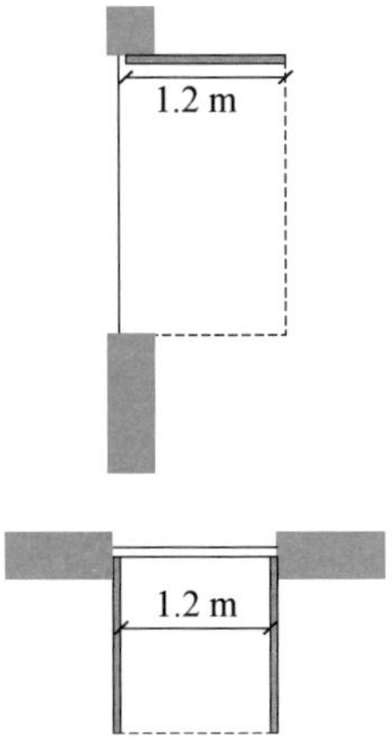	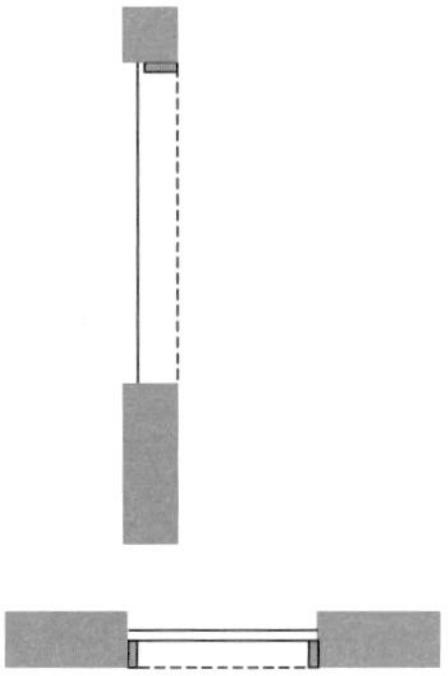

4.2　住宅中的立体绿化

　　夏热冬冷气候区夏季炎热、冬季潮湿寒冷,现有住宅建筑很难满足室内舒适度要求,导致住宅建筑夏季空调制冷和冬季采暖的总能耗较大。立体绿化作为提高建筑围护结构性能的节能措施,对住宅建筑节能起到重要作用。但国内立体绿化在住宅中使用较少,与住宅设计结合度不高。虽然在节能、降温和热工模型等方面有一定研究,但多集中在暖通工程、景观等领域,研究结果复杂难懂,较难直接指导建筑实践。在技术指导规范方面,很多国家已经形成了从技术、施工管理到政策法规的设计导则,而国内的标准、规范还停留在技术指导层面,缺乏对使用问题以及使用者意愿的综合评价,在设计初期阶段的指导性较差。针对以上问题,本节主要对在夏热冬冷气候区住宅中使用的立体绿化进行能耗研究,阐明不同类型立体绿化在住宅单体中的适用性,提出指导建筑师使用的立体绿化设计图谱、综合评价及建议,为建筑师在实践中是否选择使用该节能技术提供相关依据。

立体绿化在住宅建筑中使用对节约能耗具有正面效果,同时也伴随着如设计、管理、经济成本以及居民使用问题等负面影响,正面效果和负面影响之间的矛盾是本节的重点研究内容。节能效果方面,通过文献研究和实测调研,总结立体绿化设计过程中影响住宅能耗的因素,然后通过基于 Rhino 和 Grasshopper 平台的 Ladybug Tools 系列软件,进行模拟能耗,探索影响因素与住宅能耗之间的关联,从而总结出节能设计建议以及设计指导图谱。负面影响方面,主要通过案例调研、访谈和问卷调研的方法,归纳总结立体绿化的经济成本、使用问题以及居民使用意愿。最后将正面影响和负面影响进行综合分析,提出立体绿化在住宅中使用的综合评价建议。

1. 立体绿化和节能因素

（1）分类及构造方式

垂直绿化。垂直绿化系统根据建造、维护方式可以分为两大类:绿色立面和活墙。绿色立面可以分为直接立面绿化和间接立面绿化。直接立面绿化是一种传统的立面绿化做法,植物直接攀附于墙面之上,墙体直接作为支持(图 4-2-1)。间接立面绿化是指在植物层和外墙表面具有一定的空隙,由其他结构作为支撑,如钢丝、钢网或钢架等,植物可以直接种植在地面或者屋顶上(图 4-2-2)。和绿色立面相比,活墙垂直绿化的构造更为复杂,包括支撑结构、种植基质以及滴灌系统以及更为丰富多种的植物(图 4-2-3)。

屋顶绿化。"绿色屋顶是指以土壤(生长介质)和植被层作为最外表面的屋顶。生长介质和屋顶结构之间的结构各不相同,但通常包括排水层、根屏障和防水膜"[10]。典型的屋顶绿化构造由上到下主要包括以下构造层:植被层、种植基

图 4-2-1　直接立面绿化　　**图 4-2-2　间接立面绿化**　　**图 4-2-3　植物活墙**

质层、过滤层、排水或蓄水层、耐根穿刺防水层(图 4-2-4)。不同类型屋顶绿化对不同构造层次的设计提出了相应的设计要求。根据使用类型、构造要素和维护要求,通常屋顶绿化被分为拓展型屋顶绿化、半密集型屋顶绿化和密集型屋顶绿化,其维护难度、造价费用等详见表 4-2-1。

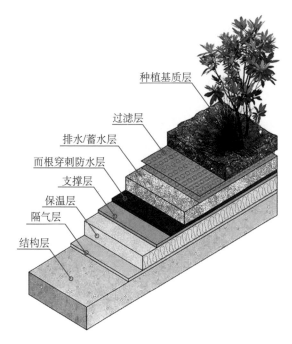

图 4-2-4　典型屋顶绿化的构造层次

图片来源:Sergio Vera, et al., 2018

表 4-2-1　　　　　　　　　　　　　屋顶绿化的分类

	拓展型屋顶绿化	半密集型屋顶绿化	密集型屋顶绿化
维护频率	低	定期	高
灌溉频率	低	定期	经常
植物群落	苔藓景天草本和禾本科植物	草本和灌木	草坪或多年生植物、灌木和乔木
屋顶绿化系统高度	60～200 mm	120～250 mm	150～400 mm
荷载	60～150 kg/m²	120～200 kg/m²	180～500 kg/m²
造价	低	中	高
用途	降温隔热	美观、降温隔热	公园式花园

数据来源：Isidoros Ziogou，2017。

（2）降温节能机制

活墙式垂直绿化的作用机制十分复杂。何洋（Yang He）等[13]建立的活墙模型，考虑了植物层、基质层、空气间层以及结构层的传热传湿和辐射等物理现象（图 4-2-5）。立面绿化由于没有基质层，其降温隔热的主要作用为遮阳。屋顶绿化的降温节能机制主要分为三个方面：植物层的蒸散作用、植物冠层的遮阳作用，以及基质层和植物层的保温隔热作用。其中绿色屋顶和普通屋顶的热工性能差别导致了二者能量传递的区别[11]（图 4-2-6）。

（3）节能相关要素

屋顶绿化和垂直绿化的降温节能是一个复杂的作用机制。建筑立面与绿色墙壁之间的空气腔中形成的微气候，起到热缓冲作用，通过调节环境空气温度和风速来减少通过建筑外围护结构的热通量。卡蒂娅·佩里尼（Katia Perini）等[12]发现有 20 cm 空气间层的垂直绿化系统的墙体比没有空气间层直接攀爬的垂直绿化系统墙体外表面最高温度降低了不到 1℃。何洋（Yang He）等[13]发现在上

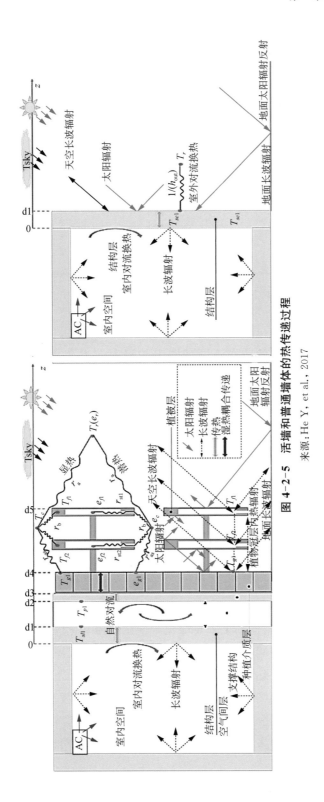

图 4-2-5 活墙和普通墙体的热传递过程

来源:He Y, et al., 2017

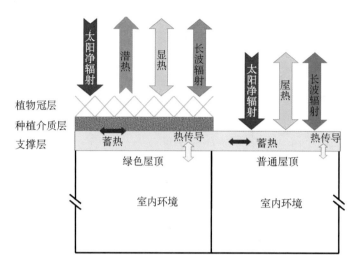

图 4-2-6　有无绿化的屋顶量交换示意图

来源：HE Y, et al.,2016

海地区,植物活墙的降温效应在不同朝向上的降温效果在夏天排序为西向＞东向＞南向＞北向,而在冬季排序为北向＞东向＞西向＞南向。麦弗逊(E.G. McPherson)等[14]的研究表明屋顶绿化对不同层数的能耗降低值有所不同。综上,对立体绿化节能效果影响较大的因素主要分为两个方面,即构造要素和布局要素。构造要素为垂直绿化的空气间层,布局要素为朝向、平面角度和高度。

2.立体绿化调研及分析

（1）使用特征

上海市目前记录在案的屋顶绿化和垂直绿化项目多为公共建筑,以政府办公楼、学校教学楼项目居多,住宅中使用立体绿化的项目非常少。通过网络收集上海市 65 个屋顶绿化和 49 个垂直绿化,共计 114 个立体绿化案例进行分析（表 4-2-2）,其中 87％为公共建筑,住宅建筑仅占 13％。住宅建筑中,87％使用了屋顶绿化,仅有 2 个项目使用了垂直绿化。使用屋顶绿化的住宅项目中,71％使用的屋顶绿化类型为花园式屋顶绿化,29％使用了草坪式屋顶绿化;垂直绿化均为直接绿色立面类型。除上述网络调研收集到的"自上而下",即在设计初期,物业统一实施的立体绿化案例外,还发现上海有较多居民自发进行的立体绿化案例,如利用平屋顶或阳台搭建棚架,自行种植植物,或利用窗外栏杆进行垂直绿化。居民自发的绿化有很多形式,除了种植花草,还会种菜,可以算是某种程度上的都市农业。

表 4-2-2　　　　　　　　　上海市立体绿化使用现状统计结果表

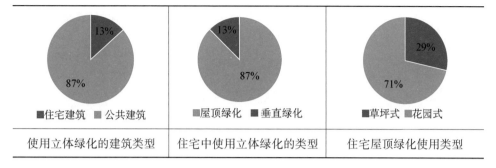

使用立体绿化的建筑类型	住宅中使用立体绿化的类型	住宅屋顶绿化使用类型

（2）使用问题

实际使用过程中，垂直绿化和屋顶绿化会带来较多负面影响，这些负面影响是阻碍其在实践中被广泛应用的重要因素。由于住宅建筑中使用立体绿化案例少，选择公共建筑中设计、植物长势较为良好的各类立体绿化案例作为典型案例（表 4-2-3）进行实地调研，总结归纳出上海地区立体绿化案例的使用问题主要有以下几个方面。

表 4-2-3　　　　　　　　　　　典型调研案例表

照片					
名称	同济科技园大楼	同济大学建筑设计研究院	同济大学外国语学院	同济大学行政楼	平型关路 400 号
类型	组合式屋顶绿化	花园式屋顶绿化	间接式垂直绿化	间接式垂直绿化	活墙式垂直绿化

设计不当。同济大学行政楼垂直绿化使用的植物为常绿植物油麻藤。油麻藤缠绕在钢架上，植物长势较好，十几年以来没有更换。但其长势茂盛，拉力较大，支撑构建承受不住拉力，有松动、脱落状况。此外，油麻藤夏季开花，植物气味难闻，使用者普遍反映不佳。同时，植物藤蔓伸入外窗和空调外机，导致外窗较难开启，甚至影响空调器正常使用。同济大学外国语学院的垂直绿化选用爬山虎，夏季南向种植的爬山虎由于较强的太阳辐射，较高楼层的爬山虎长势不好，部分存在被晒死的现象。设计初期设置的滴灌系统，由于爬山虎根系扎破滴灌系统水管，导致滴灌系统废弃。平型关路 400 号使用的模块式墙面绿化东侧墙面由于受潮导致外墙涂料脱落（表 4-2-4）。

表 4-2-4　　　　　　　　　　　　立体绿化设计问题表

废弃的滴灌系统	顶楼长势较差的爬山虎	脱落的外墙表面

成本、维护费用较高。据市场调查,活墙式垂直绿化的建造成本最大,根据不同植物类型和构造方式有所区别,每平方米的造价费用在 800～2 000 元。其维护费用也较高,每平方米为 20 元/年。间接式立面绿化的造价费用次之,直接攀爬式立面绿化的造价费用最低。假设一栋 8 层楼高,建筑长宽比为 2∶1 的一梯两户住宅西墙面全部使用活墙式垂直绿化,平均每户人家需要多承担 1.2 万～3 万元购房费用,而在之后的物业管理中,每户人家每年需要多花 300 元物业管理费用来维护垂直绿化。如果使用其他两种墙面绿化,购房和物业管理费用相对较低。不同种类屋顶绿化的造价和养护成本均有所不同。万静对上海市屋顶绿化的造价成本进行了调研:草坪式屋顶绿化的造价费用最低,每平方米 50～60 元/年,组合式次之,为 150 元/m²,花园式屋顶绿化的造价费用最高,为每平方米 200～300 元[20]。同济大学建筑设计研究院屋顶花园的维护费用为 10 元/m²/年,较为精细的屋顶花园维护费用约为 20 元/m²/年。假设上述相同的 8 层住宅使用屋顶绿化,使用草坪式屋顶绿化平均每户需要多增加 600～800 元购房费用,组合式 2 000 元,花园式 2 500～4 000 元。在物业管理费用上,需要增加 125～250 元/年。

后期维护难。为了维护良好的植物生长状态,需人工定期对植物进行修剪和替换。同济大学行政楼的垂直绿化修剪较为麻烦,工人需进入每间办公室进行修剪,修剪难度高且危险度大。同济大学建筑设计研究院的花园式屋顶绿化中,乔木的更替十分困难,树木高大不能使用电梯运送到屋顶,需使用吊车。若在住宅中使用,设计阶段应考虑后期植物的维护可能遇到的问题。

缺乏管理条例。上海市公共建筑使用屋顶绿化较为常见,按照绿色建筑要求,屋顶绿化面积应达到屋顶可绿化面积的 30%。《上海市绿化条例》第十七条对屋顶绿化进行了规定:上海市新建公共建筑以及改建、扩建中心城内既有公共建筑的,应当对高度不超过 50 m 的平屋顶实施屋顶绿化。垂直绿化方面,因没有政府文件的强制要求,选择进行垂直绿化的项目较少。《绿色建筑评价标准》要求使用垂直绿化的面积应达到垂直面积的 10％。在住区进行屋顶绿化和垂直绿化的项目非常少,《绿色建筑评价标准》中对于屋顶绿化和垂直绿化的要求也只针对于公共建筑。因此,在没有强制条例规定的情况下,多数住区选择不进行屋顶绿化和垂直绿化。

（3）居民使用意愿调查及分析

居民对使用立体绿化的意愿和顾虑是影响立体绿化推广的重要因素之一。解决居民担心的问题,消除居民使用顾虑是立体绿化在住宅建筑中推广使用的前提条件。对上海地区居民在住宅中使用立体绿化的意愿进行调研,结合居民的住宅使用习惯,分析归纳居民使用垂直绿化、屋顶绿化和阳台绿化的意愿、住宅中使用居民担心的问题,以及愿意承担的费用。调研分为线下走访和线上发放两种形式,其中线下获得有效问卷 74 份,主要受访者为 40～60 岁以及 60 岁以上人群,线上获得有效问卷为 243 份,共计 317 份。问卷在调研阶段对样本人群所在地进行筛选,有效样本全部来源于上海地区,覆盖各个年龄阶段和收入阶层。

问卷调研的结果显示(表 4-2-5),居民对三种不同类型立体绿化的使用意愿大小排序为:阳台绿化(56.65％)＞屋顶绿化(54.57％)＞垂直绿化(44.48％)。居民对不同类型屋顶绿化的使用意愿排序为:组合式屋顶绿化(44.19％)＞花园式屋顶绿化(34.88％)＞草坪式屋顶绿化(20.93％)。居民对不同类型垂直绿化的使用意愿排序相差不大:间接式立面绿化(33.81％)＞直接式立面绿化(33.09％)＝活墙式垂直绿化(33.09％),年收入较高的家庭对活墙式垂直绿化的接受度更高。居民认为夏季不开空调最热的房间朝向排序为:南向(45.93％)＞西向(28.15％)＞北向(19.26％)＞东向(6.67％)。

表 4-2-5　　　　　　　　　　　问卷调研结果统计表

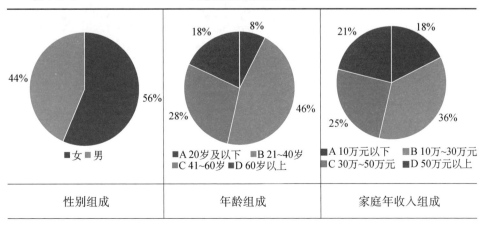

| 性别组成 | 年龄组成 | 家庭年收入组成 |

（续表）

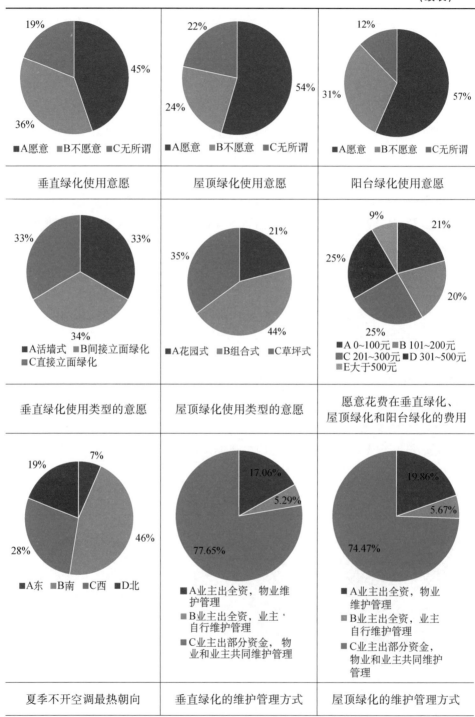

垂直绿化使用意愿	屋顶绿化使用意愿	阳台绿化使用意愿
垂直绿化使用类型的意愿	屋顶绿化使用类型的意愿	愿意花费在垂直绿化、屋顶绿化和阳台绿化的费用
夏季不开空调最热朝向	垂直绿化的维护管理方式	屋顶绿化的维护管理方式

（续表）

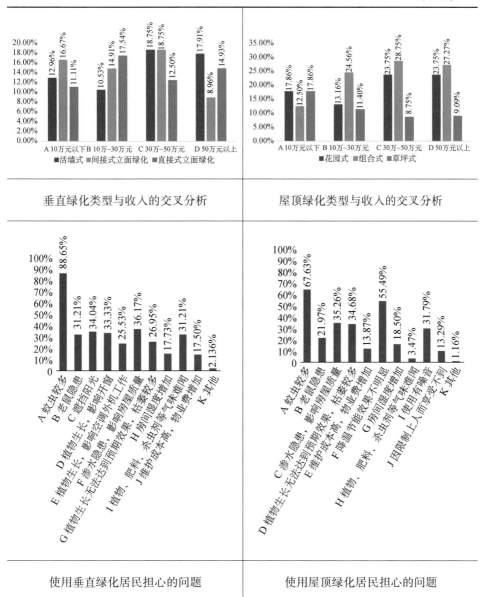

| 垂直绿化类型与收入的交叉分析 | 屋顶绿化类型与收入的交叉分析 |
| 使用垂直绿化居民担心的问题 | 使用屋顶绿化居民担心的问题 |

使用立体绿化，居民最担心的问题主要为卫生问题（如蚊虫等）、技术问题（如渗水隐患、植物生长较差）和经济问题（维护成本增加带来的管理费用）。超过一半的居民愿意每年花费 200～500 元在垂直绿化的维护和管理上。更多居民愿意和物业一起参与立体绿化的维护和管理工作，增加屋顶绿化和垂直绿化的多样性，业主也愿意积极参与维护管理。

3. 影响因素与住宅能耗之间的关联模拟

（1）模拟软件与模拟方法

1）模拟软件

使用基于 Rhino 和 Grasshopper 平台的 Ladybug Tools 系列软件能耗模拟插件，对与立体绿化能耗相关的构造要素和布局要素进行模拟分析。Honeybee 模块可以通过不同的能耗模型建模方法，实现对不同高度、朝向的墙体、屋顶的构造参数设置，电池组设计如图 4-2-7。模型边界条件的参数设计来源上海市《居住建筑节能设计标准》，具体参数设置详见表 4-2-6。模拟完成后，读取制冷采暖能耗数据。分析指标为立体绿化的单位面积节能效率[①]。

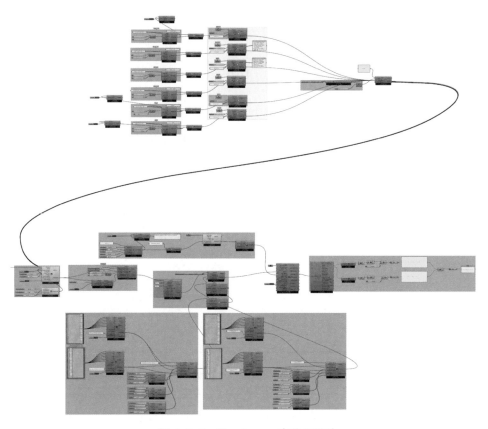

图 4-2-7 Grasshopper 电池组设计

---

① 节能效率＝（未使用立体绿化的单位面积能耗－使用立体绿化的单位面积能耗）/未使用立体绿化的单位面积能耗。

表 4-2-6 能耗边界条件设置统计表

未使用垂直绿化时的围护结构设计参数	外墙传热系数 1.0 W/(m² · K)　屋面传热系数 0.8 W/(m² · K)分户墙及楼板传热系数 2.0 W/(m² · K)		
窗墙比	南向 0.5,北向 0.35,东西向 0.25		
空调设计参数	周期	采暖计算期:12 月 1 日—次年 2 月 28 日制冷计算器:6 月 15 日—8 月 31 日	
	室内计算温度	冬季全天 18℃　夏季全天 26℃	
	换气次数	采暖和空调期 1.0 次/h	
	能效比	供冷额定能效比 3.1　供热额定能效比 2.5	
人员活动时间表	Honeybee 软件内置住宅人员活动时间表		
人员密度	0.04 p/m²		
住宅照明功率密度值	5.0 W/m²		
设备功率密度	5.0 W/m²		
气象数据来源	上海市中国标准气象数据 CHN_SH_Shanghai.583620_CSWD.epw		

2）软件验证

选择同济大学行政楼的冬夏两季实测与软件模拟数据对比分析,以验证软件的可靠性(图 4-2-8、图 4-2-9)。结果表明(表 4-2-7),模拟与实测结果的变化趋势相似,北侧和东侧拟合度均较高;西侧夏季模拟值高于实测值,冬季模拟值低于实测值。主要原因为模拟将外墙垂直绿化简化为外遮阳,忽略了植物层传热对外墙热阻值的影响。但模拟的夏季降温作用更明显,冬季保温作用更差,全年总能

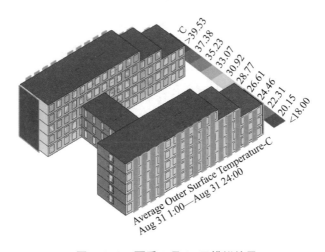

图 4-2-8　夏季 8 月 31 日模拟结果

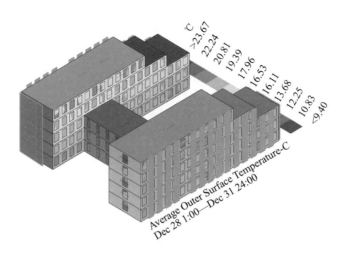

图 4-2-9　冬季 12 月 28 日模拟结果

耗相对可以保持平衡。由此验证使用基于 Rhino 平台的 Ladybug Tools 系列软件的能耗模拟具有可靠性，且较为准确。

表 4-2-7　　　　　　同济大学行政楼冬夏两季实测与软件模拟对比

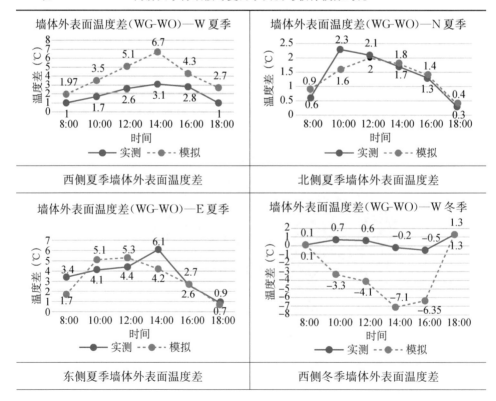

（续表）

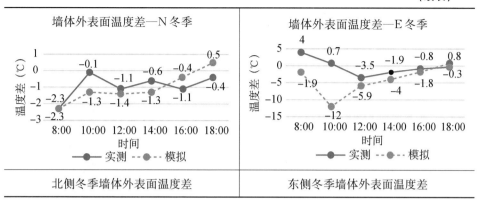

| 北侧冬季墙体外表面温度差 | 东侧冬季墙体外表面温度差 |

（2）垂直绿化影响因素与能耗

1）模拟思路与参数设置

实验采用建筑长宽比为 2∶1,28 m×14 m,层高 3 m,共 8 层的正南北向建筑单体作为理想模型进行实验。将活墙式垂直绿化的作用简化为附加等效热阻。模拟选用何洋(Yang He)等[13]测得的上海地区冬夏两季的植物活墙额外等效热阻(冬:9.16 m² · K/W,夏:0.97 m² · K/W)进行模拟,先模拟其在不同朝向上使用的单位面积节能效率,然后再模拟其节能效率与窗墙比、平面角度及高度的关系,最后对结果分析,得出活墙垂直绿化的指导设计图谱,工作路径和选用的垂直绿化构造见表 4-2-8。将间接式立面绿化简化为遮阳进行研究,使用 Grasshopper 中

表 4-2-8　　　　　　　　　　垂直绿化模拟构造选择及研究路径

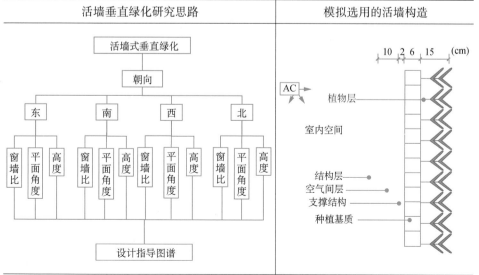

（续表）

间接式立面绿化的研究路径	模拟选用的间接式立面绿化

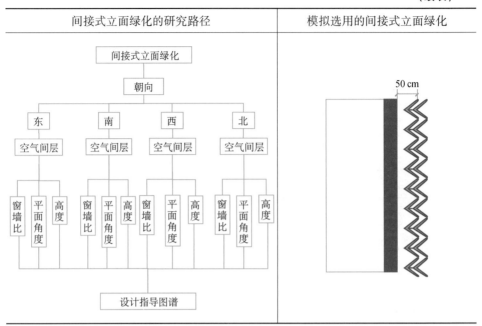

的 Honeybee Context 电池可以设置模拟建筑模型的外遮阳（图 4-2-10），植物层的参数设计见表 4-2-9。构造要素方面对间接式立面绿化距离墙体表面的距离，即空气间层的厚度进行研究。选择特定构造的间接式立面绿化对其在四个朝向上进行模拟，然后分别研究在不同朝向上空气间层厚度与能耗的关系，最后选择固定间层厚度继续进行有关窗墙比、平面角度、高度与能耗的关联研究。

表 4-2-9　　　　　　　　　　　植物参数设置

参数	叶片反射率	叶片透射率	叶片发射率	植物层厚度	植物层导热系数
数值	0.22	0.30	0.95	5cm	0.15

数据来源：HE Y, et al., 2016。

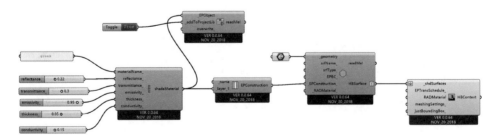

图 4-2-10　间接式立面绿化的电池组设计

2）活墙式模拟结果分析及设计指导图谱

与朝向的模拟结果（表 4-2-10）表明，在夏季和冬季，使用活墙垂直绿化可以降低建筑制冷和采暖能耗，可降低制冷采暖总能耗 2.384%～3.108%，不同朝向可降低能耗的排序为：东向＞西向＞北向＞南向。

表 4-2-10　　　　　　　　　朝向与节能效率的关系及设计指导图谱

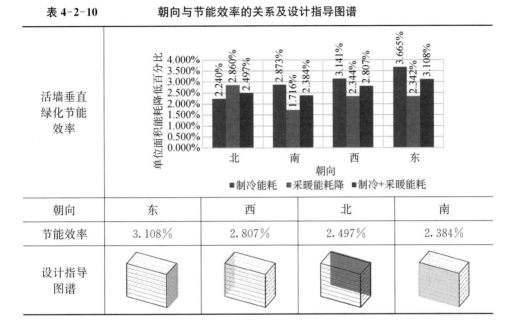

朝向	东	西	北	南
节能效率	3.108%	2.807%	2.497%	2.384%
设计指导图谱				

窗墙比的模拟结果（表 4-2-11）表明，东侧开窗面积较小的情况下，使用活墙垂直绿化节能效率最高。当窗墙比超过 0.1 时，其对垂直绿化单位面积起到的制冷和采暖作用的影响不大。窗墙比的变化对节能效率的影响大小区间在 0.402%～2.302% 之间，窗墙比对不同朝向的影响大小排序为：南向（2.302%）＞北向（1.06%）＞东向（0.765%）＞西向（0.402%）。综上应优先推荐在东向窗墙比为 0～0.1 的情况下使用活墙式垂直绿化，在南北向使用时应考虑窗墙比增加对节能效率的影响。设计指导图谱见表 4-2-12。

与平面角度的模拟结果（表 4-2-13）表明，平面角度对节能效率的影响大小区间在 0.095%～0.953% 之间。平面角度对不同朝向的影响大小排序为：南向（0.953%）＞东向（0.478%）＞北向（0.509%）＞西向（0.095%）。在不同朝向上使用活墙垂直绿化时，平面角度对其节能效率都有较为显著的影响。在东向使用时最优平面布局为正南北布局，西向为南偏东 15°，南为南偏西 45°，北向为南偏西 45°。在不同平面角度上使用活墙式垂直绿化的设计指导图谱见表 4-2-14。

表 4-2-11　　　　　　　　　　窗墙比能耗模拟结果统计表

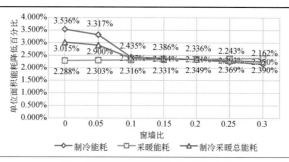

东向使用活墙垂直绿化的节能效率

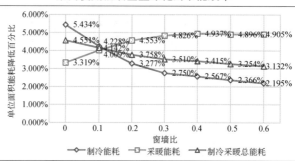

南向使用活墙垂直绿化的节能效率

西向使用活墙垂直绿化的节能效率

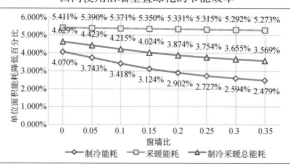

北向使用活墙垂直绿化的节能效率

表 4-2-12　　　　　　　　　　活墙式垂直绿化窗墙比设计指导图谱

窗墙比	0～0.05	0.05～0.1	0.1～0.2	0.2～0.3
东				
节能效率变化趋势				

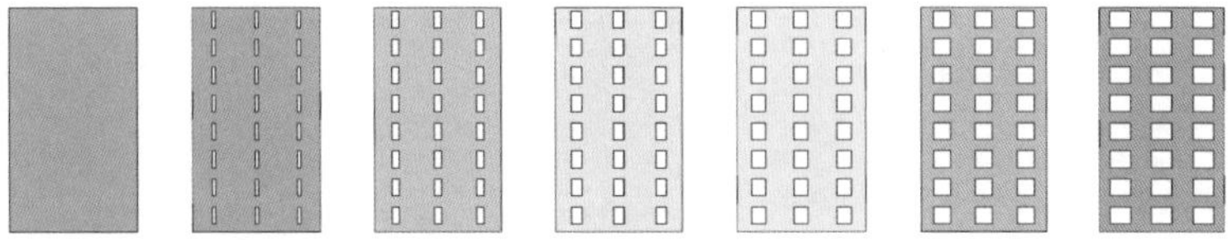

窗墙比	0～0.2	0.2～0.4	0.4～0.6
南			
节能效率变化趋势			

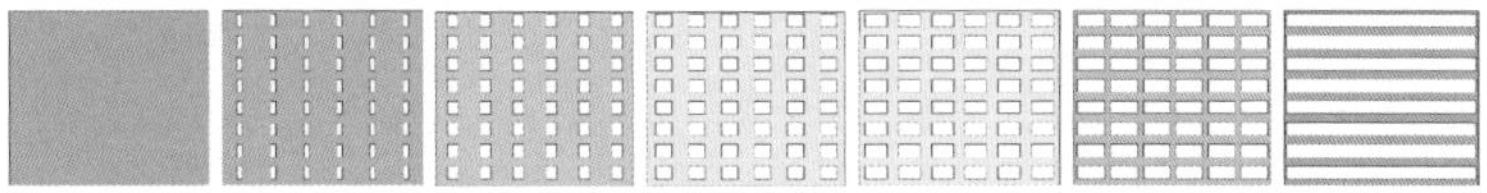

窗墙比	0～0.05	0.05～0.2	0.2～0.3
西			
节能效率变化趋势			

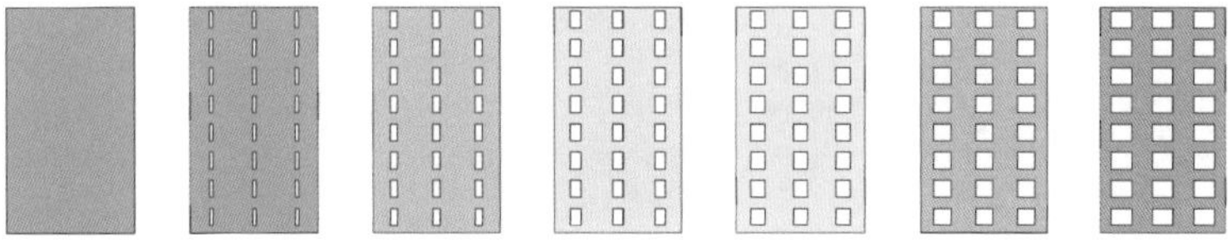

窗墙比	0～0.15	0.15～0.25	0.25～0.35
北			
节能效率变化趋势			

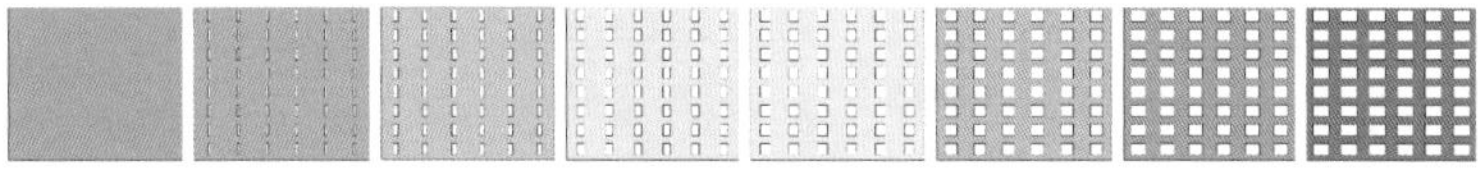

表 4-2-13　　　　　　　　　　平面角度能耗模拟统计表

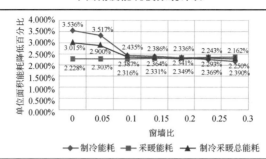

东向使用活墙垂直绿化的节能效率

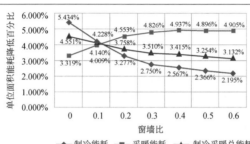

南向使用活墙垂直绿化的节能效率

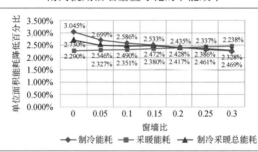

西向使用活墙垂直绿化的节能效率

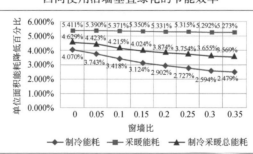

北向使用活墙垂直绿化的节能效率

表 4-2-14　　　　　　　　活墙式垂直绿化平面角度设计指导图谱

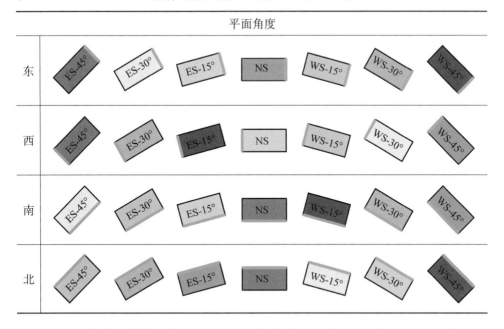

与高度的模拟结果(表 4-2-15)表明,高度对不同朝向的活墙式垂直绿化节能效率影响不大,影响大小区间在 0.059%~0.075% 之间。不论朝向如何,使用活墙垂直绿化对制冷采暖总能耗的影响效果都呈现相同的趋势:在 1 层使用垂直绿化的节能效率显著高于其他楼层,在 2~8 层呈现下降的趋势。随着楼层的增加,节能效率相差不大,在顶层使用时节能效率最低。因此建议不论朝向,应尽量在一层使用活墙式垂直绿化。在不同高度上使用的设计指导图谱见表 4-2-16。

表 4-2-15　　　　　　　　　高度能耗模拟统计表

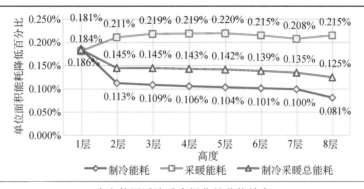

东向使用活墙垂直绿化的节能效率

（续表）

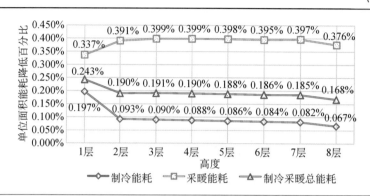

南向使用活墙垂直绿化的节能效率

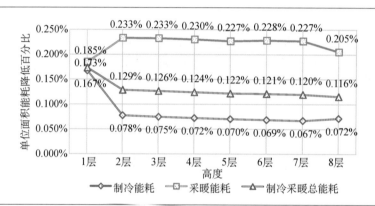

西向使用活墙垂直绿化的节能效率

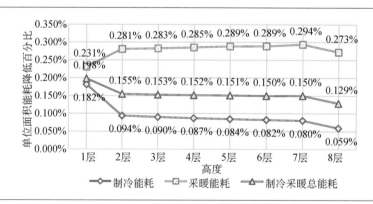

北向使用活墙垂直绿化的节能效率

表 4-2-16　　　　　　　　　活墙式垂直绿化高度设计指导图谱

高度			
楼层	1～2 层	2～7 层	7～8 层
东/西/南/北			
变化趋势			

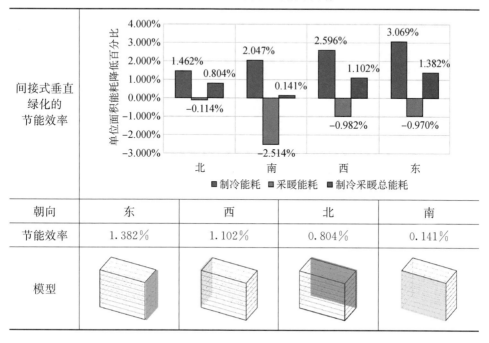

3）间接式模拟结果分析及设计指导图谱

与朝向的模拟结果（表 4-2-17）表明，在制冷采暖总能耗方面，使用间接式立面绿化可降低制冷采暖总能耗 0.141％～1.382％，不同朝向可降低能耗的排序为：东向（1.382％）＞西向（1.102％）＞北向（0.804％）＞南向（0.141％）。

表 4-2-17　　　　　　　　　间接式立面绿化朝向设计指导图谱

间接式垂直绿化的节能效率			
朝向	东	西	北	南
节能效率	1.382％	1.102％	0.804％	0.141％
模型			

空气间层会影响垂直绿化的降温和节能作用。实验设置 40 个实验组，分别为在东、南、西、北四个方向上，每隔 0.1 m 设置一个实验组如图 4-2-11。对照组

分别为四个朝向上没有使用垂直绿化的建筑。模拟结果（表 4-2-18）表明，增加空气间层的厚度会降低对全年总能耗的节能效率，但是该效率降低的百分比只在0.1%范围内，对节能效率的影响不大。

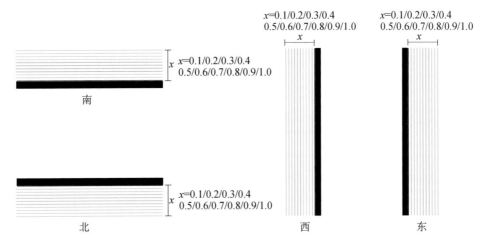

图 4-2-11　不同空气间层能耗模型设定

与窗墙比的模拟结果（表 4-2-19）表明，不论朝向如何，使用间接式垂直绿化对全年的制冷采暖总能耗的节能效率随窗墙比的增加而逐渐增加。不同朝向情况下窗墙比对节能效率的影响大小排序为：西向（8.193%）＞北向（4.114%）＞南向（3.497%）＞东向（2.995%）。在不同窗墙比情况下使用的设计指导图谱见表 4-2-20。

表 4-2-18　　　　　　　　　　　空气间层厚度能耗模拟统计表

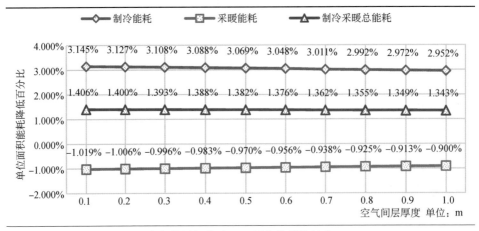

东向使用间接式立面绿化的节能效率

（续表）

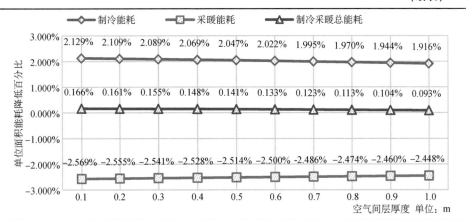

南向使用间接式立面绿化的节能效率

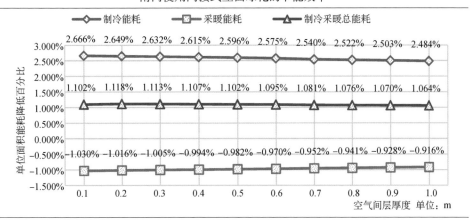

西向使用间接式立面绿化的节能效率

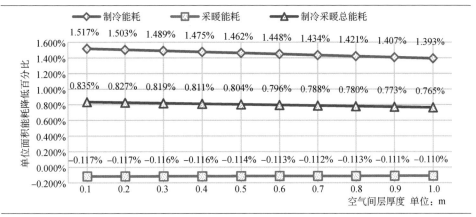

北向使用间接式立面绿化的节能效率

表 4-2-19　　　　　　　　**窗墙比能耗模拟统计表**

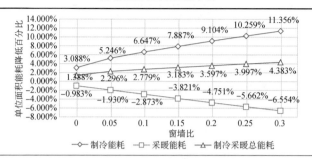

东向使用间接式立面绿化的节能效率

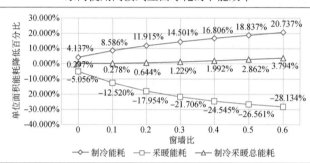

南向使用间接式立面绿化的节能效率

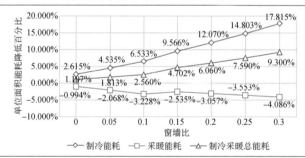

西向使用间接式立面绿化的节能效率

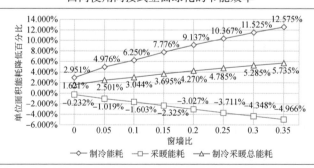

北向使用间接式立面绿化的节能效率

表 4-2-20 间接式立面绿化窗墙比设计指导图谱

窗墙比			
窗墙比	0～0.1	0.1～0.2	0.2～0.3
东	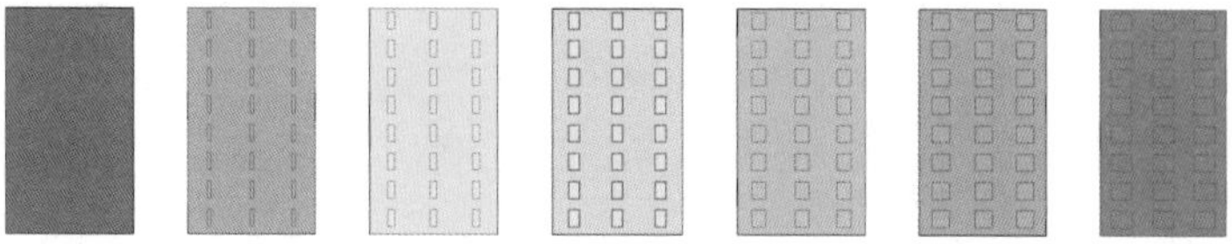		
节能效率 变化趋势			
窗墙比	0～0.2	0.2～0.4	0.4～0.6
南	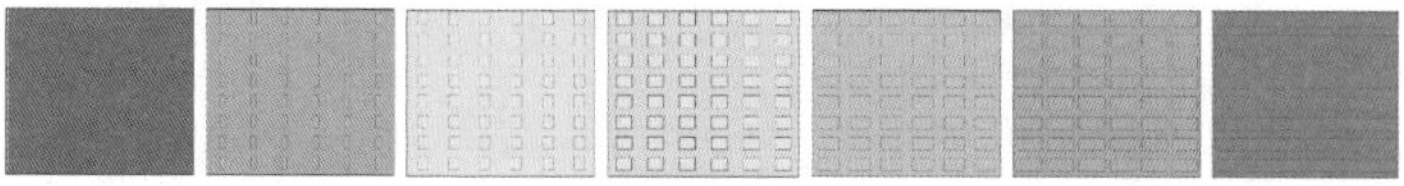		
节能效率 变化趋势			
窗墙比	0～0.1	0.1～0.2	0.2～0.3
西	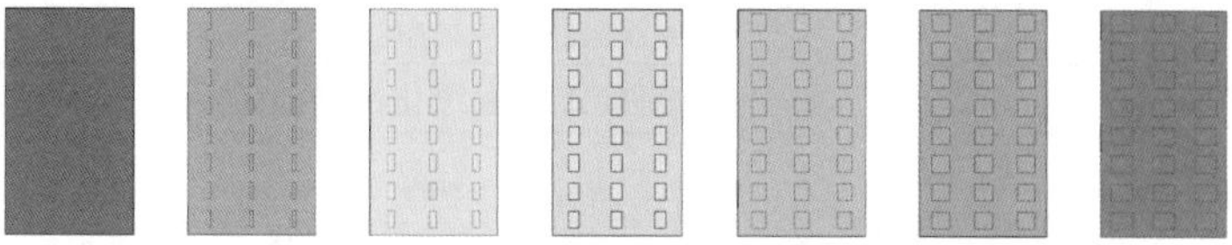		
节能效率 变化趋势	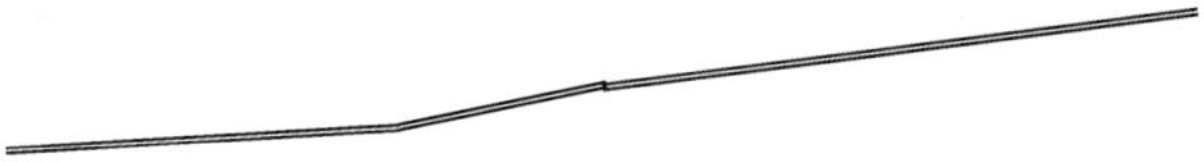		
窗墙比	0～0.15	0.15～0.25	0.25～0.35
北	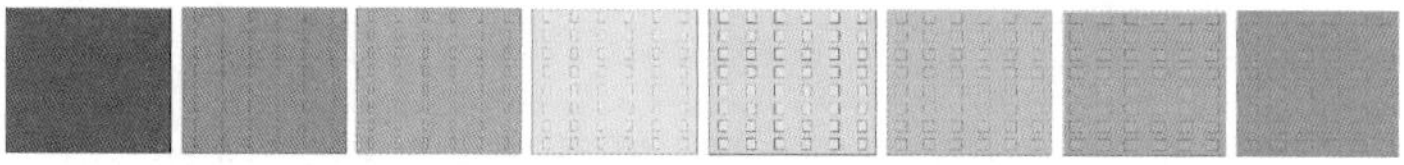		
节能效率 变化趋势			

与平面角度的模拟结果(表 4-2-21)表明,在不同朝向上使用间接式立面绿化时,平面角度对其节能效率都有较为显著的影响。平面角度对节能效率的影响大小区间在 1.197%～3.023% 之间。平面角度对不同朝向的影响大小排序为:南向(3.023%)＞北向(2.638%)＞西向(1.908%)＞东向(1.197%)。在东向使用时最优平面布局为正南北布局,在西向使用时最优平面布局为南偏西 45°,南向为南偏东 45°,北向为南偏东 45°。在不同平面角度上使用的设计指导图谱见表 4-2-22。

表 4-2-21 　　　　　　　　　　　平面角度能耗模拟统计表

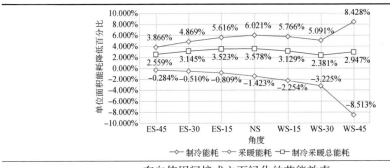

东向使用间接式立面绿化的节能效率

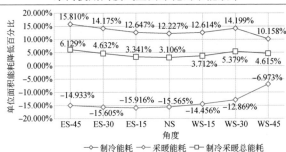

南向使用间接式立面绿化的节能效率

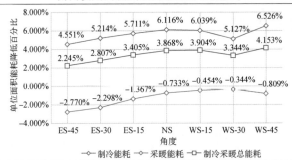

西向使用间接式立面绿化的节能效率

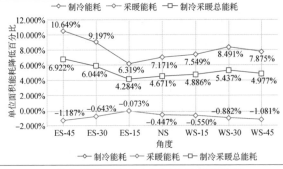

北向使用间接式立面绿化的节能效率

表 4-2-22　　　　　　　　间接式立面绿化平面角度设计指导图谱

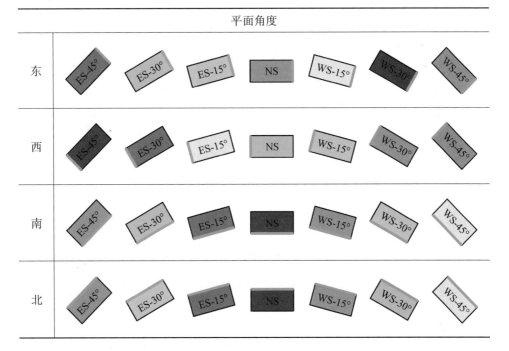

与高度的模拟结果(表 4-2-23)表明,高度对不同朝向的间接式立面绿化节能效率影响不大,影响大小区间在 0.096％～0.126％ 之间。东、南和北向使用时,在 8 层使用节能效率最低,1 层次之,不建议在 1 层和顶层使用间接式立面绿化。其他情况下,在不同楼层使用的差别不大。在不同高度上使用的设计指导图谱见表 4-2-24。

表 4-2-23　　　　　　　　　高度能耗模拟统计表

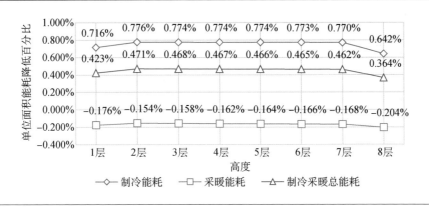

东向使用间接式立面绿化的节能效率

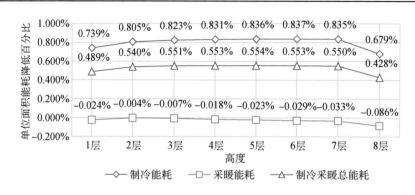

南向使用间接式立面绿化的节能效率

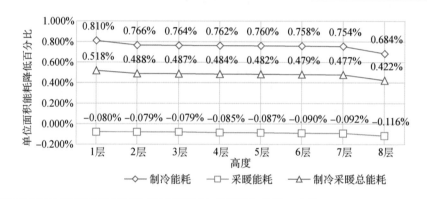

西向使用间接式立面绿化的节能效率

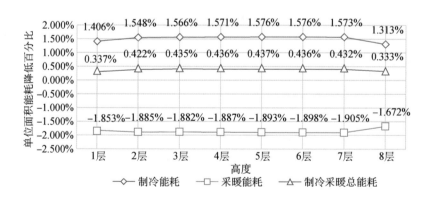

北向使用间接式立面绿化的节能效率

表 4-2-24　　　　　　　　　间接式立面绿化高度设计指导图谱

高度			
楼层	1～2 层	2～7 层	7～8 层
西	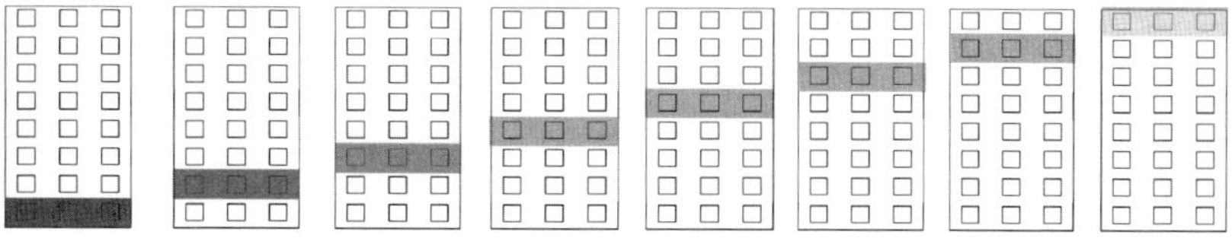		
变化趋势			
楼层	1～2 层	2～7 层	7～8 层
东	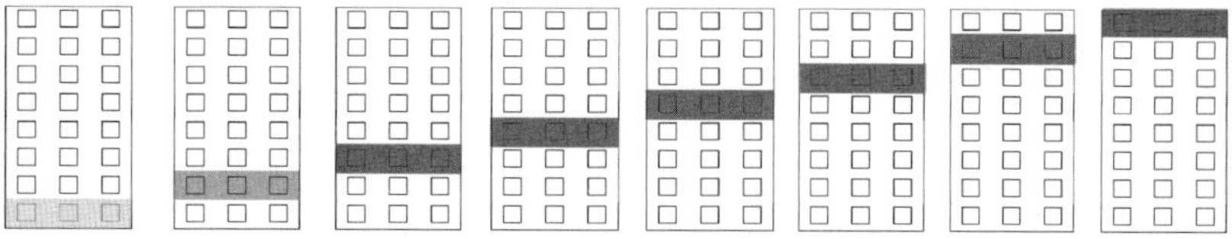		
南	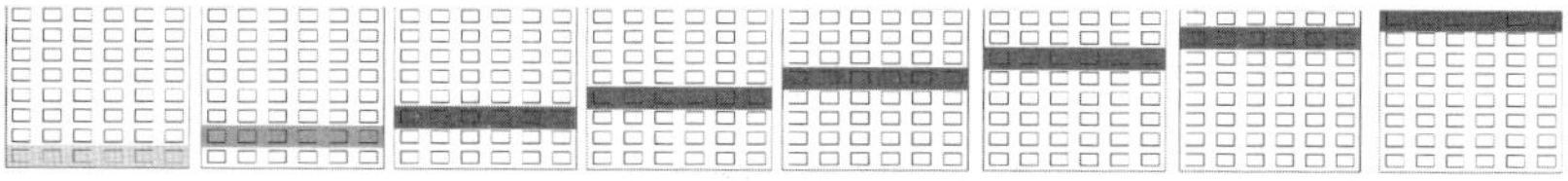		
北	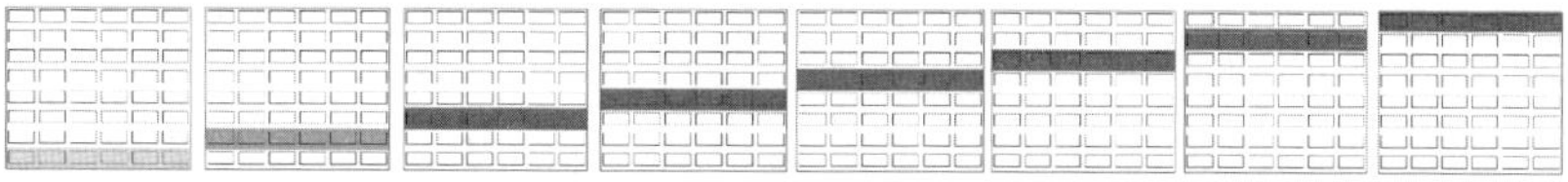		
变化趋势			

（3）屋顶绿化与住宅能耗模拟

1）模拟思路与参数设置

对拓展型、半密集型和密集型三种不同类型的屋顶绿化进行模拟研究，计算不同类型的节能效率。由于屋顶绿化的使用高度范围较为广泛，因而将能耗模拟模型的范围拓展到高层住宅中，探索不同高度住宅屋顶绿化的节能效率。本实验采用的建筑理想模型与上文垂直绿化相同，为长宽比为 2∶1 的一梯两户 8 层楼高的住宅作为理想模型，实验组和对照组的设置见表 4-2-25。表 4-2-26 为不同的附加层屋顶绿化参数。

表 4-2-25　　　　　　　　　　　物理模型的设定

屋顶绿化类型	实验组			对照组
	拓展型	半密集型	密集型	无
模型				
屋顶绿化面积（m²）	392			0
标准层面积（m²）	392			
长宽比	2∶1			
层数（层）	8			
层高（m）	3			

表 4-2-26　　　　　　　　三种不同类型的屋顶绿化的参数设置

屋顶绿化类型	植被层附加热阻 R（m²·K/W）		种植基质层厚度（m）	种植材料湿密度 ρ（kg/m³）	种植材料导热系数 λ[W/(m·K)]		比热容 C[kJ/(kg·K)]	排（蓄）水层热阻 R
	夏	冬			夏	冬		
草坪式	0.4	0.1	0.1	750	0.51	0.61	1.01	0.1
组合式	0.5	0.1	0.3	750	0.51	0.61	1.01	0.1
花园式	0.4	0.1	1	750	0.51	0.61	1.01	0.1

2）模拟结果分析及设计指导图谱

模拟结果（表 4-2-27）表明，使用屋顶绿化可以有效地降低冬季采暖能耗、制冷能耗和制冷采暖总能耗，对冬季采暖能耗的降低效果更明显。不同种类的屋顶绿化的节能效率在 8 层理想模型中的排序为密集型（7.497%）＞半密集型（4.464%）＞拓展型（2.676%）。楼层越低，使用屋顶绿化的节能效果更明显。随着楼层的增加，屋顶绿化的节能效率总体上呈现下降的趋势，不论屋顶绿化类型如何，在楼层从 4 层增加到 16 层时，其降温节能效率下降较为显著，当楼层高于

16层时,其节能效率下降逐步减弱,趋于平缓,不同类型屋顶绿化的节能效率趋向值为:拓展型2.3%、半密集型3.8%、密集型6.8%。在不同高度上使用的设计指导图谱见表4-2-28。

表 4-2-27　　　　　　　　　　　屋顶绿化能耗模拟统计表

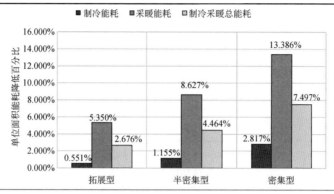

不同类型屋顶绿化的节能效率

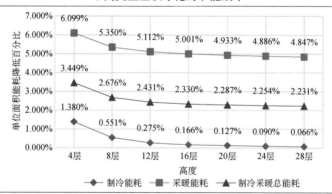

拓展式节能效率和高度的关系

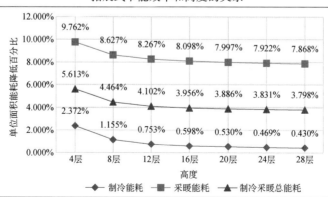

半密集型节能效率和高度的关系

（续表）

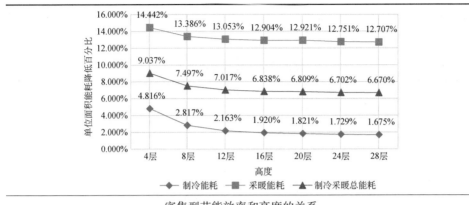

密集型节能效率和高度的关系

表 4-2-28　　　　　　　　　屋顶绿化设计建议图谱

类型	拓展型	半密集型	密集型
节能效率(8层)	2.676％	4.464％	7.497％

高度		
楼层	4～16层	16～28层

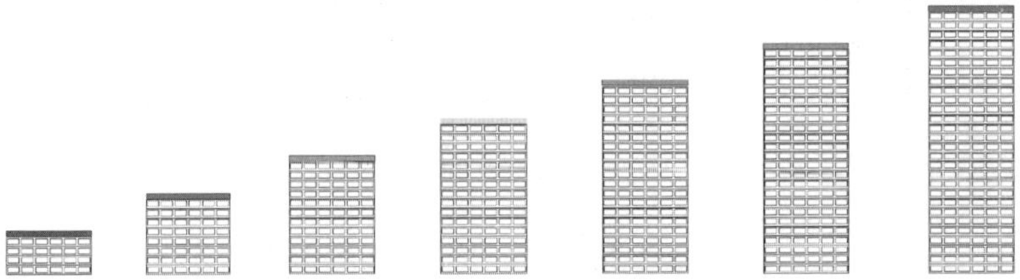

变化趋势	

4. 立体绿化设计建议

（1）节能设计建议

在垂直绿化方面，使用活墙垂直绿化可降低制冷采暖总能耗 2.384％～3.108％，间接式立面绿化可降低制冷采暖总能耗 0.141％～1.382％。朝向要素是影响垂直绿化最重要的因素，活墙式垂直绿化和间接式立面绿化在不同朝向上使用的节能效率排序为：东向＞西向＞北向＞南向。优先推荐在东向使用垂直绿化。窗墙比、平面角度、高度和空气间层大小对立体绿化节能效率均有一定的影响,以上因素的影响大小排序为:窗墙比>平面角度>高度>空气间层厚度。

活墙式垂直绿化的设计建议为:优先推荐在东向使用活墙垂直绿化,在东向窗墙比为 0～0.1 的情况时使用活墙式垂直绿化节能效果最好。南北向使用时,应考虑窗墙比增加对节能效率的影响。在不同朝向上使用活墙垂直绿化时,平面角度对其节能效率都有较为显著的影响。东向使用时,最优平面为正南北布局,西向为南偏东 15°,南向为南偏西 45°,北向为南偏西 45°。建议不论朝向,应尽量在一层使用活墙式垂直绿化。

间接式垂直绿化的设计建议为:增加空气间层厚度会降低全年总能耗的节能效率,但该效率降低的百分比在 0.1% 范围内,对节能效率影响不大。东向使用时最优平面为正南北布局,西向为南偏西 45°,南向为南偏东 45°,北向为南偏东 45°。在东、南和北向使用间接式立面绿化时,在 8 层使用节能效率最低,1 层次之,不建议在 1 层和顶楼使用间接式立面绿化。其他情况下,不同楼层使用的差别不大。

在屋顶绿化方面,屋顶绿化的节能效率排序为:密集型(7.497%)>半密集型(4.464%)>拓展型(2.676%)。楼层越低,使用屋顶绿化的节能效果越好。4—16 层住宅中,节能效率随高度的增加下降速度较快,在 16—28 层变化时,高度对节能效率的影响不大。因此建议在 4—16 层的住宅建筑中优先使用屋顶绿化。

(2) 综合评价建议

在住宅中使用立体绿化,会对住宅能耗起到正面效应,但同时会带来成本和维护费用增加,以及管理及卫生等方面的问题。正面效果和负面影响之间的矛盾点,以及居民使用立体绿化的意愿共同成为其在夏热冬冷地区住宅建筑中推广的重要因素。对居民意愿、经济成本、节能效果以及使用问题进行综合评价(图 4-2-12)。建议在夏热冬冷住宅建筑中优先推广使用屋顶绿化,根据居民意愿,最推荐使用的是半密集型和密集型屋顶绿化。使用时应该注意屋顶的防水设计,避免渗漏隐患。设计中应多考虑居民共同参与建设围护屋顶花园的意愿,增加屋顶绿化的形式,完善管理制度、维护管理机制和政策奖励,使得屋顶绿化在实际使用中能有效地发挥其节能作用。

夏热冬冷地区,垂直绿化的节能效率不如屋顶绿化,居民对其使用意愿一般,担心出现的问题较多。较难推广主要因为缺少优秀的设计实践和良好的技术支撑。如何更好地解决垂直绿化在住宅建筑中使用时涉及的利益相关者之间的关系,提出完善的具有法律规定的导则或条例,是垂直绿化在住宅建筑中推广现阶段的关键问题。

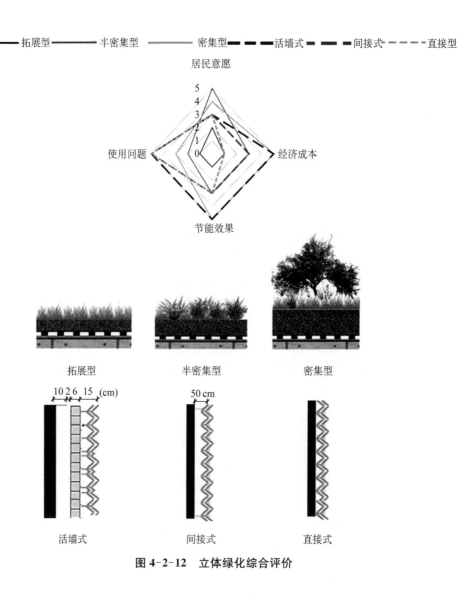

图 4-2-12　立体绿化综合评价

4.3　住宅街坊及单体中的水资源利用

1. 住区用水情况调查

住区用水情况调研采用实地走访和问卷调查相结合的形式,分别针对不同的调研对象,包括夏热冬冷地区居住小区(以上海为代表城市)、夏热冬冷地区居民(以上海居民为典型人群)。

实地走访上海的小区,针对入住率较高的小区进行住宅用水量信息收集,针对运用了典型节水技术的小区的使用和管理现状进行调研,同时对相关技术研究部门的专业人员进行访谈。问卷调查采用线上线下结合的形式,以线上问卷为主,线下问卷为辅。问卷主要用于对夏热冬冷地区居民生活用水习惯与偏好的调查与分析。其中,线上部分通过网络问卷调查软件进行,线下部分在实地走访小区时进行,并确保问卷能在 5 分钟之内完成。

目前,上海市居民用水均实行阶梯水价收费制度,以每年年度用水量作为分档依据,累计年用水量达到水价阶梯收费临界点后,实行下一阶梯加价收费标准。上海阶梯收费水价分档和价格见表 4-3-1。

表 4-3-1　　　　　　　　　　上海地区自来水收费标准

	年用水量(m³/户)	综合水价(元/m³)
第一阶梯	0~220	3.45
第二阶梯	220~300	4.83
第三阶梯	>300	5.83

为了更为直观简化地对居民用水量进行调查和统计,也可以将居民用水量转化为每月水费的多少来进行水量衡量,具体体现在对居民用水习惯的调查问卷的设计中。阶梯收费制度以水费的形式表示形式见表 4-3-2。

表 4-3-2　　　　　　　　　　上海地区月水费分级标准

	月用水量(m³/户)	月水费(元)
第一阶梯	0~18	0~63
第二阶梯	18~25	63~120
第三阶梯	>25	>120

(1)小区用水量

在小区用水量的调研中,分别选择了上海的一个典型高密度住宅小区,并对其中的住宅部分进行年用水量的统计与调查。

上海江湾翰林小区位于上海市杨浦区五角场,小区共有 312 户住户。据统计,该小区 2016 年住宅部分年用水量约为 35 000 m³,2017 年的年用水量为 41 200 m³,用水量较前一年明显增多,尤其是 7—10 月之间(表 4-3-3)。

表 4-3-3　　　　　　　　　　上海江湾翰林小区用水量统计表

	2016 年(10^3 m³)	2017 年(10^3 m³)	2017 年与 2016 年增减百分比
1 月	4.8	5.2	8.33％
2 月			
3 月	5.8	6.2	6.90％
4 月			
5 月	5.6	6.9	23.21％
6 月			
7 月	6.4	8.5	32.81％
8 月			
9 月	5.9	7.7	30.51％
10 月			
11 月	6.5	6.7	3.08％
12 月			
总量	35	41.2	17.71％
户均用水量	0.112 17	0.132 05	17.71％

（2）小区节水设施

目前,上海绿色建筑标识项目中有近 80％都运用了雨水收集利用系统。其中,运用了雨水收集和中水回用技术的小区有万科朗润园、江湾新城小区、香榭丽花园、瑞虹新城璟庭、瑞虹新城铭庭、翡丽云邸、三湘海尚福邸、碧海金沙嘉苑等。据 2013—2015 年对上海已投入使用的绿色建筑设计项目的后期评价统计（图 4-3-1）可知,设计阶段中建筑师利用最多的是雨水收集、节水型灌溉和透水铺装,所占比率均达 70％以上。而后期运营阶段中最难以维持正常运行的是中水回用、雨水收集和自然通风强化,项目投入使用后能维持运行的仅有不足一半。因此,针对这一现象选择了其中三个小区进行小区节水设施使用现状的调研。

瑞虹新城铭庭位于上海市虹口区,共有 636 户居民。2009 年和 2015 年该项目分别获得二星级绿色建筑设计标识和二星级运行评价,同时也是上海市第一个住宅建筑的绿色运行标识项目,其非传统水源利用率设计值和实测值分别为 14.4％和 3.87％。小区中为实现水资源综合利用,运用了节水型绿化灌溉系统、透水地面等节水技术,并在住宅建筑中创新性使用了中水回用系统,是上海同类型建设项目中的首次尝试（图 4-3-2—图 4-3-4）。根据走访调查,物业中心表示

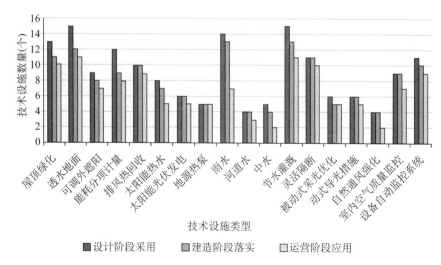

图 4-3-1　上海绿色住区技术设施设计与使用情况

数据来源：上海市建科院网站

中水回用系统目前并没有继续使用，其他节水设施的节水效果也没有进行定期统计，该节能小区的技术使用和后期运营管理均存在问题。根据调查与反馈情况，该小区居民也表示完全不了解所居住的小区内使用了节水技术。

瑞虹璟庭位于上海市虹口区，共有882 户住户。2015 年获得二星级绿色建筑运行标识，其非传统水源利用率的设计值为 11.6%，实测值为 21.1%。与瑞

图 4-3-2　瑞虹铭庭中水回用机房

图片来源：丰诚物业

图 4-3-3　瑞虹铭庭节水型灌溉系统

图 4-3-4　瑞虹铭庭透水地面和屋顶花园

图 4-3-5　瑞虹璟庭中水回用机房

图片来源:丰诚物业

虹铭庭相同,瑞虹璟庭使用了中水回用、节水型灌溉、透水地面等技术,节水效果较铭庭有较大提升(图 4-3-5、图 4-3-6)。根据瑞虹璟庭物业管理中心反馈,小区内并没有进行节水设施的维护和节水效果统计,甚至表示不知道小区内有非传统水源利用设施。由此可见,和瑞虹铭庭小区相同,该小区节能技术的使用与后期管理过程也存在较大的问题。

图 4-3-6　瑞虹璟庭透水地面

香榭丽花园位于上海浦东新区,获得二星级绿色建筑设计标识。据小区物业介绍,住区使用了雨水循环利用系统,每年可为小区节省约 150 吨的水。该雨水系统的使用过程较为简单,即收集地面雨水后经过过滤、沉淀等处理储存在雨水塘中,之后用于景观水补充和绿化灌溉,后期维护方面也较为简单和经济(图 4-3-7)。由于该小区的雨水收集使用范围仅限于水景补给和小区绿化,其收集设施、净化过程较为单一,后期维护成本低,管理较为简单,投入使用后运行情况良好。

图 4-3-7　香榭丽花园现状

(3)居民用水习惯调研结果统计

详细统计结果及数据分析见附录 B。

(4)现状及问题

在住区用水方面,目前上海地区住区雨水和中水利用设施通常一个或几个单独使用,而没有形成一个综合的水资源利用体系。而且在系统的设计中,处理后的水多用于补充水景、绿化灌溉、道路清洗等公共区域,并没有用于住户室内厕所冲洗等,上海建科院相关技术人员表示其原因主要有以下三点:①虽然目前我国非传统水源的处理技术可以达到水质要求标准,但物业公司后期使用和维护管理不当的问题普遍存在,从而导致便器产生异味、停水等情况;②开发商无法预估开发后的使用状况,为避免居民投诉而选择不设计用于室内的中水和雨水系统;③用于室内的中水和雨水系统投资回收期较长,成本较直接使用自来水高。

上海市大部分运用了中水和雨水系统的住区在前期设计和后期运营中形成巨大反差,设计的水资源处理利用系统在实际使用中往往效果较差,甚至多数小区直接停止使用。导致这一问题的原因有:①目前,物业公司的职责仅仅是保证小区安全和正常运行,为了便于管理、避免投诉、减少支出,普通物业公司会尽可能简化住区设备及管理从而便于达到节能指标;②雨水和中水处理成本较高,维护费用也较高,投资回收期较长,且需要厂家对物业进行相关设施的使用和维护培训。根据资料统计和计算,考虑系统运行能耗、兼职人工费等因素,系统水处理成本超过 3 元/吨,远高于自来水成本。此外,水处理设备运行故障率高,组件更新等费用较大,后期须持续投入大量资金来维护。

在家庭用水方面,以上海为典型代表区域的夏热冬冷地区居民在沐浴、洗衣、冲厕、厨房用水方面的习惯均和来自北方地区的居民有一定差异,主要表现为沐浴次数多时间短、洗衣次数多、厨房用水量大。在节水意识方面,来自上海地区的居民也明显低于北方地区,主要表现为没有一水多用习惯的人较多、再生水使用意愿低、对当地水资源认识欠缺。

居民家庭用水量在家庭情况、用水习惯、节水意识方面均有呈相关关系的因素。居民的来源地、家庭收入、节水器具的使用、洗碗机的使用、沐浴时长、洗衣方式和水资源认识是对家庭用水量影响较大的因素,在对于居民的家庭用水策略方面需要重点考虑(表4-3-4)。

表4-3-4 住区设计与水资源关系

类型	给水		排水
	市政供水	雨水	污水
规划布局		√	
住区建筑	√	√	√
室外空间		√	
外部街道		√	

2. 住区水资源设计与利用方式

(1)住区形态布局建议

高密度住区规划布局中,建筑密度与建筑高度影响住区的不透水面积,从而直接影响地表径流,宜采用紧凑布局模式,从而增加外部空间。建筑方向应在满足日照条件的基础上结合场地规模和降雨量来选择,当规模较大且降雨量丰富时,宜垂直于地表径流方向布置以截留储蓄雨水,当规模较小地势平坦时,宜平行于地表径流方向布置以疏导雨水,增加入渗。外部空间宜采用集中布局的方式,使住区外部空间径流形成"住区级中心—社区级中心"的模式,从而缩短输送路径,有效控制径流收集与排放。内部道路宜采用网格式和尽端式相结合的混合式。住区绿地宜采用连续程度低、分布密度高、离散度小、形状指数高、下凹深度适中的布局方式(表4-3-5)。

高密度住区住宅建筑设计中,考虑到上海地区气候特征有雨水收集的条件和优势,因此屋面的设计要使用无污染性的材料,尤其是根据建筑荷载要求和预算选择拓展型、半密集型或密集型屋面绿化,起到过滤和截留雨水的作用。其中,高层住宅宜选用形式简单的拓展型,而住区内裙房或公共建筑可选择截留效果更好

表 4-3-5　　　　　　　　　　　　　　　住区规划布局建议

类型		雨水			
		收集/疏导		储蓄/入渗	利用
建筑布局	无高差			✕	补充河流及地下水
	有高差				水景补充、绿化浇灌、道路冲洗
评价		★★★☆☆	★★★★★	★★★☆☆　★★★★★	
道路布局		网格式	尽端式	混合式　植被浅沟　雨水花园	补充地下水
评价		☆☆☆☆☆	★★★☆☆	★★★★★　★★★☆☆　★★★★★	
绿地形式				上凸式　下凹式	补充地下水
评价		★☆☆☆☆　★★☆☆☆　★★★☆☆　★★★★☆　★★★★★		☆☆☆☆☆　★★★★★	

的半密集型或密集型。建筑立面设计上考虑布置墙面绿化,高层住宅宜选用保水性较好且养护方便的花槽式或种植穴式,布置在 5 层以下,也可通过退台创造屋顶空间,在相邻墙面上布置立面绿化。裙房和公共建筑可根据项目预算选择简易的攀爬式墙面绿化。上海地区居民因卫生问题对再生水接受程度较低,建筑再生水系统和建筑小区再生水系统的运行情况较差,建筑中水利用宜采用新型户内中水集成系统[①],实现户内家庭用水自循环(表 4-3-6)。

---

　　① 即卫生间模块化户内中水集成系统,分为下沉式和侧立式两种类型,其工作原理是将沐浴用水、盥洗用水、洗衣用水这类优质杂排水收集起来,通过物理方式处理后进入马桶中进行冲厕,在中水不足时可自动补充自来水。已在河南、河北、山东、新疆、安徽等多个实际工程中推广应用。

表 4-3-6　　　　　　　　　　　　　　建筑设计建议

类型		雨水		
		收集	储蓄	利用
屋顶设计	裙房和公建			水景补充、绿化浇灌、道路冲洗、洗车
	住宅			
立面设计	裙房和公建	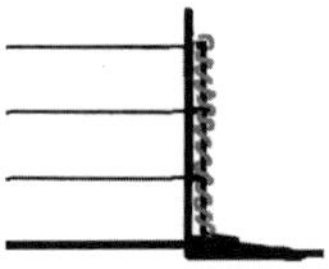 攀爬式		
	住宅	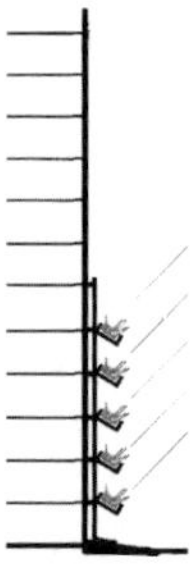 模块式	立面蓄水槽	

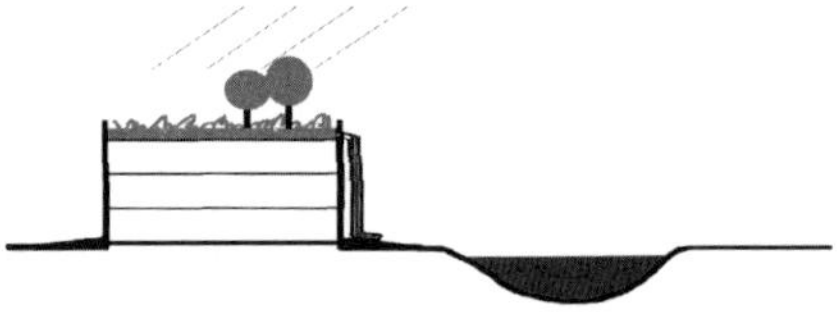

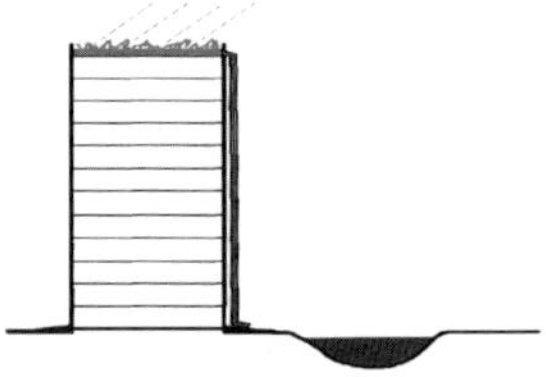

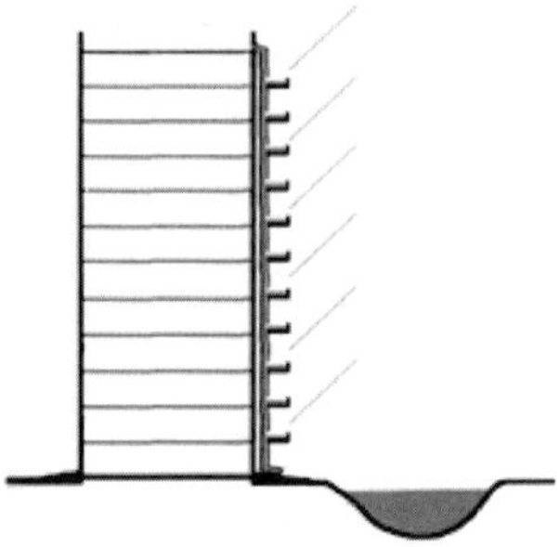

中水系统	市政供水、污水			
	收集	利用	收集	利用
		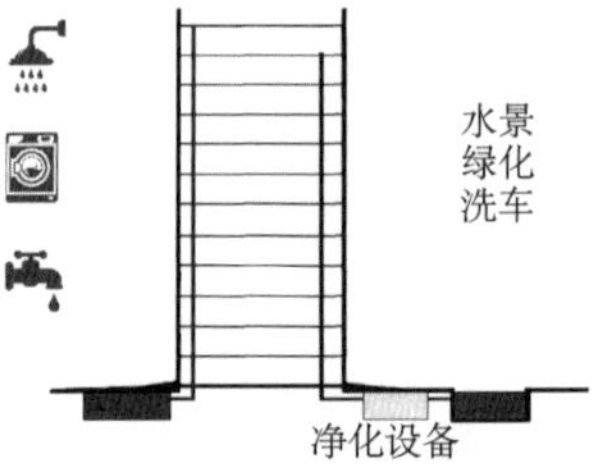 水景绿化洗车净化设备	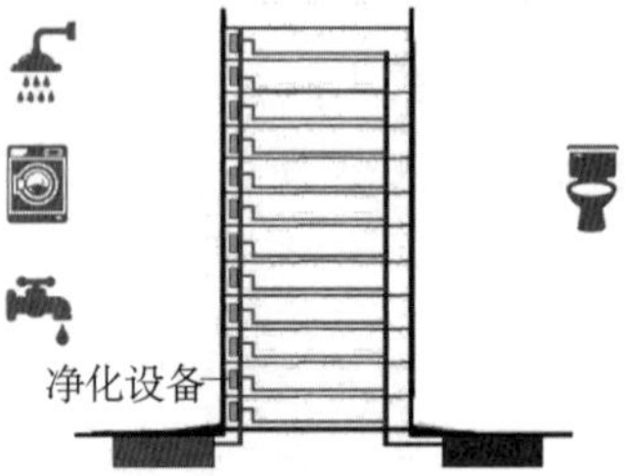 净化设备	
评价	★★☆☆☆		★★★★★	

　　高密度住区室外空间设计中,硬质场地尽量选择透水铺装,人流量较大的中心广场铺装可以以不透水石材为主,透水材料四周铺设或间隔线性铺设,人流量不大的宅间活动场地可全部采用透水铺装,采用地下停车为主的方式,尽量减少住区内车行道宽度与长度,地面停车部分考虑结合住区景观形成花园式布局。景观部分可通过在小规模范围布置雨水花园、增加树池盖板面积从而过滤并渗透更多的径流,住区雨水收集系统的蓄水池和沉淀池结合住区水景设计(表 4-3-7)。

表 4-3-7　　　　　　　　　　　　　室外空间布局建议

类型		雨水						
		收集/疏导					储蓄/入渗	利用
硬质场地	地面停车						×	补充地下水
	评价	★☆☆☆☆	★★☆☆☆	★★★☆☆	★★★★☆	★★★★★		
	活动场地		(透水材质/不透水石材)	(碎砌沟/植被浅沟、透水铺装、不透水石材)			×	补充地下水
	评价	★★☆☆☆		★★★★★				
景观	雨水花园	×					★★☆☆☆　★★★★★	补充地下水
	评价						★★☆☆☆　★★★★★	
	水景	×						绿化灌溉、道路冲洗、洗车
	评价						★☆☆☆☆　★★★☆☆　★★★★★	

　　高密度住区外部街道设计中,单幅路可设计为单坡或双坡两种形式,并在车行道与人行道中间设置由植被浅沟、生物滞留带组成的绿化带或设置过滤树池等低影响开发设施;双幅路可设计为坡向两侧或坡向中央的双坡形式,坡向两侧的形式在车行道和人行道之间及车行道中央设置由植被浅沟组成的绿化带,坡向中央的形式在车行道与人行道之间设置生物滞留带或过滤树池,在车行道中央设置植被浅沟;三幅路可设计为坡向两侧的双坡形式,车行道和非机动车道中间设置

由植被浅沟组成的绿化带,非机动车道和人行道之间设置生物滞留带或过滤树池;四幅路可设计为坡向两侧或坡向中央的双坡形式,坡向两侧的形式在车行道中央、车行道与非机动车道之间、非机动车道与人行道之间设置由植被浅沟组成的绿化带,坡向中央的形式在车行道中央、车行道与非机动车道之间设置由植被浅沟组成的绿化带,在非机动车道和人行道之间设置生物滞留带或过滤树池。生物滞留带、道路扩展池和植被浅沟要选择不同的路缘石开口形式(表4-3-8)。

表 4-3-8 　　　　　　　　　　　　外部街道布局建议

类型	雨水疏导		
	单坡	双坡	
		无绿化	有绿化
单幅路	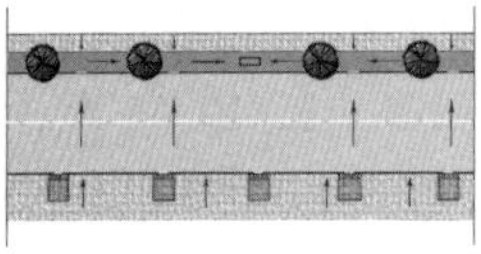	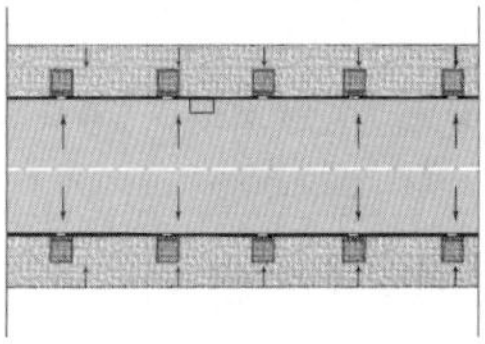	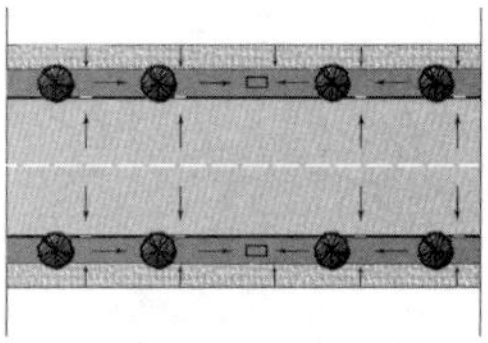
		坡向两侧	坡向中央
双幅路	×	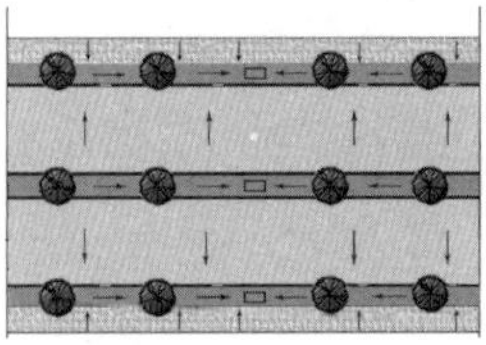	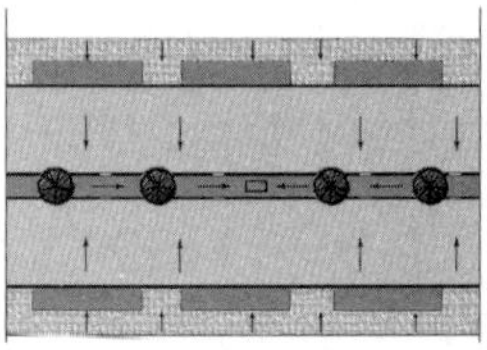
		坡向两侧	坡向中央
三幅路	×	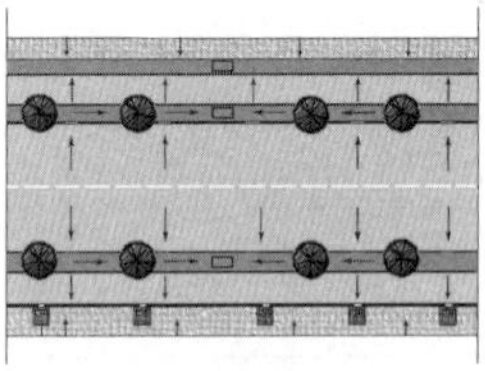	×
		坡向两侧	坡向中央
四幅路	×	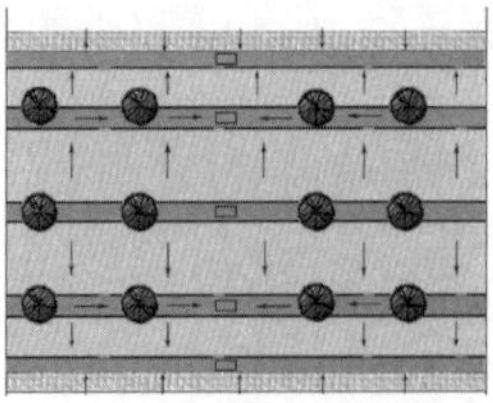	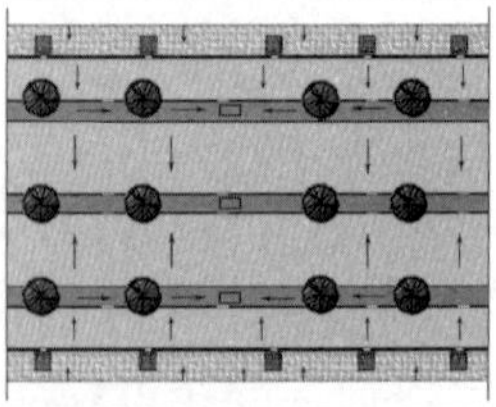

（2）设计方案评估

本节所提出的住区的水资源设计策略均体现在形态与布局上,为了衡量各方案之间在水资源管理能力方面的优劣则需要建立一套量化评估方案,以此提供给设计者更为直观的设计方案评价,便于方案选择与改善。住区水资源设计策略主要体现在雨水和中水两个方面。

其中,影响中水部分的关键指标是居民生活用水量,可分为设计中水系统和不设计两种情况。根据《城市居住区规划设计标准》（GB 50180—2018）,在以街坊为单位的住区中,居住人口为 1 000～3 000 人,住宅中人均日生活用水量为150～190 L/人,其中可用于中水水源的沐浴、盥洗、洗衣三类用水组成的优质杂排水量为 88～114 L/人,若将其处理后全部用于户内冲厕,则可以完全满足日常冲厕用水量 32～40 L/人,即住区中生活用水的 21% 左右。在住区住宅内使用中水系统可比不使用的情况节水 960～3 600 m³/月。

影响雨水系统的关键指标体现在形态设计要素方面,因此在量化评估中雨水设计部分是方案量化评估的重点。根据低影响开发理念,针对上海地区高密度住区的雨水设计策略主要体现在雨水收集和就地入渗两方面,其主要目标是减少住区径流。在相同区域与环境下,影响径流量的变量中的决定性因素是径流系数,即场地内汇水面积内的总径流量与总降水量的比值,因此本节将以径流系数作为住区水资源设计方案量化评估的主要指标进行讨论。

径流系数是一个动态变量,需要根据住区场地的不同布局情况进行数据计算,其结果由各种与形态布局设计相关联的影响因子决定。径流系数的影响因子包括建筑物的布局和密度、地面材质和坡度、土壤性质、降雨强度、降雨历时、地形地貌等[21],通过对上文设计策略的归纳总结,可得出建立本书设计量化评估所需要讨论的影响因子有下垫面类型、绿地坡度、降雨强度、绿地下凹深度、植物配置。《建筑与小区雨水控制及利用工程技术规范》《建筑给水排水设计规范（2009 版）》和《室外排水设计规范（2016 版）》中虽然对径流系数的取值和计算方法已经做了详细规定,但是径流系数作为动态变量在不同气候条件、布局、材料下的取值也各有差异,不能仅仅选取一个定值来对其进行准确描述,而是需要对其重要影响因子的影响作用进一步量化计算得到相应条件下的径流系数取值。

住区方案的雨水设计流量可采用推理公式计算[22],公式如下:

$$Q_s = q\Psi F$$

式中:Q_s——雨水设计流量(L/s);

q——设计暴雨强度[L/(s·hm²)];

Ψ——综合径流系数；

F——汇水面积(hm^2)。

雨水设计流量计算中所涉及的设计暴雨强度 q 和综合径流系数 Ψ 均可通过相关公式计算求得。

设计暴雨强度 q 可根据不同地区水务部门所提供的参数代入暴雨强度公式进行计算：

$$q = \frac{167A_1(1 + C\lg P)}{(t + b)^n}$$

式中：q——设计暴雨强度[$\mathrm{L/(s \cdot hm^2)}$]；

P——设计重现期(a)；

t——降雨历时(min)；

A_1、C、n、b——经验参数，根据统计方法进行计算确定，按照不同地区地方规范取值。

以上海地区为例，其暴雨强度计算公式[23]为：

$$q = \frac{1\ 600(1 + 0.846\lg P)}{(t + 7.0)^{0.656}}$$

式中：q——设计暴雨强度[$\mathrm{L/(s \cdot hm^2)}$]；

P——设计重现期(a)；

t——降雨历时(min)，通常取值小于 120。

目前，2018 年上海市水务局对上海地区的雨水排水规划对设计重现期提出了规划标准[24]，具体内容如表 4-3-9。

表 4-3-9 上海地区雨水排水规划的设计重现期

区位	设计重现期(a)
主城区和新区	$\geqslant 5$
其他地区	$\geqslant 3$

数据来源：李佳，2014。

综合径流系数 Ψ 是住区内所有下垫面径流系数的加权平均值，包括屋面、绿地、硬质铺地等。不同材质的屋面和路面、不同坡度和下凹深度的绿地等下垫面的单一径流系数可通过上文给出的径流系数取值表及拟合方程得出，再通过加权平均公式得到设计方案的综合径流系数[25]。综合径流系数计算公式如下：

$$\Psi = \frac{\sum_{i=1}^{n} S_i \Psi_i}{S}$$

式中：Ψ——综合径流系数；

S_i——单一下垫面面积；

Ψ_i——单一下垫面径流系数；

S——所有下垫面面积总和；

i——下垫面编号。

住区设计方案在水资源设计方面的评估需要根据具体情况运用上述相关公式进行量化计算，为了便于设计者能应用所需的其他专业的相关知识来达到评估住区水资源管理能力的目的，可根据以上影响因子及其取值结合 Microsoft Excel 制作一个简易的径流计算器（图 4-3-8），通过输入设计指标而得出更直观的结果。

上海地区雨水径流计算器										
设计暴雨强度										
设计重现限(a)										
降雨历时(min)										
设计暴雨强度[L/(s·hm²)]										
注：设计重现期和降雨历时根据不同区域的规定输入										
硬质铺装部分										
	铺装 1	铺装 2	铺装 3	铺装 4	铺装 5	铺装 6	铺装 7	铺装 8	铺装 9	铺装 10
硬质铺装类型										
面积(m²)										
坡度(仅植草砖填此项)										
单一径流系数										
铺装综合径流系数										
注：硬质铺地类型中不透水铺装输入"1"，透水铺装输入"2"										
绿地部分										
	绿地 1	绿地 2	绿地 3	绿地 4	绿地 5	绿地 6	绿地 7	绿地 8	绿地 9	绿地 10
绿地类型										
面积(m²)										
坡度										
下凹深度(mm)										
单一径流系数										
绿地综合径流系数										
注：绿地类型中单一草坪输入"1"，草坪灌木结合输入"2"，乔灌草输入"3"										
建筑屋面部分										
	屋面 1	屋面 2	屋面 3	屋面 4	屋面 5	屋面 6	屋面 7	屋面 8	厘面 9	屋面 10
屋面类型										
面积(m²)										
单一径流系数										
屋面综合径流系数										
注：屋面类型中沥青屋面输入"1"，铺石子屋面输入"2"，绿化屋面输入"3"										
住区综合径流系数										
住区占地面积(hm²)										
雨水设计流量(L/s)										

图 4-3-8 Excel 径流计算器

3. 住区水资源利用与管理

住区水资源利用与设计的落实需要考虑不同的相关利益者，从而达到真正意义上的住区水资源管理的目的，而政府及相关部门、开发商、居民是住区水资源设计中最直接的受益者，也是能决定和影响住区水资源利用与设计落实的利益相关者。因此，为了将水资源设计与住区开发相结合，形成一套真正可行且有效的住区水资源利用策略需要利益相关者的共同努力。

（1）居民家庭用水建议

根据对夏热冬冷地区居民家庭用水情况的调查分析可知在家庭情况、用水习惯、节水意识方面均有因素与家庭用水量有相关性。居民的来源地、家庭收入、节水器具的使用、洗碗机的使用、沐浴时长、洗衣方式和水资源认识是对家庭用水量影响较大的因素，也是在家庭用水行为的提升与改善方面需要重点考虑的对象。在用水习惯方面的关键因素主要包括以下两种类型：用水器具的选择和用水方式。

在用水器具的选择上，目前家庭节水器具和洗碗机的普及率较低，但实际节水能力较强，因此在家庭预算充足的情况下宜选择节水器具和洗碗机，其在节水方面的经济效益明显。根据张勤等对住宅节水器具的经济评价研究，按照家庭1个马桶、1套洗浴设备、1个龙头计算，全部使用节水器具的三口之家每年每户用水量约为 142 m^3，而全部使用普通用水器具的家庭用水量约为 242 m^3，其中节水便器和节水淋浴头的节水效果更为明显[26]。上述结果根据上海地区的水费标准计算可知每年可节省水费 679 元，若上述节水器具根据市场价格需比普通器具多投入约 2 000 元，则其投资回收期为 2.9 年，即该家庭若使用上述节水器具在 3年左右就能收回成本，为家庭用水创造更大的经济效益。

在用水方式上，沐浴时长和洗衣方式是两种与用水量相关性较大的用水习惯，也是家庭用水中用量最大的用水类型。根据上文的用水量相关分析，沐浴时长越长和倾向使用机洗方式洗衣的居民其家庭用水量越大，因此居民在日常生活中宜适当缩短沐浴时长，尽量控制在 20 分钟之内，洗衣量较少时尽量选择手洗方式，这两方面行为习惯的改善都能较大程度地影响家庭用水量，有效减少住区户内生活用水量。

用水器具的选择和用水方式的改善是实现住区户内水资源的节约重要途径，尤其是住宅节水器具的推广要使居民从根本上认识到行为的改善所能带来的对自身和社会水资源方面的双重经济效益，而非仅仅强调其带来的生态环境效益。

（2）政府及相关部门建议

国内外优秀的住区水资源利用实践经验表明,住区水资源利用系统的良好运营需要依靠先进的技术、激励和强制性政策和可持续的管理体系共同构成。因此,水资源利用制度和后期管理在整个过程中和技术措施的设计与选择同等重要。

对于目前上海已投入使用的水资源管理项目中,以政府为主导投资建设并定期维护的公共建筑类项目运营情况较好,而以开发商为主导建设的市场调节型住区项目多处于停用状态,且售价相比同地段同类型小区每平方米高 2 000～3 000 元[27],住区水资源管理项目运营情况较差的主要原因在于开发商建设该项目的目的是凭借其作为营销宣传手段提高房价而非创建节能生态住区。由此可见,在上海地区水资源利用与管理方面,政府的主导作用是促进住区水资源管理项目发展更为有效的方式。

上海地区的政府及相关部门的住区水资源管理方面均有较大的改善和发展空间,其中包括增设相关的技术规范与指导、提供奖惩激励机制、强化统一管理、加强宣传教育力度等,可总结和归纳为以下三个方面:法规政策、管理制度和公众宣传。

1）法规政策方面

我国国家规范和上海地方规范中,仅有《建筑与小区雨水控制及利用工程技术规范》《建筑中水设计规范》《污水再生利用工程设计规范》和《上海市节约用水"三同时、四到位"管理规定》等对水资源利用与管理做出了硬性要求,而其他的法规政策通常以建议和鼓励为主,缺乏完善的水资源管理法律法规和市场激励机制,因此上海地区可从以下方面着手改进地方性法规政策。

增加对开发区域低影响开发的规定。鉴于目前上海正处于城市快速发展和建设时期,城市住区的大量建设导致场地径流受到严重影响,住区不透水面积的增加,从而导致各种城市问题的出现。借鉴德国水法对新开发区域关于低影响开发的规定,要求新建设区域的径流洪峰流量不能超过其开发前水平,从而避免新建设区域产生更多的排水而对城市环境产生影响。上海地区可将该规定加入现行规范中,将低影响开发理念融入地方性法规政策,并考虑进行强制性落实,确保将城市建设对水文环境的影响降到最低。

由建议性逐步转变为强制性。现行法律法规中对于住区的中水和雨水系统的建设要求通常以建议和鼓励性质为主,其效果远不如强制性规定,通常影响作用甚微,因此在法规政策编制和修改的过程中可逐步将部分起关键性作用的水资源建议性条例改为强制性规范,使住区水资源管理得到真正的落实。

提供相关技术导则。在住区中水和雨水的利用技术方面,上海地区使用的是《建筑中水设计规范》和《建筑与小区雨水控制及利用工程技术规范》两项国家规范,但由于不同地区气候特征和地质条件的差异对雨水利用中收集方式、储存环境、导流设施、入渗条件、水质水量等相关技术要求有所不同,现有的国家规范并不能满足各地区的详细的雨水施工技术要求。在中水回用方面,由于居住建筑的性质特殊,部分中水利用技术并不适用于住区,且在项目的实施和使用中要充分考虑居民的意见和项目所能带给居民的经济效益,因此不能与其他公共建筑一概而论,而是需要制定单独的针对住区设计的详细技术导则。为了提高中水和雨水管理项目在上海地区的可行性,需要根据上海的实际情况制定因地制宜、经济适用的地方性技术导则。

建立经济激励机制。水资源管理效果较好的国家都对项目的落实在一定程度上进行了经济方面的激励,加强了经济因素在水资源利用项目建设中的调控作用。可以借鉴德国和日本的补贴和征税政策,确定上海地区可以短期补贴奖励、远期征税惩罚为目标,在推行工作初期先通过向采用了水资源管理的住区项目给予奖金补贴或降低水费等奖励措施,鼓励开发商建设各项系统和设施,达到大范围推广普及的目的,再在远期发展中考虑对径流流量过大、不透水面积超标及水资源管理系统后期运行不达标的住区,征收雨水和污水排放费,从而确保住区水资源项目的良好运行。

2) 管理制度方面

住区水资源系统的后期维护往往包括碎屑清理、除草、泥沙控制、灌溉、病虫害治理、植物更换等,其相关工作涉及水务、环保、物业等多个部门,为确保上海地区住区的水资源管理的可持续发展,可从以下三个方面借鉴国外优秀实践经验进行科学管理。

确定主管部门。目前水资源项目的管理较为混乱,通常由多个部门共同管理,缺乏主管部门,从而导致决策和工作效率较低。上海在进行水资源项目管理工作时可借鉴德国的经验,确立唯一的主管部门,所有雨水和中水利用相关的项目可由上海市水务局统一管理。

成立多专业专家技术团队。住区水资源项目技术方面的落实涉及生态、水文、景观设计等多个专业,是一个综合且复杂的管理体系。其过程也包含了径流控制、非传统水源利用、生态环境建设、资源管理等多个方面,在项目的技术实施过程中又要与建设部门、设计部门、市政部门、环保部门等多方共同研究水资源利用技术和工程建设的可行性,共同协商技术策略。因此,上海地区应成立在主管部门领导下的由建筑、景观设计、水利环境等多学科专业人员组成的技术指导团队,从技术层面为水资源管理工作的落实提供支持。

加强可持续管理。导致目前上海住区水资源管理项目实际运行效果差、长期缺乏维护甚至停用等现状的主要原因是后期缺乏完善的监督管理机制。因此,为了加强住区水资源项目的可持续管理可设立监督管理部门分别从设计、施工、运行和维护的项目管理全过程对住区水资源工程进行定期检查和评估,确保项目的各阶段均处于良好的状态。

3) 公众宣传方面

针对夏热冬冷地区居民用水情况的问卷调查中,62%的受访者表示愿意使用住区再生水,但仍有38%的受访者对再生水的安全卫生隐患、供水的可靠性有所质疑而不愿使用。在节水意识的调查中,大部分受访者认为普及节水器具和加强节水宣传是最为有效的节水措施。目前导致居民对再生水使用意愿较低的原因一方面是40%居民认为所在城市不缺水,且自来水水费较低,没必要使用再生水;另一方面是社会对再生水的宣传力度不足导致部分居民对其认知水平较低,误认为再生水达不到水质标准。因此,上海地区的公众宣传可从以下方面入手。

建设水资源管理试点项目。为提高住区水资源管理项目的推广度,上海地区可选择典型区域开展基于低影响开发的中水和雨水系统的建和改造试点,逐步消除居民对非传统水源利用的可靠性和安全性的顾虑,通过优秀试点的示范效应带动全市住区水资源项目工程的进一步发展。

强化居民节水意识。目前相关部门和居民对非传统水源管理重视程度不高,因此应加大公众宣传教育力度,促进居民对再生水的进一步了解,消除对再生水卫生问题的心理障碍,提高非传统水源回用的接受度。

根据广泛的调研,本章总结了上海目前的各类遮阳形式及应用现状。其中,水平、垂直、综合遮阳板等基本遮阳形式材质更加灵活多变,可以更好地与建筑外立面相结合,构造成本也相对较低。特殊遮阳形式,如百叶、撑板等根据当今市场应用提取的较为普遍且适用于上海的遮阳形式,以成品构件为主,也是供应商开发更广的形式,但是成本相对来较高。

总体来说,经过实测实验和计算机模拟对比,外遮阳构件对于每个房间的室内热舒适度情况和能耗的优化效果都不同,这与房间的朝向,具体户型是否存在自遮挡等因素都有关。优化幅度结果大致为:西向>东向>南向>北向。具体的优劣比选结果以图谱形式呈现。通过对上海典型户型的分析,大部分情况下东西向的不利朝向大概率设置厨卫等辅助空间,是人员在室率较低的房间,日常也并不需要空调制冷采暖,因而一般户型的南向房间仍是遮阳的重点区域。

最终,本章根据模拟研究,基于具体的典型户型案例,使用计算模拟对于各种遮阳形式组合方式进行舒适度和能耗比较,得到各类遮阳形式的可调优化结果。

其中,数据显示,水平遮阳、垂直遮阳、综合遮阳除了关闭以外的另一档位最佳值越大越好,但应根据材料、立面设计等相关条件结合考虑,而随着尺寸的增大,其边际效益降低。而小百叶更为推荐设置关闭、20°、60°三档,大百叶设置关闭、80°、90°三档。撑板则建议设置关闭、80°、90°三档。

垂直绿化方面,使用活墙垂直绿化可降低制冷采暖总能耗 2.384% ～ 3.108%,间接式立面绿化可降低 0.141%～1.382%。朝向要素是影响垂直绿化节能性能最重要的因素,窗墙比、平面角度、高度和空气间层大小对垂直绿化的节能效率均有一定的影响,其影响大小排序为:窗墙比＞平面角度＞高度＞空气间层厚度。东向窗墙比为 0～0.1 的情况下使用活墙式垂直绿化节能效果最好。建议不论朝向,应尽量在一层使用活墙式垂直绿化。东向正南北布局时使用间接式垂直绿化的节能效果最好,在东、南和北向使用间接式立面绿化时,不建议在 1 层和顶楼(8 层)使用间接式立面绿化。其他情况下,不同楼层使用的差别不大。不同类型屋顶绿化的节能效率排序为:密集型(7.497%)＞半密集型(4.464%)＞拓展型(2.676%)。楼层越低,使用屋顶绿化的节能效果越好,建议在 4—16 层的住宅建筑中优先使用屋顶绿化。

对居民意愿、经济成本、节能效果以及使用问题进行综合评价。建议在夏热冬冷住宅建筑中优先推广使用屋顶绿化,根据居民意愿,优先推荐使用半密集型和密集型屋顶绿化。使用时应注意屋顶的防水设计,避免渗漏隐患。设计应考虑居民共同参与建设围护屋顶花园的意愿,增加屋顶绿化的形式,完善管理制度、维护管理机制和政策奖励,使屋顶绿化在实际使用中有效发挥节能作用。垂直绿化的节能效率不如屋顶绿化,居民对其使用意愿一般,担心出现的问题较多。较难推广主要因为缺少优秀的设计实践和良好的技术支撑。如何更好的解决垂直绿化在住宅建筑中使用时涉及到的利益相关者之间的关系,提出完善的具有法律规定的导则或条例,是现阶段垂直绿化在住宅建筑中推广的关键问题。

住区水资源的利用受到设计方式、用水习惯、后期管理等多方面因素的影响。在住区设计中,建议选择紧凑的形态布局模式,在降雨量较大的地区建筑布置方向尽量垂直于地表径流,降雨量较小的地区则尽量与之平行。住区内部道路建议选择网格式和尽端式相结合,绿地建议选择形状不规则、各绿地间不连续、位置多点且集中、适当下凹的分布方式。在高层住宅建筑中优先选择拓展型屋面绿化和模块式墙面绿化,住区中的裙房和公共建筑建议选择半密集型或密集型屋面绿化和攀爬式墙面绿化。住区中若设计再生水利用系统,建议选择户内中水集成系统。住区中人流量大的广场选择不透水石材,人流量小的宅间场地选择透水铺装,尽量减少地面车行道总面积,地面停车结合雨水花园、柔性水景布置。住区外部道路布局由道路宽度决定,单幅路可设计为单坡+单侧植被浅沟、双坡+双侧生物滞留池/过滤树池、双坡+双侧植被浅沟的形式,双幅路可设计为坡向两侧+中央和双侧植被浅沟、坡向中央+中央植被浅沟+双侧生物滞留池/过滤树池的形式,三幅路可设计为坡向两侧+"机"(机动车道)"非"(非机动车道)间植被浅沟+"人"(人行道)"非"间生物滞留池/过滤树池的形式,四幅路可设计为坡向两侧+中央植被浅沟+"机""非"间植被浅沟+"人""非"间植被浅沟、坡向中央+中央植被浅沟+"机""非"间植被浅沟+"人""非"间生物滞留池/过滤树池的形式。

在住户安装用水器具时建议使用家用节水马桶、节水淋浴器和节水龙头,并将沐浴时长尽量控制在 20 分钟以内,都能有效减少住区生活用水量。在后期的政策制定中也要加强对开发区域的低影响开发规定,并由建议性规定逐步转变为强制性,同时制定相关导则与规范给予技术指导,加以补贴或奖励等经济政策的激励。在实际管理过程中建议使用唯一主管部门领导下的多专业团队共同协商的模式,并增设相关部门进行监督。同时,通过建设项目试点、加强社区宣传等方式进一步提高再生水使用的接受度和普及率。

本章参考文献

[1] 蒙慧玲,于芳.住宅建筑外窗能耗对建筑节能的影响[J].山西建筑,2008,34(31):5-6.

[2] 陆善后,范宏武,王孝英.外遮阳技术在节能建筑中的应用研究[J].建设科技,2006(15):30-33.

[3] 万璐,赵志青.浅析夏热冬冷地区建筑外遮阳的应用探讨:以南昌为例[J].建筑与文化,2018(07):203-205.

[4] DE DEAR R, BRAGER G S. Developing an adaptive model of thermal comfort and preference[J]. Ashrae Trans, 1998, 104(01):73-81.

[5] 叶晓江,连之伟,文远高.上海地区适应性热舒适研究[J].建筑热能通风空调,2007,26(05):86-88.

[6] 闫海燕.基于地域气候的适应性热舒适研究[D].西安:西安建筑科技大学,2013.

[7] 金鑫.基于案例分析的现代建筑遮阳发展趋势研究[D].天津:天津大学,2012.

[8] 上海市建筑科学研究院(集团)有限公司.上海市工程建设规范:居住建筑节能设计标准[M].上海:同济大学出版社,2015.

[9] 叶歆.垂直遮阳板不宜用作东西向窗口遮阳[J].世界建筑,1998(04):77-78.

[10] SAILOR D J. A green roof model for building energy simulation programs[J]. Energy and Buildings, 2008, 40(08):1466-1478.

[11] HE Y, YU H, DONG N N, et al. Thermal and energy performance assessment of

extensive green roof in summer：A case study of a lightweight building in Shanghai[J]. Energy and buildings，2016,127：762-773.

[12] PERINI K，OTTELÉ M，FRAAIJ A LA，et al. Vertical greening systems and the effect on air flow and temperature on the building envelope[J]. Building and Environment，2010，46：2287-2294.

[13] HE Y，YU H，OZAKI A，et al. An investigation on the thermal and energy performance of living wall system in Shanghai area[J]. Energy and Buildings，2017,140：324-335.

[14] MCPHERSON E G，HERRINGTON L P，HEISLER G M. Impacts of vegetation on residential heating and cooling[J]. Energy and Buildings，1988(12)：41-51.

[15] 徐小东,王建国.绿色城市设计：基于生物气候条件的生态策略[M].南京：东南大学出版社,2009.

[16] 上海园林建设咨询服务有限公司.上海市立体绿化专项规划[R].上海：上海市绿化和市容管理局,2016.

[17] RAJI B，TENPIERIK M J，DOBBELSTEEN A V D. The impact of greening systems on building energy performance：A literature review[J].Renewable and Sustainable Energy Reviews，2015（45）：610-623.

[18] VERA S,PINTO C,TABARES-VELASCO P C，et al. A critical review of heat and mass transfer in vegetative roof models used in building energy and urban environment simulation tools[J]. Applied Energy，2018(232)：752-764.

[19] Ziogou I，Michopoulos A，Voulgari V，et al. Energy，environmental and economic assessment of electricity savings from the operation of green roofs in urban office buildings of a warm Mediterranean region[J]. Journal of Cleaner Production，2017(168)：346-356.

[20] 万静.上海市屋顶绿化发展现状、潜力与对策研究[J].中国城市林业,2009,7(04)：16-18.

[21] 李佳.雨水控制利用系统径流系数影响因素及其选用方法研究[J].河北工业科技,2014,31(03)：230-233.

[22] 中华人民共和国住房和城乡建设部.室外排水设计规范[S].北京：中华人民共和国住房和城乡建设部,2016.

[23] 上海市质量技术监督局.上海市暴雨强度公式与设计雨型标准[S].上海：上海市质量技术监督局,2017.

[24] 上海市水务局.上海市城镇雨水排水规划(2017—2035)[R].上海：上海市水务局,2018.

[25] 叶镇,刘鑫华,胡大明,等.区域综合径流系数的计算及其结果评价[J].中国市政工程,1994：43-45,50.

[26] 张勤,赵福增.住宅建筑节水器具的经济评价[J].重庆建筑大学学报,2007(05)：123-125.

[27] 钟春节,吕永鹏,杨凯,等.国内外城市雨水资源利用对上海的启示[J].给水排水,2009,45(S2)：154-158.

第 5 章　住宅的用能行为

国内学者对居住建筑能耗的研究以往多集中在围护结构热工性能和提升空调设备的能效比上,近年来越来越多的研究表明,人员行为对居住建筑能耗的影响是至关重要的,人们也开始更注重家庭节能行为。但对于不同地区不同家庭结构的住户,用能模式和节能策略理应有所不同。大多学者是采用数据监测和软件模拟的方式进行研究,随着样本行为细化和模拟软件迭代升级,研究结论也越来越准确,但仍然存在以下问题:①用能群体细分程度不够;②缺乏温湿度情况、在室情况、空调用能行为和开窗行为的联动研究;③功能布局与居民用能习惯的耦合影响欠缺考虑;④缺乏对住宅能耗和室内舒适度双指标评价的综合考虑。

基于对以上问题的分析和改进,本章首先采用"线上问卷为主,线下问卷为辅"的形式对上海地区居民用能行为及用能心态等方面展开调研分析,并利用统计软件 SPSS 进行相关分析;然后基于上海市家庭结构现状选取了 10 户特征家庭展开了为期 8 个月的数据监测,并对其用能模式(空调期、在室情况、用能行为、容忍温度和设定温度)进行总结得到标准样本;最后利用建筑能耗模拟软件 DeST 模拟分析各用能要素对舒适度和能耗的影响,并提出能耗和舒适度的双指标评价以及综合评价体系。

5.1　住宅用能行为调研与分析

1. 调研形式及内容

对夏热冬冷地区居民用能行为展开的问卷调研,采用"线上问卷为主,线下问卷为辅"的形式,共收到有效问卷 267 份(其中线上 234 份,线下 33 份)问卷的主要调查内容见表 5-1-1。

表 5-1-1   问卷调查内容

调查项目	主要内容
家庭基本情况	来源地、年龄段、家庭结构、在室情况
建筑基本情况	建筑层数、建筑面积、建筑朝向
家庭用能情况	空调(采暖)计算期、容忍温度范围、设定温度范围、开窗习惯
家庭能耗	高中低能耗组
用能心态	对住宅舒适和节能的重视程度比重、对不同房间舒适度的重视程度

2. 基本情况分析

据数据统计显示,大部分受访者来源地为上海,其余受访者也基本是江浙地带的城镇居民。问卷对象分布较广,受访者具有较好的来源地、年龄段、和家庭结构分布层次(图 5-1-1—图 5-1-3),且与 2017 年上海市统计年鉴[1]和第六次上海市人口普查[2]的数据基本相符,说明该问卷调研结果具有较好的代表性。

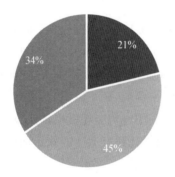

■北方地区 ■江浙沪 ■其他地区

图 5-1-1　受访群体来源地分布情况

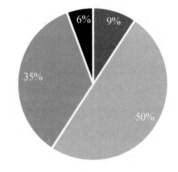

■20岁以下 ■21~40岁 ■41~60岁 ■60岁以上

图 5-1-2　受访群体年龄段分布情况

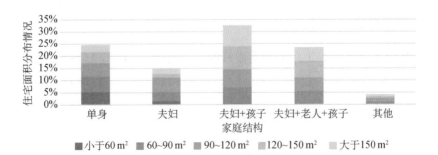

■小于60 m² ■60~90 m² ■90~120 m² ■120~150 m² ■大于150 m²

图 5-1-3　受访群体家庭结构及住宅面积分布情况

受访群体的在室情况如图 5-1-4 所示,一天之中使用频率最高的是客厅,其次是主卧室,最后是儿童(老人)卧室。客厅使用频率最高的时间段是早上和下午,晚上有所下降;主卧室和儿童卧室则是晚上＞早上＞下午,说明夫妇和儿童在白天多外出活动;老人卧室则是从早到晚依次增大,说明老人少有外出,更多的时间是待在家里,是家中与室内热湿环境关系最密切的家庭成员。

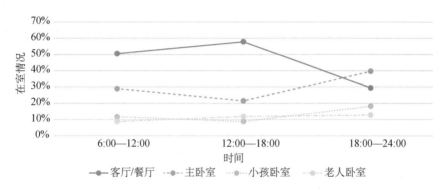

图 5-1-4　受访群体人员在室情况

（1）空调期长度

如图 5-1-5 所示,受访家庭夏季空调期开始时间和结束时间分别集中在 6 月下旬至 7 月下旬和 9 月。其中,来源地为江浙沪地区的受访家庭的空调期多为 6 月下旬至 9 月下旬,来源地为北方地区的受访家庭则为 7 月下旬至 9 月上旬。另外,有约 8% 的受访者在夏季不开空调。而上海市《居住建筑节能设计标准》所给出的空调计算期为当年 6 月 15 日至当年 8 月 31 日,从图中可以看到,8 月下旬结

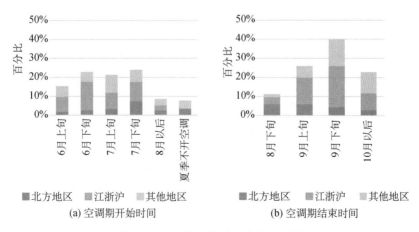

图 5-1-5　受访群体空调期调研结果

束空调期的受访家庭仅占11％。说明上海市《居住建筑节能设计标准》给出的空调计算期偏离了实际情况。

（2）采暖期长度

如图5-1-6所示,受访家庭冬季采暖期开始时间和结束时间分别集中在11月下旬至12月上旬和2月下旬。其中,来源地为江浙沪地区的受访家庭的采暖期多为12月上旬至2月下旬,来源地为北方地区的受访家庭则为11月下旬至2月下旬。另外,有约24％的受访者在冬季不开采暖设备,这其中来源地为其他夏热冬暖地区的受访者占到半数以上,而来自北方地区的受访者冬季都开启采暖设备。

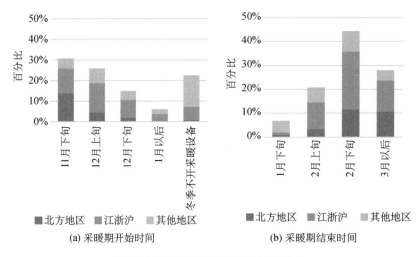

(a) 采暖期开始时间　　　　　　(b) 采暖期结束时间

图5-1-6　受访群体采暖期调研结果

（3）容忍温度和设定温度

如图5-1-7、图5-1-8所示,受访家庭空调期的容忍温度和设定温度分别为29～30℃和26℃,且各来源地的受访者均呈现相同的趋势。调研得出的空调期室内设定温度上限与上海市《居住建筑节能设计标准》建议的夏季室内设计温度值26℃相差不大,说明调研数据的合理性。但由于长期养成的生活习惯,来源地为江浙沪地区居民已经具有很强的热抗性,容忍温度上升至29～30℃,大大降低了空调设备的使用频率,继而减少夏季住宅能耗。但上海市《居住建筑节能设计标准》中并未给出建议的容忍温度,仍以26℃作为容忍温度设计值,这与上海地区的实际用能现状有所差异。

如图5-1-9、图5-1-10所示,受访家庭的采暖期的容忍温度和设定温度分别为13℃及以下和20℃及以上,与规范建议的冬季室内设计温度值18℃有着较大差异。

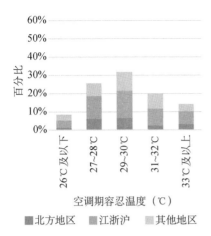

图 5-1-7　空调期容忍温度调研结果

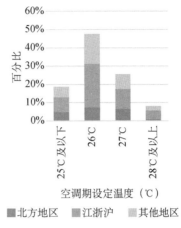

图 5-1-8　空调期设定温度调研结果

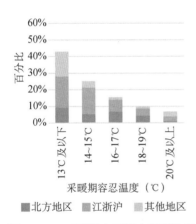

图 5-1-9　采暖期容忍温度调研结果

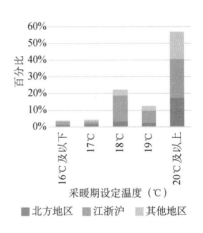

图 5-1-10　采暖期设定温度调研结果

如图 5-1-11 所示,通过对不同年龄段的受访人群的空调期设定温度和容忍温度进行汇总,发现 20 岁以下的少年群体的设定温度和容忍温度较其他群体明显偏低 1~2℃,说明少年群体相较其他群体更不耐热,也从侧面反映了年龄段是居住人员空调期室内设定温度和容忍温度的影响因素。不过由于老年样本和少年样本较少,调研数据的准确性有待提高,本节将针对不同年龄段的家庭成员的用能模式(包括容忍温度和设定温度)进行深入研究。

如图 5-1-12 所示,通过对不同能耗组的受访人群的空调期设定温度和容忍温度进行汇总,发现不同能耗组受访人群的空调期设定温度无明显差异,容忍温度却呈现出了显著差异,低、中、高能耗组的受访人群的容忍温度分别为 33℃、29~30℃、27~28℃。说明高能耗用户的抗热性要明显低于低能耗用户,具有很大的节能潜力。

233

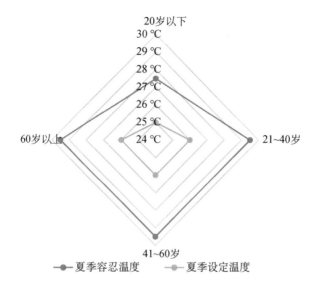

图 5-1-11　各年龄段夏季容忍(设定)温度

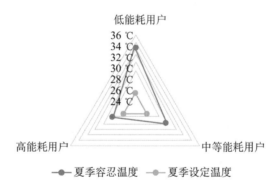

图 5-1-12　各能耗组夏季容忍(设定)温度

（4）开窗情况

如图 5-1-13 所示,从受访家庭夏季开窗情况来看,80％的受访者表示"常在早晚开窗",这是因为夏季早晚外温较低,此时开窗通风即有益于室内空气流通,又避免了过热的室外热流。受访家庭冬季的开窗频率明显减小,且没有明确的开窗时间。相较夏季更多的住户选择了"基本不开窗",说明了冬季人们为了躲避冷风,更多地选择了设备采暖的方式,继而提升了采暖能耗。

如图 5-1-14 所示,通过对不同能耗组的受访人群的开窗情况进行汇总,可以看出低、中能耗组的受访人群开窗习惯相近,而高能耗组的受访人群不开窗率更高,说明高能耗组的受访人群更倾向于机械控温,有很大的节能潜力。

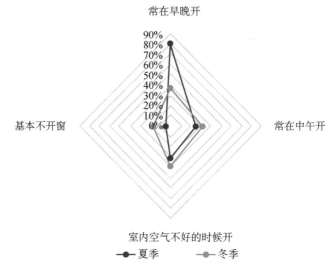

图 5-1-13　受访群体夏(冬)季开窗情况

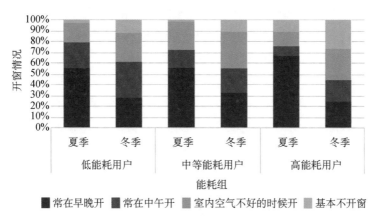

图 5-1-14　各能耗组夏(冬)季开窗情况

3. 能耗及用能心态分析

(1) 能耗

受访群体根据自身用能情况选择的能耗组分布情况如图 5-1-15 所示,59%
的受访者属于中等能耗用户,低、高能耗用户占比分别为 26% 和 15%,不同家庭
结构的受访群体的能耗组占比也不尽相同。一人户家庭的低能耗用户占比最大,
有儿童(老人)的家庭高能耗用户占比最小,而标准核心家庭是节能意识相对较弱
的群体。

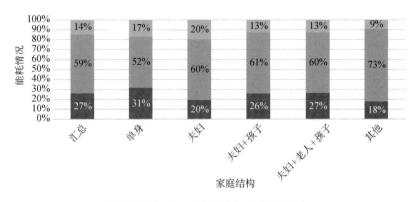

图 5-1-15　分家庭结构能耗组分布情况

（2）用能心态

如图 5-1-16 所示，通过对不同能耗组的受访者对住宅"舒适"和"节能"的重视程度比重进行汇总，得到受访群体对住宅"舒适"和"节能"的重视程度比重约为 6∶4，且针对不同能耗组的样本家庭，从低能耗到高能耗住户，对舒适度的重视比重依次上升，说明能耗越高的家庭越注重室内舒适度，继而产生了更多的机械控温行为，造成了较大的能耗，具有很大的节能潜力。后文将依据此项调研中的比重结果，尝试对住宅用能行为建立舒适度和能耗的综合评价体系。

除了对不同能耗组的受访者的用能心态进行分类汇总，问卷中还针对不同家庭结构对各功能房间的舒适度重视程度排序进行了调研，并计算出综合平均得分（得分越高，说明重视程度越高）。

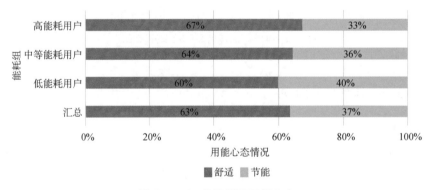

图 5-1-16　各能耗组用能心态

如图 5-1-17 所示，受访群体对房间舒适度的重视程度从高到低依次为：主卧、客厅、厨房、次卧。不同家庭结构的受访家庭对房间舒适度重视程度的排序也不尽相同,当家中有老人和儿童时,对客厅和次卧舒适度的重视程度明显上升。据此,在后文中将依据不同家庭结构来重点分析其用能行为,及其与能耗和舒适度的影响。

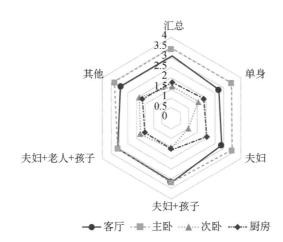

图 5-1-17　分家庭结构各房间舒适度重视程度

4.问卷数据相关分析

调研中的各个项目之间存在着千丝万缕的关系,本节着重研究能耗、用能心态、空调期(采暖期)用能情况与其他因素之间的相关性。借助数据统计分析软件 SPSS 的技术支持,对各变量进行 Pearson 相关分析。

（1）能耗及用能心态相关分析

针对能耗及用能心态,本节将所有相关因素都展开了相关分析,并将其中关联较大的部分因素整理了出来,主要包括家庭背景、夏(冬)季用能情况、开窗情况以及能耗与用能心态的相互关系,详见表 5-1-2。对表中所列因素与能耗及用能心态的相关分析如下:

1）家庭背景

能耗与来源地呈极弱负相关,与住宅层数呈极弱正相关。

2）夏季用能情况

能耗与空调期开始时间呈弱负相关,与其他因素呈非显著性水平相关,说明空调期越早开始的家庭,能耗越大。用能心态则与空调期起止时间均呈显著性水平相关,说明家庭空调期越长的受访者,越注重舒适度。

3）冬季用能情况

能耗与采暖期长度呈极弱相关,与采暖期空调容忍温度和设定温度呈弱相关,说明采暖期越长,能耗越大;容忍温度和设定温度越高,能耗显著增长。用能心态与所有指标均为非显著性水平相关。

4)开窗情况

在调研过程中,发现夏季开窗情况与能耗及用能心态之间有着较强关联。夏季基本不开窗的家庭,能耗也会相应增加。"夏季早晚开窗"和"夏季基本不开窗"与"用能心态"分别呈极弱负相关和弱正相关,说明夏季早晚开窗的住户更看重节能,而夏季基本不开窗的住户更看重舒适度。

5)能耗与用能心态相互关系

"能耗"与"用能心态"呈弱正相关,说明高能耗用户更看重舒适度。

表 5-1-2   能耗及用能心态相关分析结果

Pearson 相关			
变量		能耗	用能心态
家庭背景	来源地	-0.189^*	-0.076
	年龄段	-0.024	0.02
	家庭结构	0.019	-0.084
	住宅层数	0.187^*	-0.019
	住宅面积	0.132	0.053
夏季用能情况	空调期开始时间	-0.270^{**}	-0.201^*
	空调期结束时间	0.131	0.219^{**}
	空调期容忍温度	-0.038	0.094
	空调期舒适温芟	-0.023	0.114
冬季用能情况	采暖期开始时间	-0.187^*	-0.008
	采暖期结束时间	0.197^*	-0.02
	采暖期容忍温度	0.211^{**}	-0.034
	采暖期舒适温度	0.227^{**}	-0.02
开窗情况	夏季早晚开窗	-0.026	-0.168^*
	夏季基本不开窗	0.160^*	0.222^{**}
能耗		1	0.229^{**}
用能心态			1

$* \; p < 0.05 \quad ** \; p < 0.01$

（2）空调期（采暖期）用能情况相关分析

针对空调期（采暖期）用能情况，本节将所有相关因素都展开了相关分析，并将其中关联较大的部分因素整理了出来，主要包括家庭背景和夏（冬）季用能情况的自影响以及相互关系，详见表 5-1-3。对表中所列因素与空调期（采暖期）用能情况的相关分析如下：

1）家庭背景

从表中数据可以看到，家庭背景中仅有"来源地"与用能情况呈显著性水平相关，其他因素均未呈现出显著性水平相关。其中"来源地"与"空调期开始时间"和"空调期舒适度温度"呈极弱相关，与采暖期四个因素全部为弱相关，说明来源地对采暖期用能行为的影响显著高于空调期。

2）空调期用能情况自影响

空调期用能行为四个因素相互之间均呈显著性水平相关，且相关系数都非常高。空调期开始时间越早，结束时间则越晚，容忍温度和设定温度越高；空调期结束时间越晚，容忍温度和设定温度越高，且相关系数大于 0.7，为极强相关；容忍温度越高，设定温度越高，且相关系数超过 0.8，属于极强相关，说明夏季容忍温度高的受访人群，对室内热舒适环境的要求也相对宽松。

3）采暖期用能情况自影响

采暖期用能行为四个因素亦均呈显著性水平相关，且相关系数都超过 0.7，属于极强相关，说明采暖期用能因素的自影响较空调期更强。采暖期开始时间越早，结束时间则越晚，容忍温度和设定温度越高；采暖期结束时间越晚，容忍温度和设定温度越高；容忍温度越高，设定温度越高，说明冬季容忍温度低的受访人群，对室内热舒适环境的要求也相对宽松。

4）空调期和采暖期用能情况相互影响

"空调期开始时间"与采暖期四个因素均呈显著性水平相关，其他因素之间则未呈现出显著性水平相关。空调期开始时间越早，采暖期开始时间越早，结束时间越晚，采暖期容忍温度和设定温度越高。

5.2　住宅人员行为监测及分析

在上节调研的基础上，基于上海市家庭结构现状选取了 10 户家庭展开了为期 8 个月的数据监测，获取住户空调期和采暖期的人员在室情况、室内温湿度情况、开窗行为、空调使用行为、空调能耗等，并通过分人群、分家庭结构的方式汇总得到冬夏两季各用能人群的用能模式（空调期、在室情况、用能行为、容忍温度和

表 5-1-3

空调期(采暖期)用能情况相关分析结果

Pearson 相关

变量		空调期开始时间	空调期结束时间	空调期容忍温度	空调期舒适温度	采暖期开始时间	采暖期结束时间	采暖期容忍温度	采暖期舒适温度
家庭背景	来源地	0.174*	−0.092	−0.133	−0.176*	0.238**	−0.315**	−0.299**	−0.271**
	年龄段	0.038	0.083	0.029	0.059	0	0.077	0.075	0.016
	家庭结构	−0.061	0.02	−0.068	−0.072	−0.078	0.068	0.116	0.106
	住宅层数	−0.066	0.154	0.03	−0.013	−0.001	0.037	0.023	−0.011
	住宅面积	−0.102	0.096	0.146	0.098	−0.043	0.082	0.058	0.098
夏季用能情况	空调期开始时间	1	−0.605**	−0.360**	−0.478**	0.186*	−0.185*	−0.221**	−0.223**
	空调期结束时间		1	0.703**	0.752**	0.02	0.042	0.044	0.044
	空调期容忍温度			1	0.828**	0.091	0.017	−0.063	0.019
	空调期舒适温度				1	0.134	−0.041	−0.079	−0.059
冬季用能情况	采暖期开始时间					1	−0.865**	−0.836**	−0.823**
	采暖期结束时间						1	0.897**	0.926**
	采暖期容忍温度							1	0.894**
	采暖期舒适温度								1

* $p < 0.05$　** $p < 0.01$

设定温度),并以问卷调研结果验证数据的可靠性。最终选取标准样本作为后文软件模拟的输入条件。

1. 监测与数据处理方法

（1）调查方法

过往研究[4][5]中,数据监测多采用温湿度自记仪和功率计来分别记录室内温湿度情况和空调使用情况。近年来也有学者[6]意识到人员在室情况的重要性,在数据监测中采用红外人体感应仪来记录人员在室移动情况。本节在过往研究的基础上采用了智能家居传感器,并对开窗行为进行了补充。如图 5-2-1 所示,新一代智能家居传感器具有小巧美观、数据联网等优点,能实时观测样本家庭的各项数据,为入户数据监测提供了一个新的选择。

(a) 温湿度传感器

(b) 人体传感器

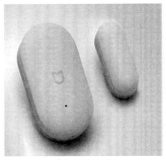
(c) 门窗传感器

(d) 空调功率传感器

图 5-2-1　智能家居传感器

来源：www.mi.com

（2）样本家庭情况

本节在上海市区选取了 10 户家庭展开了为期 8 个月的数据监测,监测时间为 2018 年 6 月至 2019 年 1 月。样本家庭的家庭背景、建筑信息和设备安装情况详见表 5-2-1 和表 5-2-2。样本家庭在家庭结构、年龄段、来源地、能耗水平、降温(采暖)设备形式等方面均具有合理的层次分布,能较好地代表夏热冬冷地区城镇典型家庭。

表 5-2-1　　　　　　　　　　样本家庭背景及设备信息

编号	家庭结构	具体构成	来源地	能耗水平	降温采暖设备
A1	三代直系家庭	夫妇+老人+儿童	江浙沪地区	低	分体式空调
A2	三代直系家庭	夫妇+老人+儿童	江浙沪地区	中等	家用中央空调
B1	标准核心家庭	夫妇+儿童	江浙沪地区	中等	分体式空调
B2	标准核心家庭	夫妇+儿童	江浙沪地区	中等	分体式空调
C1	夫妇核心家庭	青年夫妇	北方地区	高	分体式空调
C2	夫妇核心家庭	青年夫妇	江浙沪地区	中等	分体式空调
C3	夫妇核心家庭	中老年夫妇	江浙沪地区	中等	分体式空调
C4	夫妇核心家庭	青年夫妇	江浙沪地区	高	家用中央空调
D1	一人户家庭	青年	南方地区	中等	分体式空调
D2	一人户家庭	青年	江浙沪地区	高	分体式空调

表 5-2-2　　　　　　　　　样本家庭建筑信息及设备安装情况

编号	建筑年代	建筑类型	建筑面积(m^2)	房型	设备安装情况			
					客厅	主卧室	儿童卧室	老人卧室
A1	2001—2010 年	高层	90	三室一厅	★☆▥▣	★☆▥▣	★☆▥▣	★☆▥▣
A2	2001—2010 年	高层	150	四室两厅	★☆▣		★☆▣	★☆▣
B1	2001—2010 年	高层	120	三室两厅	★☆▥▣	★☆▥▣	★☆▥▣	
B2	2001—2010 年	多层	150	三室两厅	★☆▥▣	★☆▥▣	★☆▥▣	
C1	1991—2000 年	多层	90	两室一厅	★☆▥▣	★☆▥▣		
C2	2011 年后	高层	60	一室	★☆▥▣	★☆▥▣		
C3	1991—2000 年	高层	90	两室一厅	★☆▥▣	★☆▥▣		
C4	2011 年后	高层	120	三室两厅	★☆▣	★☆▣		
D1	2011 年后	高层	30	单间		★☆▥▣		
D2	2011 年后	高层	30	单间		★☆▥▣		

*① 温湿度传感器—★;人体传感器—☆;门窗传感器—▥;空调功率传感器—▣。
② A2 和 C4 家庭采用中央空调,无法监测空调功率,没有安装空调功率传感器。
③ A2 家庭主卧室由于网络故障,无法联网获取数据,没有安装设备。

（3）气候情况

通过将夏冬两季（本节中夏季指当年 7 月 1 日至当年 9 月 30 日，冬季指当年 12 月 1 日至次年 1 月 31 日）模拟软件 DeST 提供的上海地区典型气象年室外逐时温度数据与 2018 年实测室外逐时温度数据对比，分析本节数据监测时段内，气候条件与典型气象年的差异情况。

如图 5-2-2、图 5-2-3、表 5-2-3 和表 5-2-4 所示，实测年夏季较同期更为炎热，冬季较同期略微暖和，这可能会导致本研究实测制冷能耗较过往研究偏大，采暖能耗较过往研究偏小。

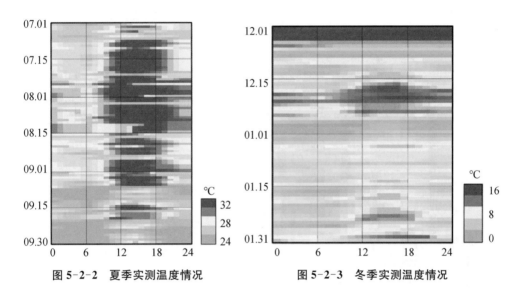

图 5-2-2 夏季实测温度情况　　　　　图 5-2-3 冬季实测温度情况

表 5-2-3 夏季炎热天气对比

温度情况	夏季占比	
	典型气象年	实测年
大于 34 ℃	0.54％	3.03％
大于 32 ℃	3.13％	12.86％
大于 30 ℃	11.14％	27.99％
大于 28 ℃	28.31％	53.71％
大于 26 ℃	54.39％	82.52％

表 5-2-4 冬季寒冷天气对比

温度情况	冬季占比	
	典型气象年	实测年
低于 0 ℃	8.53％	0.81％
低于 2 ℃	18.14％	5.85％
低于 4 ℃	33.53％	16.53％
低于 6 ℃	50.87％	33.67％
低于 8 ℃	64.85％	56.52％

2. 样本家庭人员行为分析(夏/冬)

以住户 A1 为例介绍样本家庭的在室情况、室内温湿度情况、开窗行为、空调使用行为等数据。

住户 A1 为典型三代直系家庭,夫妇为上班族;小女孩为学龄儿童,单独住在儿童卧室;老人带着学龄前小男孩长期在家,一起住在老人卧室;客厅使用率很高。如图 5-2-4 所示,户型平面为三室一厅,主卧、儿童卧室朝南,且儿童卧室有大面积玻璃门通往阳台,老人卧室、客厅朝北,且老人卧室外围结构面最长,保温隔热性能较其他房间差。家中共有 4 台空调设备,均为分体式空调,分别位于客厅和各卧室。

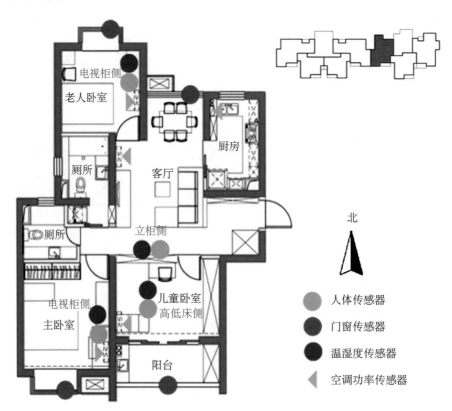

图 5-2-4　A1 住户户型图及设备安装位置

(1) 夏季

图 5-2-5 为 A1 住户各房间的逐时温度分布图。图中横坐标表示 24 小时的时间变化,每一小格代表 1 小时;纵坐标表示日期。图中每格内颜色表示该

时段的平均温度,数值大小参考图例。后文中相似图表表示相同意义,不再予
以阐述。

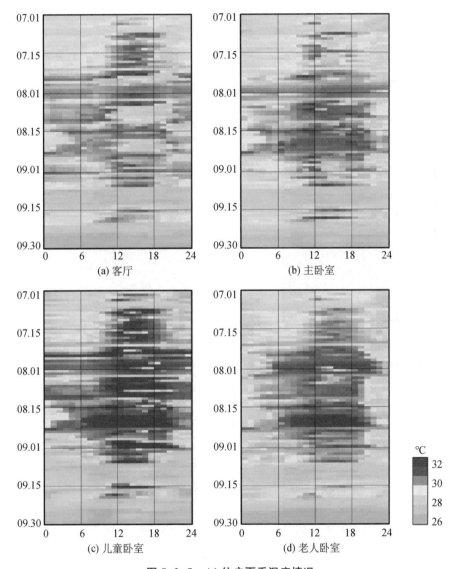

图 5-2-5　A1 住户夏季温度情况

从图中可以看出,各房间温度变化趋势相同,且与室外温度变化趋势相似,高温
天气集中在 7 月下旬至 8 月末,高温峰值多出现在下午时段,南向的儿童卧室室内
环境最为炎热,高温持续时间较长;老人卧室室内环境较为炎热,但高温持续时间
短;客厅和主卧室室内环境相对舒适。房间布局对室内温度情况有着重要影响。

从图 5-2-6 中可以看出,客厅从 5 点到 23 点持续有人活动;主卧室在室时间从 18 点持续到次日 9 点,且 23 点至次日 7 点为休息时间;儿童卧室白天在室概率较主卧大,下午经常外出活动,休息时间同主卧;老人卧室白天在室概率大且零碎,说明老人不停地走动,不仅减少了空调设备的使用频率,也提高了客厅在室率,休息时间较短,为 0 点至 5 点。

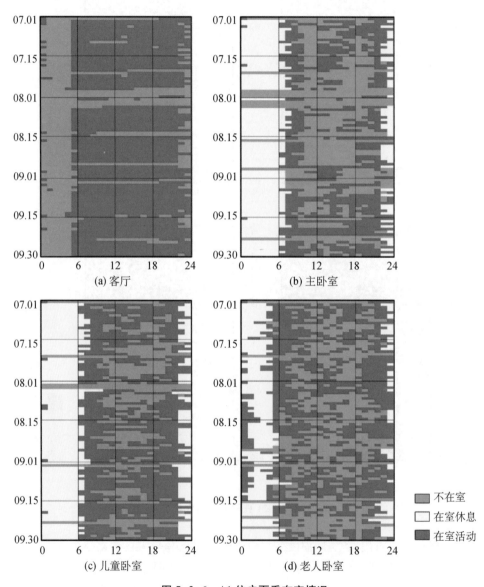

(a) 客厅　　　　　　　　　　　　(b) 主卧室

(c) 儿童卧室　　　　　　　　　　(d) 老人卧室

不在室
在室休息
在室活动

图 5-2-6　A1 住户夏季在室情况

从图 5-2-7 中可以看出,客厅温度峰值出现在下午,且已采用设备降温;夫妇白天时段不在家,晚上回家后温度情况较为舒适;儿童卧室高温峰值时无人在室,凑巧避开了高峰时段,但在室期间仍然比较炎热;老人白天不长时间逗留在卧室,高温天气对其影响较小。综上说明"在室温度"是衡量室内舒适度的重要指标,过往研究中往往采用室外温度或室内温度,对在室情况欠缺考虑。

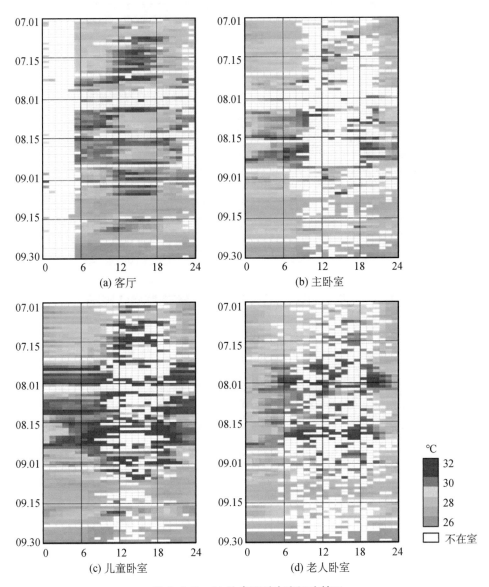

图 5-2-7　A1 住户夏季在室温度情况

从图5-2-8中可以看出,所有房间开窗频率都较大,一般持续一整天,且老人>儿童>客厅>主卧。客厅空调行为一般集中在下午;主卧零星分布在夜间和部分午休时间;儿童卧室空调使用频率较低,多为下午和晚上;老人则在夜间频繁使用空调降暑。

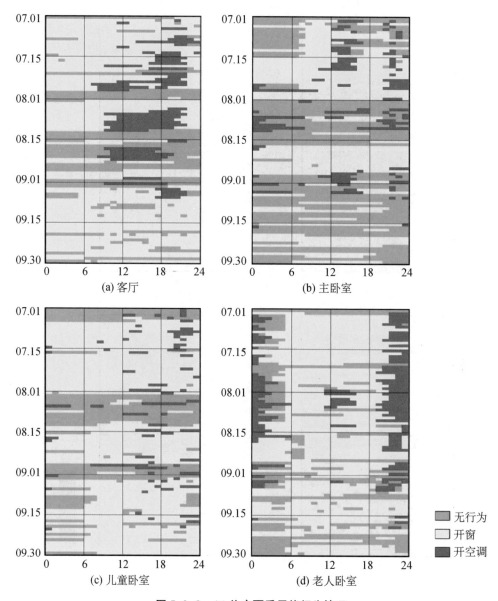

图 5-2-8　A1 住户夏季用能行为情况

从图 5-2-9 中可以看出，客厅空调使用时间持续较长，且设定温度较低；主卧室和儿童卧室空调使用时间不长，且儿童卧室容忍温度较高，设定温度也较高；老人卧室空调使用时间稳定，多为 21 点至次日 2 点，日间容忍温度高，夜间较低。

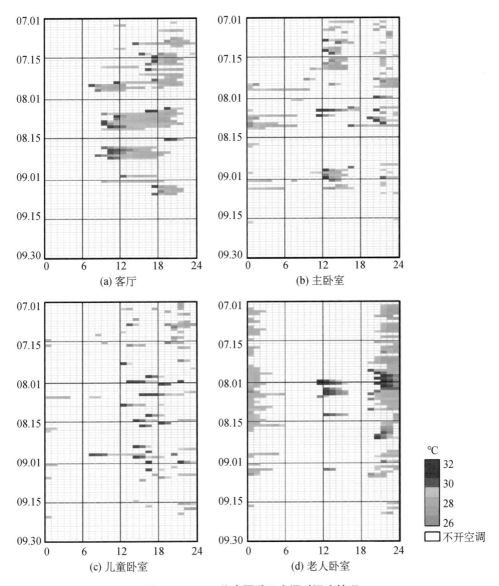

图 5-2-9　A1 住户夏季开空调时温度情况

　　从图 5-2-10 中可以看出，客厅在高温峰值时不开窗，在 9 月逐渐凉爽后开窗频率加大；主卧开窗频率不高，但会持续整日，因为白天不在家不受高温干扰；儿童卧室和老人卧室除空调使用时段基本都在开窗，温度因素干扰较小。

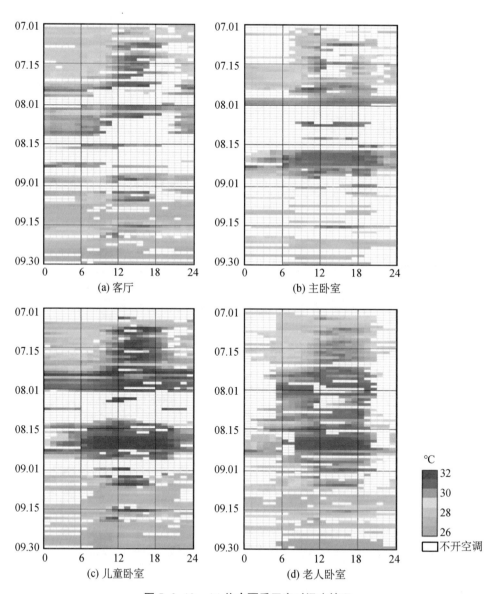

(a) 客厅　　　　(b) 主卧室

(c) 儿童卧室　　　　(d) 老人卧室

图 5-2-10　A1 住户夏季开窗时温度情况

图 5-2-11 为 A1 住户各房间综合用能情况分布图。从图中可以看出，客厅白天长期有人活动，开窗行为占主导地位且持续整日，在高温峰值时段会使用空调；主卧空调行为多发生于夜间和午休；儿童卧室和老人卧室空调行为多发生与下午和晚上，其余时间基本都持续开窗。

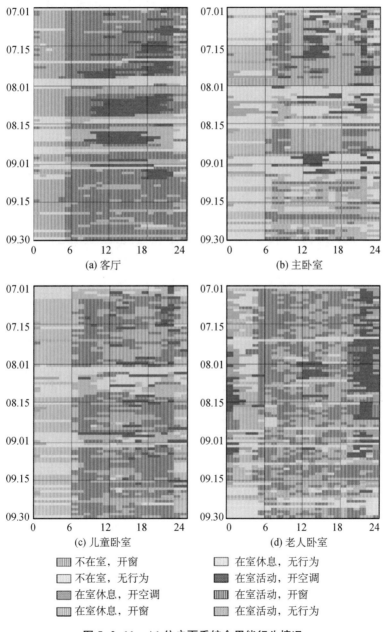

图 5-2-11　A1 住户夏季综合用能行为情况

（2）冬季

如图 5-2-12 所示,各房间温度变化趋势相同,且与室外温度变化趋势相似,12 月上旬进入寒潮,12 月下旬小幅回温。一天中气温无明显波动,图中气温骤升多为使用采暖设备所致。对比室温发现南向房间(儿童卧室和主卧室)明显较北向房间(客厅和老人卧室)温暖,说明朝向在采暖期对室内舒适度有重要影响。

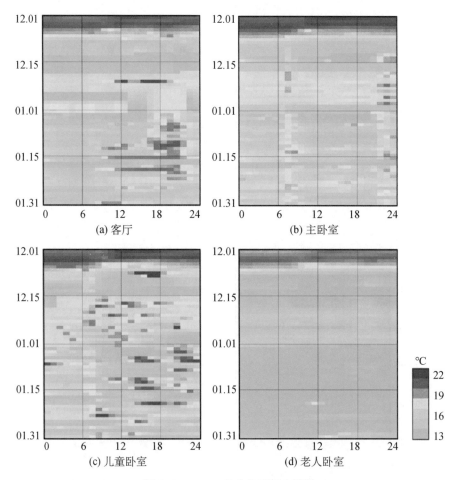

图 5-2-12　A1 住户冬季温度情况

如图 5-2-13 所示,客厅核心地位明显,各房间在室情况与空调期相似,但老人卧室在室率有所下降,说明老人在采暖期更喜欢到客厅活动。12 月少有开窗,1 月后客厅大规模开窗。空调行为多集中在 1 月上旬,且客厅多于夜晚家人聚集时开启空调;儿童卧室在早晨起床时习惯开启空调;老人卧室则基本不使用空调。

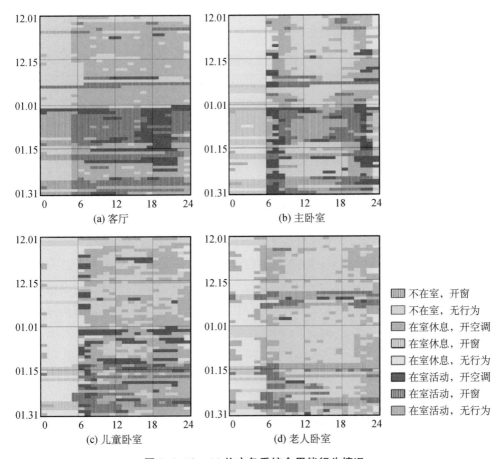

(a) 客厅 (b) 主卧室

不在室，开窗
不在室，无行为
在室休息，开空调
在室休息，开窗
在室休息，无行为
在室活动，开空调
在室活动，开窗
在室活动，无行为

(c) 儿童卧室 (d) 老人卧室

图 5-2-13 A1 住户冬季综合用能行为情况

3. 人员行为与家庭、房间的关联性分析(夏/冬)

(1) 夏季

通过对各样本家庭的室内温度分布、在室情况、用能情况进行逐一分析,本节将对样本家庭空调期用能模式几个重要指标进行整理,包括空调期、在室情况、用能行为、容忍温度和设定温度等,并分别通过房间功能和家庭结构进行分类汇总分析。

1) 空调期

如表 5-2-5 所示,住户实测的平均空调期为 7 月 3 日至 9 月 15 日,共计 74 天,比上海市《居住建筑节能设计标准》《夏热冬冷地区居住建筑节能设计标准》仅少了 3 天[3,7],但整体延后了半个月,从图 5-2-2 可以看出,2018 年的高温气候到 7 月上旬才出现,并一直持续到 8 月底,在 9 月中旬又重新迎来一次升温,空调期会相对延后。而且住户实测的空调期落在问卷调研的合理区间内，综上得到的空调期是相对合理的，并采用该空调期实测。

表 5-2-5　　　　　　　　　　　各途径空调期统计

来源	开始制冷时间	结束制冷时间	计算制冷天数
住户实测	7 月 3 日	9 月 15 日	74
问卷调研	7 月 8 日	9 月 15 日	79
《夏热冬冷地区居住建筑节能设计标准》	6 月 15 日	8 月 31 日	77
上海市《居住建筑节能设计标准》	6 月 15 日	8 月 31 日	77

2）在室情况

如图 5-2-14 所示，横坐标表示 24 小时，"0"表示时间段 0:00—1:00；纵坐标则表示不同在室情况的概率。样本家庭白天的在室率较低，这是因为大部分样本家庭白天都要外出工作。5:00—9:00 及 21:00—24:00 的在室率最高，说明这段时间大多数住户都在家，这是最容易发生用能行为的时段。在室活动的高峰时段分别是 6:00—10:00 及 18:00—23:00，在室休息的主要时段是 0:00—7:00。两种在室状态所对应的时段是室内舒适度的重点关注时段，且由于活动状态的不同，分别对应了不同的舒适条件[8]，后文将对这两种状态加以区分。

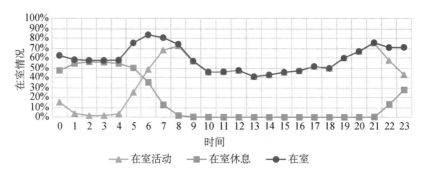

图 5-2-14　空调期样本家庭逐时在室情况

如图 5-2-15 所示，通过房间功能对数据进行分类汇总可以看出，客厅除了凌晨时段以外，在室率都超过了 60%，是家中最核心的功能空间，且随着常住人口增多，客厅在室率相应增长，说明随着家庭变大，客厅的核心地位越明显。主卧室和儿童卧室 6:00—17:00 在室率较低，老人卧室则整天都保持较高的在室率，这是因为主人和儿童白天多外出工作（学习），而老人多待在家里，这与问卷调查的结果相一致。

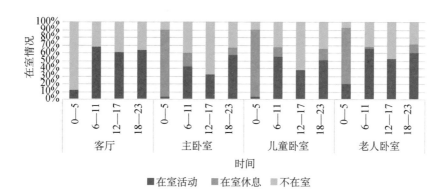

图 5-2-15　空调期分房间逐时段在室情况

如图 5-2-16 所示,各家庭的全日综合在室率为 40%~80%,一人户家庭的在室率最高,因为活动空间集中;三代直系家庭的在室率较核心家庭高,因为老人多待在家内。

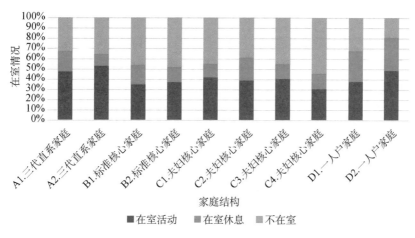

图 5-2-16　空调期分家庭在室情况

3) 用能行为

为了规避在室率对结论的影响,该部分只讨论在室用能情况。如图 5-2-17 所示,本节提出一个新的概念——"主动行为","主动行为"是与"无行为"相对的概念,指的是住户在室时,通过开窗、开空调或是其他有助于改变室内环境的行为,"主动行为概率"代表了住户改变室内环境的意愿大小。

样本家庭的平均主动行为概率约为 60%,其中开窗约 35%,开空调 25%。说明当住户在室时,约有一半时间是不采取任何行为的,采取主动行为时以开窗为主,空调仅为辅助降温手段,这也是上海地区居民空调能耗远低于发达国家水平

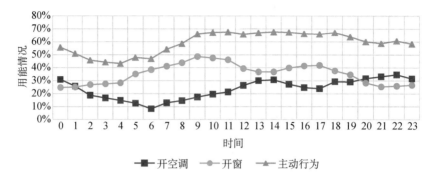

图 5-2-17　空调期样本家庭逐时用能行为情况

的一个重要原因。从时间段上来看,夜间休息后住户采取主动行为的概率最低,9 点到 18 点是主动行为发生的高峰,说明该时段综合气候条件、在室概率和用能习惯,改变室内环境的意愿最大。且开窗行为和空调行为相互补充,使得主动行为保持在一个相对稳定的状态。

从开窗行为来看,白天开窗率明显高于夜间,总体保持在 20% 以上,说明江浙沪地区居民自然通风的意识较强。7 点至 12 点是开窗的高峰时段,开窗概率超过40%。午间由于气温升高,开窗率有所下降,傍晚小幅回升后持续下降。住户空调期开窗模式可以总结为"常在早上和傍晚开",这与问卷调研的结论相符合。

空调行为的变化趋势与开窗行为刚好相反。晚上是空调行为的高峰期,且在20 点后空调使用率超过了开窗率。在闷热的夏季晚上,自然通风效果不好,上海地区居民更倾向于利用空调降温。夜间休息后空调使用概率逐渐降低,在起床后又逐渐回升,12 点至 16 点由于高温天气激发了一波空调使用高峰,16 点后有所回落后再次上升。住户空调期空调使用模式可以总结为"常在下午和晚上开"。

如图 5-2-18 所示,各房间主动行为概率从高到低依次为:客厅、主卧、老人

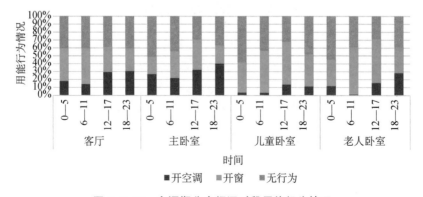

图 5-2-18　空调期分房间逐时段用能行为情况

卧室、儿童卧室。说明空调期儿童对室内环境主动改变意愿最小,而客厅则由于人员密集活动,对室内环境会做出更多的主动行为。从用能行为上来看,主卧的开窗概率明显低于其他房间,空调使用概率则明显高于其他房间,说明主人夫妇更倾向空调降温;老人和儿童卧室的空调使用概率很低,且多发生在下午和晚上。

如图 5-2-19 所示,住户 A1、C1、D2 的主动行为概率最高,但可以看出其行为构成完全不同,住户 A1 以开窗为主,住户 C1 二者相当,而住户 D2 则以开空调为主,且空调使用概率接近 60%,是典型的高能耗家庭。住户 A1、B1、C3 空调使用概率低于 20%,属于低能耗家庭。从图中数据推测不同家庭结构空调期的空调使用频率从大到小依次为:一人户家庭、青年夫妇家庭、标准核心家庭、三代直系家庭、老年夫妇家庭。

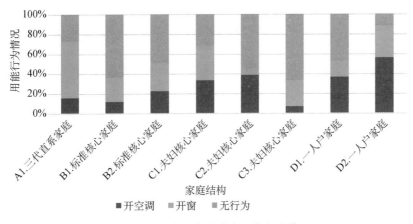

图 5-2-19　空调期分家庭用能行为情况

4)容忍温度和设定温度

如图 5-2-20 所示,本节的容忍温度确定规则为:将某住户某时段的所有空调开启时刻的温度列出,当高于(冬季为低于)某一温度时,空调的开启概率大于60%,则该温度为该住户该时段的容忍温度。本节的设定温度定义为:空调开启时的室内平均温度,区别于空调显示温度,指的是空调开启后室内实际平均温度。通过数据汇总,得到样本家庭的容忍温度为 29℃,设定温度为 27℃,未开空调设备时的平均温度为 29℃。与问卷得到的数据相符,说明本节对容忍温度和设定温度的定义具有合理性。

如图 5-2-21 所示,主卧室的容忍温度较其他房间低 1℃,设定温度也较低(推测是一人户家庭样本影响);老人卧室的设定温度很高,与容忍温度相同,说明

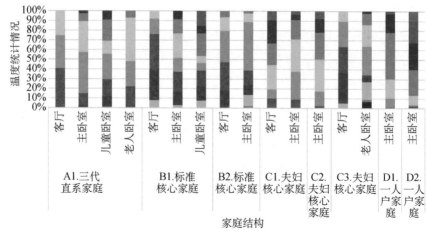

图 5-2-20　样本家庭空调期设备开启时室内温度统计

老人抗热性较强,且空调开启时间不长没有产生足够的温差,容忍温度与设定温度均为 29℃。

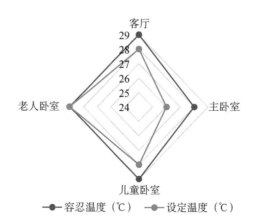

图 5-2-21　空调期分房间容忍(设定)温度

如图 5-2-22 所示,一人户家庭的容忍温度最低;老人夫妇家庭的容忍温度最高,基本通过开窗调节室内气温,碰到极端天气才会开启空调。设定温度与容忍温度的趋势相似,高能耗一人户家庭的设定温度低至 25℃,不仅造成大量能耗,对身体健康也不利,具有较大的节能潜力。

由于样本量较少,受访家庭的容忍温度和设定温度主要由个人的用能习惯决定,出现了较大的偶然性,监测数据仅供参考。

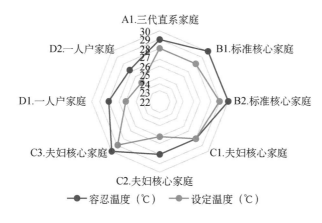

图 5-2-22　空调期分家庭容忍(设定)温度

（2）冬季

本节将对样本家庭采暖期用能模式几个重要指标进行整理，包括采暖期、在室情况、用能行为、容忍温度和设定温度等，并分别通过房间功能和家庭结构进行分类汇总分析。

1）采暖期

如表 5-2-6 所示，住户实测的平均采暖期开始时间为 12 月 7 日，受研究时间限制未能测得采暖结束时间，但通过对比上海市《居住建筑节能设计标准》《夏热冬冷地区居住建筑节能设计标准》以及调研结果和实测结果，可以看出规范建议的采暖计算期具有一定合理性，后文将采用规范建议值作为采暖计算期。

从图 5-2-3 中可以看出，2018 年 12 月初气候较为暖和，到 12 月 7 日左右引来寒潮继而持续低温，这也导致住户实测的采暖期开始时间较规范建议值稍晚，表明了实测数据的合理性。

表 5-2-6　　　　　　　　各途径采暖期统计

来源	开始采暖时间	结束采暖时间	计算采暖天数
住户实测	12 月 7 日		
问卷调研	12 月 1 日	次年 2 月 22 日	84
《夏热冬冷地区居住建筑节能设计标准》	12 月 1 日	次年 2 月 28 日	90
上海市《居住建筑节能设计标准》	12 月 1 日	次年 2 月 28 日	90

2）在室情况

如图 5-2-23 所示，样本家庭采暖期在室情况与空调期基本趋势相同，

5:00—9:00 及 21:00—24:00 的在室率最高,在室活动的高峰时段分别是6:00—10:00 及 18:00—23:00,在室休息的主要时段是 0:00—7:00。但整体在室率较空调期有所提升,平均在室率超过 60%,说明住户在采暖期更偏向于待在家里。

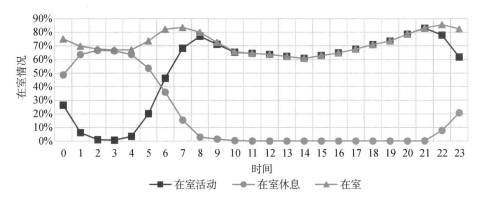

图 5-2-23　采暖期样本家庭逐时在室情况

如图 5-2-24 所示,通过房间功能对数据进行分类汇总可以看出,客厅除了凌晨时段以外,在室率都超过了 80%,是家中最核心的功能空间,各卧室各时段在室率也相较空调期有所提升,但客厅较空调期上涨约 20%,说明采暖期客厅的核心地位愈加明显,样本家庭更偏好于聚集在客厅。

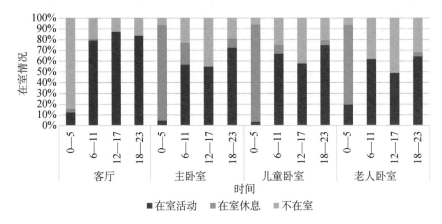

图 5-2-24　采暖期分房间逐时段在室情况

如图 5-2-25 所示,各家庭的全日综合在室率为 50%～90%,其中一人户家庭的在室率超过 95%,较空调期有很大提升;三代直系家庭较夫妇核心家庭高,因为老人多待在家中。

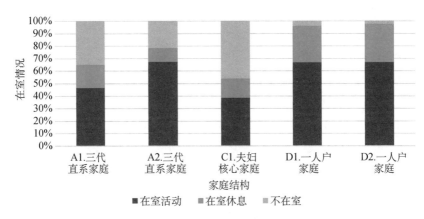

图 5-2-25　采暖期分家庭在室情况

3）用能行为

如图 5-2-26 所示，样本家庭的平均主动行为概率约为 40%，其中开窗约
20%，开空调 20%，明显低于空调期，其中开窗概率仅为空调期一半左右，空调使
用概率则略低于空调期。区别于北方采暖地区"全时间，全空间"的设备供暖方
式，上海地区居民更偏向于通过增添衣物等方式来抵御寒冷，且随着生活习惯的
演变，其抗冷能力也有所提升。正是这样的生活习惯使得该地区的采暖期采暖设
备能耗远低于我国北方采暖地区及发达国家水平。

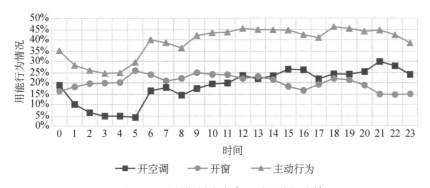

图 5-2-26　采暖期样本家庭逐时用能行为情况

样本家庭采暖期的主动行为从时间段上来看，夜间休息后住户采取主动行为
的概率最低，而活动时间（9 点至 24 点）内且开窗行为和空调行为相互补充，使得
主动行为相对稳定地保持在 40% 左右，未出现明显的高峰。

从开窗行为上来看，全天基本稳定在 20% 左右，20 点至 24 点之间略微下降
至 15% 左右，这段时间在室率和空调使用概率最高，说明夜晚家人聚集活动时

间,该地区居民更偏向于设备采暖。住户采暖期开窗模式可以总结为"全天恒定,夜晚稍低",这与问卷调研的结论相符合。

从空调使用行为上来看,活动时间空调使用概率明显高于夜间休息后,且随着一天时间变化持续上升,至夜晚(20点至24点)达到峰值(约30%)。住户采暖期空调使用模式可以总结为"睡后最低,夜晚稍高"。

如图5-2-27所示,各房间主动行为概率从高到低依次为:客厅、主卧、儿童卧室、老人卧室。说明采暖期老人对室内环境主动改变意愿最小,而客厅则由于人员密集活动,对室内环境会做出更多的主动行为。从用能行为上来看,客厅的开窗概率和空调使用概率都最大,且多发生于夜晚家人聚集时(18点至24点),客厅凌晨在室时段空调使用概率高是因为住户C1夜间用客厅空调间接取暖,非普遍现象;老人卧室的空调使用概率最小,儿童卧室的开窗概率最小。

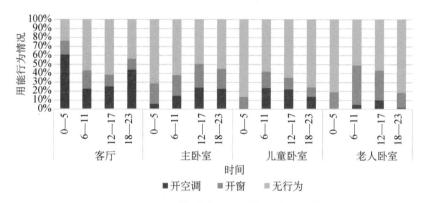

图 5-2-27 采暖期分房间逐时段用能行为情况

如图5-2-28所示,住户C1空调使用概率远高于其他三户,具有较大的节能潜力。其余三户的主动行为概率均为40%左右,三户开窗概率相近,但一人户家

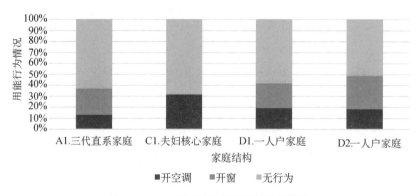

图 5-2-28 采暖期分家庭用能行为情况

庭的空调使用概率明显高于三代直系家庭,不过三户均低于 20%,不算采暖期高能耗家庭。

4) 容忍温度和设定温度

通过软件模拟得到样本家庭采暖期容忍温度为 18℃,设定温度为 20℃,未开采暖设备时的平均温度为 16℃。由于样本量较少,受访家庭的容忍温度和设定温度主要由个人的用能习惯决定,出现了较大的偶然性,监测数据仅供参考。

如图 5-2-29 所示,各房间采暖期的容忍温度相同,设定温度差别较大。客厅和主卧室的设定温度最高,儿童卧室的设定温度最低。如图 5-2-30 所示,三代直系家庭采暖期的容忍温度和设定温度明显低于其他家庭,属于典型的采暖期低能耗家庭,住户 D2 的设定温度较高,但三户均不属于采暖期高能耗家庭,用能行为属于正常范畴。

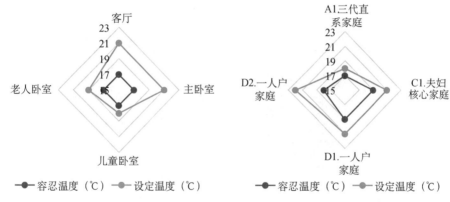

图 5-2-29　采暖期分房间容忍(设定)温度　　图 5-2-30　采暖期分家庭容忍(设定)温度

4. 样本家庭全年住宅能耗分析

通过对样本家庭监测期间的用电情况进行统计分析,结果如图 5-2-31 所示,可以看出样本家庭空调期平均能耗为 7.41 kW·h/m²,采暖期平均能耗为 3.68 kW·h/m²,空调期能耗约为采暖期两倍,这与过往研究[5]实测数据的结论相符,说明了监测数据的可靠性。一人户家庭空调期能耗明显高于其他家庭,其中 D2 住户属于典型的高能耗家庭。

如图 5-2-32 所示,以 A1 住户为例可以看出各功能房间能耗占比由大到小依次为客厅、主卧室、儿童卧室和老人卧室。客厅能耗将近占住宅能耗的 50%,且客厅制冷能耗占比较采暖能耗占比更大;主卧室采暖期能耗占比略微上升;儿童卧室采暖期能耗占比较空调期有大幅提升,说明儿童更注重采暖期室内舒适度;老人卧室采暖期能耗占比略微下降,这与前文综合用能行为情况相符。

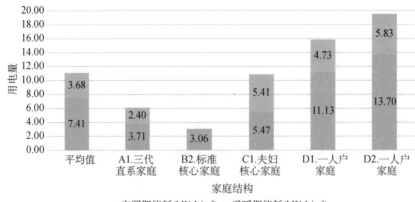

图 5-2-31 样本家庭监测期间用电情况

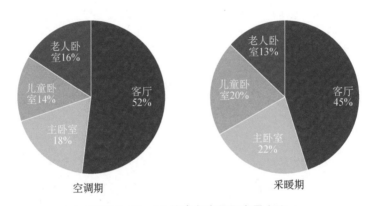

图 5-2-32 A1 住户各房间用电量占比

5.3 不同用能行为下的能耗模拟分析

基于前文数据监测得到的上海地区居民冬夏两季实际用能模式（空调期、在室情况、用能行为、容忍温度和设定温度），并经由问卷调研结果验证合理。本节选取了数据监测中的典型住户 A1，结合其用能模式，通过建筑能耗模拟软件 DeST-h 进行模拟计算，并采用能耗和舒适度双指标评价。首先，验证总结得到的用能模式的合理性，并与上海市《居住建筑节能设计标准》建议的用能模式进行比较；其次，接着对各分项用能因素对能耗和舒适度的影响进行模拟计算对比，给出建议的用能模式；再次，模拟计算功能布局对能耗及舒适度的影响，并给出建议的功能布局；最后，尝试提出能耗和舒适度的综合评价体系，对用能模式进行综合评价。

1. 模拟实验

（1）输入条件

在对前文数据监测结果整理分析后，本节将以数据较为完整、家庭结构覆盖年龄段最广的住户 A1 作为标准样本，结合其用能模式，通过建筑能耗模拟软件 DeST-h 进行模拟计算。

软件模拟中需要输入的参数有：建筑平面及地理信息、建筑围护结构热工参数、气象参数、室内发热量（人员在室情况）、通风模式、空调设备使用方式（空调（采暖）计算期、容忍温度、设定温度、空调运行模式）等。

1）建筑信息、围护结构热工参数和气象参数

本节选取的住宅位于上海市，建筑主朝向为南向，共 33 层，每层 7 户，层高 2.8 m，样本家庭住在 12 层，建筑平面以及单元中的位置见图 5-3-1，建筑面积为 90 m²。参考上海市《居住建筑节能设计标准》对围护结构的热工参数进行了设定，详细参数见表 5-3-1。气象参数参考典型气象年数据。

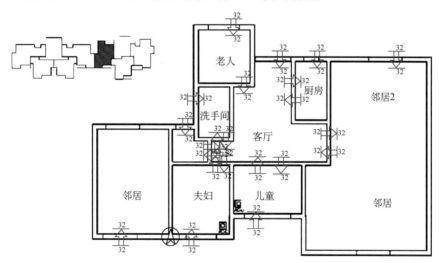

图 5-3-1　样本家庭平面图及单元位置

表 5-3-1　　　　　　　　　　　围护结构热工性能参数

围护结构	构造	传热系数 [W/(m²·K)]
外墙	200 厚钢筋混凝土/10 厚纯石膏板/60 厚聚苯乙烯泡沫塑料/8 厚纯石膏板	0.622
内墙	20 厚水泥砂浆/180 厚陶粒混凝土/20 厚水泥砂浆	1.515

（续表）

围护结构	构造	传热系数 [W/(m² · K)]
楼板	25 厚水泥砂浆/80 厚钢筋混凝土/60 厚聚苯乙烯泡沫塑料/20 厚水泥砂浆	0.623
窗户	标准外窗（遮阳系数：0.6）	2
门	50 厚单层实体木制外门（松和云杉）	0.35

2）室内发热量

本节将住户 A1 的实际在室情况对应的人员热阻模式设定为"人员热阻模式 1"，后文中将以此作为标准组。如图 5-3-2 所示，横坐标表示 24 小时，"0"表示时间段 0：00—1：00；纵坐标则表示该时刻的逐时人员热阻，单位为 met。

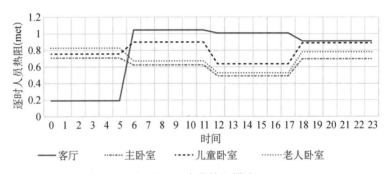

图 5-3-2　人员热阻模式 1

3）通风模式

本节将住户 A1 的实际换气次数情况对应的通风模式设定为"通风模式 1"，后文中将以此作为标准组，具体参数详见表 5-3-2。

表 5-3-2　　　　　　　　　　　　　通风模式 1

房间	换气次数（次/h）				
	最大换气次数				最小换气次数
	0：00—6：00	6：00—12：00	12：00—18：00	18：00—24：00	
客厅	7	7	5	5	
主卧室	4	5	5	4	
儿童卧室	6	7	7	6	0.5
老人卧室	4	8	8	5	

4）空调（采暖）计算期

根据上文实测分析并经由上海市《居住建筑节能设计标准》及调研结果验证，得到样本家庭的空调计算期为 7 月 3 日至 9 月 15 日，由于研究时间限制，采暖计算期采用上海市《居住建筑节能设计标准》中规定值，为 12 月 1 日至 2 月 28 日。后文中将以此作为标准组。

5）空调容忍温度

参考软件模拟结果可以得到住户 A1 各房间分时段的容忍温度，本节将其设定为"容忍温度模式 1"，后文中将以此作为标准组，具体参数详见表 5-3-3。

表 5-3-3　　　　　　　　　　　　容忍温度模式 1

房间	容忍温度（℃）			
	空调期		采暖期	
	6:00—18:00	18:00—次日 6:00	6:00—18:00	18:00—次日 6:00
客厅	30	29	16	17
主卧室	30	29	17	16
儿童卧室	30	29	17	18
老人卧室	31	29	17	17

6）空调设定温度

参考软件模拟结果可以得到住户 A1 各房间分时段的设定温度，本节将其设定为"设定温度模式 1"，后文中将以此作为标准组，具体参数详见表 5-3-4。

表 5-3-4　　　　　　　　　　　　设定温度模式 1

房间	设定温度（℃）	
	空调期	采暖期
客厅	26	18
主卧室	27	17
儿童卧室	28	18
老人卧室	27	19

7）空调运行模式

本节基于空调实际使用概率假定了一个空调运行模式，并将其设定为"空调运行模式 1"，后文中将以此作为标准组，并于本节中验证其合理性，具体参数详见表 5-3-5。

表 5-3-5 空调运行模式 1

房间	空调运行模式	
	空调期	采暖期
客厅	12:00—24:00	12:00—24:00
主卧室	21:00—次日 6:00	21:00—24:00
儿童卧室	12:00—24:00	21:00—24:00
老人卧室	21:00—次日 6:00	21:00—24:00

（2）评价标准

过往研究在 DeST 软件模拟部分往往受限于输出结果限制，只研究人员行为与能耗之间的关联，并用能耗水平作为单一评价标准来评价用能模式。事实上，不同的用能模式不仅会决定不同的能耗水平，也会带来不同的室内热舒适环境，往往能耗水平越高的用能模式，其室内热环境的舒适度也会相应提高。在人民生活水平不断提高的今天，我们倡导的应当是在确保舒适度的基础上节约能耗，探寻能耗和舒适度的平衡发展模式。为了公正地评判各用能模式的优劣，本节采用了能耗和舒适度的双评价指标。

国内外目前比较主流的能耗评价指标为住宅空调期（采暖期）单位面积空调耗电量，而空调期（采暖期）室内舒适度则没有明确的评价指标。国际上通常使用预计平均热感觉指标 PMV（Predicted Mean Vote）[8] 来描述热湿环境中人的整体热感觉，在此基础上相关学者[9] 对标准进行了细化，详细等级划分标准及定义见表 5-3-6。

表 5-3-6 热舒适度分级标准

分级	分级标准	特点
优	$|PMV| \leqslant 0.5$	90%人群感到满意，适宜人类生活
良	$0.5 \leqslant |PMV| \leqslant 1$	75%人群感到满意，除敏感人群外，对环境满意度较高
一般	$1 \leqslant |PMV| \leqslant 1.5$	环境不会有害健康，但影响舒适度，不满意率较高
不良	$1.5 \leqslant |PMV| \leqslant 2$	久待会对健康造成损害，严重影响舒适度，不满意率很高
差	$|PMV| > 2$	对人体健康造成损害，舒适度极差，不满意率很高

来源：朱赤晖，2012。

本节中将"优"和"良"视为"达标"，并计算空调期（采暖期）舒适度达标率，以此作为室内舒适度的评价指标。并以全年用能高峰（空调期＋采暖期）的单位面积空调耗电量作为能耗的评价指标，并通过对本节的实验结论汇总分析，得到本节的评价标准，详见表 5-3-7。

表 5-3-7　　　　　　　　　　　能耗及舒适度评价标准

星级	舒适度	能耗
★★★★★	"优，良"占比 50% 以上	全年小于 6 kW・h/m²
★★★★	"优，良"占比 50%	全年 6.0～6.2 kW・h/m²
★★★	"优，良"占比 49%	全年 6.3 kW・h/m²
★★	"优，良"占比 48%	全年 6.4～7.2 kW・h/m²
★	"优，良"占比 48% 以下	全年大于 7.2 kW・h/m²

（3）实验组设计

如表 5-3-8 所示，本节共设计了 3 组共 8 个实验，首先，验证前文归纳的用能模式的合理性，并与上海市《居住建筑节能设计标准》建议的用能模式进行比较；其次，接着对各分项用能因素对能耗和舒适度的影响进行模拟计算对比，给出建议的用能模式；最后，模拟计算功能布局对能耗及舒适度的影响，并给出建议的功能布局。

表 5-3-8　　　　　　　　　　　实验设计

实验目的		实验序号
验证标准样本可行性及规范对比		实验一
用能行为各因素对能耗及舒适度的影响	人员在室情况	实验二
	通风模式	实验三
	空调（采暖）计算期	实验四
	容忍温度	实验五
	设定温度	实验六
	设备运行模式	实验七
功能布局对能耗及舒适度的影响		实验八

（4）验证标准样本可行性及规范对比（实验一）

本节首先对标准样本的合理性进行验证，并与上海市《居住建筑节能设计标准》给出的用能模式进行比较。如表 5-3-9 所示，计算模式 A 为标准计算模式，其人员热阻模式、通风模式、空调（采暖）计算期、容忍温度模式、设定温度模式、空调运行模式均采用本节提到的标准组。计算模式 B 则为规范建议的计算模式，其所有参数均参考上海市《居住建筑节能设计标准》给出的数值。二者均采用典型气象年的气象参数,空调设备制冷(采暖)能效比参考上海市《居住建筑节能设计标准》给出的计算值,分别为 3.1 和 2.5,后文中若无特别说明,均采用以上参数。

表 5-3-9 实验一输入条件

项目	计算模式 A	计算模式 B
气象参数	典型气象年	典型气象年
室内发热量	室内照明:0.0141 kW・h/(m² ・ d) 室内人员、设备:人员热阻模式 1	室内照明:0.0141 kW・h/(m² ・ d) 室内人员、设备:4.3 W/m²
项目	计算模式 A	计算模式 B
室内外通风模式	通风模式 1	1 次/h
空调设备使用方式 空调及采暖计算期	空调期:7 月 3 日至 9 月 15 日 采暖期:12 月 1 日至次年 2 月 28 日	空调期:6 月 15 日至 8 月 31 日 采暖期:12 月 1 日至次年 2 月 28 日
空调容忍温度	容忍温度模式 1	18~26℃
空调设定温度	设定温度模式 1	18~26℃
空调运行模式	空调运行模式 1	全天
空调及采暖能效比	空调能效比 3.1 采暖能效比 2.5	
其他	厨卫不控制温度	

实验一计算结果如表 5-3-10 所示,"实际模式"为住户 A1 实测用电数据,"计算模式 A(实际)"为在"计算模式 A"的用能模式下,代入住户 A1 家中各设备实际能效比计算得到的数据。受到研究时间限制,本节仅比较二者的制冷能耗。对比发现本节假定的计算模式得出的能耗仅比实际能耗小 5%,处于可接受的误差范围内,且实测年夏季较典型气象年热,会相应增大制冷能耗,综上表明本节假定的用能模式具有一定的合理性。

另外,通过对比"计算模式 A"和"计算模式 B",可以看出模式 B 舒适度达标率比模式 A 高 20%,但能耗却是模式 A 的 2.4 倍。说明如果按照上海市《居住建筑节能设计标准》建议的"全时间,全空间"的用能工况,且容忍温度与设定温度相同,虽然舒适度会大幅提升,但能耗也会大幅增长,不利于建筑节能的推广。事实上,上海地区居民的用能模式与模式 A 更相近,为"部分时间,部分空间",而上海市《居住建筑节能设计标准》给出的用能工况明显偏离了上海地区居民用能的实际情况,建议予以修正。

表 5-3-10　　　　　　　　　实验一计算结果

模式	制冷能耗 ($kW \cdot h/m^2$)	采暖能耗 ($kW \cdot h/m^2$)	全年能耗 ($kW \cdot h/m^2$)	舒适度达 标率	舒适度评价	节能评价
实际模式	4.1					
计算模式 A (实际)	3.9					
计算模式 A (标准)	4.8	1.5	6.3	50%	★★★★	★★★
计算模式 B	10.3	4.9	15.2	71%	★★★★★	★

（5）各用能行为因素对能耗和舒适度的影响（实验二—七）

为了了解不同影响因素对能耗和舒适的影响，本节将分别从人员在室情况、通风模式、空调(采暖)计算期、容忍温度、设定温度和空调运行模式六个方面展开研究。

1）人员在室情况对能耗和舒适度的影响（实验二）

DeST 用能工况输入参数如表 5-3-11 表所示，"人员热阻模式 2"如图 5-3-3 所示。两种人员热阻模式之间的区别在于："人员热阻模式 1"中客厅的在室率更高，家庭成员们更喜欢到客厅聚集；"人员热阻模式 2"中家庭成员们更喜欢待在自己的卧室里。两种模式的总热阻相同，仅分布不同。

表 5-3-11　　　　　　　　　实验二输入条件

项目		计算模式 A	计算模式 C
气象参数		典型气象年	
室内发热量		室内照明：0.0141 kW・h/ ($m^2 \cdot d$) 室内人员、设备： 人员热阻模式 1	室内照明：0.0141 kW・h/ ($m^2 \cdot d$) 室内人员、设备： 人员热阻模式 2
室内外通风模式		通风模式 1	
空调设备使用方式	空调及采暖计算期	空调期：7 月 3 日至 9 月 15 日 采暖期：12 月 1 日至次年 2 月 28 日	
	空调容忍温度	容忍温度模式 1	
	空调设定温度	设定温度模式 1	
	空调运行模式	空调运行模式 1	
	空调及采暖能效比	空调能效比 3.1 采暖能效比 2.5	
其他		厨卫不控制温度	

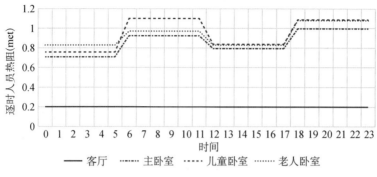

图 5-3-3　人员热阻模式 2

实验二计算结果如表 5-3-12 所示,"计算模式 A"与"计算模式 C"相比,舒适度有所上升,能耗也相对较少,说明"聚集到客厅"相较"待在自己房间"无论是从舒适度还是从节能上都更有利。

表 5-3-12　　　　　　　　　　实验二计算结果

模式	制冷能耗 (kW·h/m²)	采暖能耗 (kW·h/m²)	全年能耗 (kW·h/m²)	舒适度达标率	舒适度评价	节能评价
计算模式 A	4.8	1.5	6.3	50%	★★★★	★★★
计算模式 C	4.0	2.4	6.4	49%	★★★	★★

但从分项数据可以看出,模式 A 的制冷能耗要高于模式 C,但采暖能耗则刚好相反,本节对细分数据进一步研究发现,如图 5-3-4 所示,模式 A 与模式 C 之间的能耗差主要来自于客厅和老人卧室。在模式 A 中夏季由于人员聚集,客

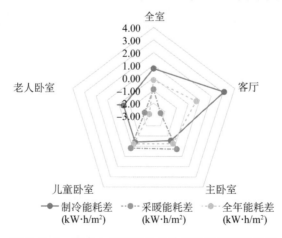

图 5-3-4　模式 A 与模式 C 各功能房间能耗差异值

厅的制冷能耗明显比模式 C 高,冬季则由于人多暖和,采暖能耗也相应降低。不过纵观全年来看,模式 A 的客厅能耗仍大于模式 C。老人卧室的能耗情况,无论夏季还是冬季,模式 A 的能耗都低于模式 C,但冬季的差距更大,说明老人少待在卧室里可以大大降低能耗,尤其是冬季。模式 A 相较模式 C,在老人卧室降低的能耗比在客厅提高的能耗要多,整体结果显示模式 A 的能耗要低于模式 C。

2) 通风模式对能耗和舒适度的影响(实验三)

DeST 用能工况输入参数如表 5-3-13 所示,"通风模式 2"和"通风模式 3"如表所示。三种通风模式的区别在于:"通风模式 1"为住户实际开窗情况,即不开空调的时候有一定的概率开窗;"通风模式 2"是不开空调就开窗;"通风模式 3"则是基本不开窗。

表 5-3-13　　　　　　　　　　实验三输入条件

项目		计算模式 A	计算模式 D1	计算模式 D2
气象参数		典型气象年		
室内发热量		室内照明:0.0141 kW·h/(m²·d) 室内人员、设备:人员热阻模式 1		
室内外通风模式		通风模式 1	通风模式 2	通风模式 3
空调设备使用方式	空调及采暖计算期	空调期:7 月 3 日至 9 月 15 日 采暖期:12 月 1 日至次年 2 月 28 日		
	空调容忍温度	容忍温度模式 1		
	空调设定温度	设定温度模式 1		
	空调运行模式	空调运行模式 1		
	空调及采暖能效比	空调能效比 3.1 采暖能效比 2.5		
其他		厨卫不控制温度		

表 5-3-14　　　　　　　　通风模式 2、通风模式 3 实验情况

模式	换气次数(次/h)	
	最大换气次数	最小换气次数
通风模式 2	10	0.5
通风模式 3	1	0.5

实验三计算结果如表 5-3-15 所示,三种模式的舒适度评价相同,说明开窗情况不会对舒适度产生影响(本节设定开窗后室内风速为 0.1 m/s,当风速增大后

舒适度也会不同，本节暂不讨论）。而能耗却有很大差别，"基本不开窗"这一通风模式没有很好地利用自然通风来调节室温，全靠机械设备来调节温度，使得能耗激增，不予推荐。"不开空调就开窗"这一通风模式是三者之中最节能的，不过值得注意的是，就全年来说该模式是最节能的，但采暖期能耗大于模式 A，说明采暖期在不使用采暖设备时应该适当开窗，而非一直开窗或不开窗。

表 5-3-15　　　　　　　　　　　　实验三计算结果

模式	制冷能耗（kW·h/m²）	采暖能耗（kW·h/m²）	全年能耗（kW·h/m²）	舒适度达标率	舒适度评价	节能评价
计算模式 A	4.8	1.5	6.3	50%	★★★★	★★★
计算模式 D1	4.0	1.8	5.8	50%	★★★★	★★★★★
计算模式 D2	6.1	1.8	7.9	50%	★★★★	★

如图 5-3-5 和图 5-3-6 所示，通过对比住户 A1 客厅与室外温度，发现夏季早晚室外较室内凉快，通风效果好，宜采用自然通风；冬季中午室外温度较室内温度不至于太低，可以适当地开窗通风，保证室内空气流通。综上，最佳的通风模式是"夏季尽量开窗，冬季适当开窗"。

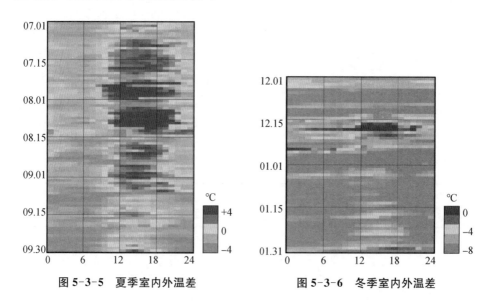

图 5-3-5　夏季室内外温差　　　　　　　图 5-3-6　冬季室内外温差

3) 空调（采暖）计算期对能耗和舒适度的影响（实验四）

DeST 用能工况输入参数如表 5-3-16 所示，"计算模式 E1"较"计算模式 A"的空调期和采暖期分别缩短了 1 个月，而"计算模式 E2"则分别延长了 1 个月。

表 5-3-16　　　　　　　　　　　　实验四输入条件

项目		计算模式 A	计算模式 E1	计算模式 E2
气象参数		典型气象年		
室内发热量		室内照明:0.0141 kW·h/(m²·d) 室内人员、设备:人员热阻模式 1		
室内外通风模式		通风模式 1		
空调设备使用方式	空调及采暖计算期	空调期:7 月 3 日至 9 月 15 日 采暖期:12 月 1 日至次年 2 月 28 日	空调期:7 月 15 日至 8 月 31 日 采暖期:12 月 15 日至次年 2 月 15 日	空调期:6 月 15 日至 9 月 30 日 采暖期:11 月 15 日至次年 3 月 15 日
	空调容忍温度	容忍温度模式 1		
	空调设定温度	设定温度模式 1		
	空调运行模式	空调运行模式 1		
	空调及采暖能效比	空调能效比 3.1 采暖能效比 2.5		
其他		厨卫不控制温度		

实验四计算结果如表 5-3-17 所示,随着空调期(采暖期)的缩短,能耗也相应降低,但舒适度却严重下滑;当空调期(采暖期)延长时,舒适度得到小幅提升,但能耗却大幅增加;二者都是不平衡的用能模式,不建议过分缩短或延长空调期(采暖期)。

表 5-3-17　　　　　　　　　　　　实验四计算结果

模式	制冷能耗 (kW·h/m²)	采暖能耗 (kW·h/m²)	全年能耗 (kW·h/m²)	舒适度达标率	舒适度评价	节能评价
计算模式 A	4.8	1.5	6.3	50%	★★★★	★★★
计算模式 E1	4.0	1.6	5.6	46%	★	★★★★★
计算模式 E2	5.7	2.1	7.8	51%	★★★★★	★

4) 空调容忍温度对能耗和舒适度的影响(实验五)

DeST 用能工况输入参数如表 5-3-18 所示,计算模式 A 的平均容忍温度范围为 17~29℃,计算模式 F1—F4 的容忍温度范围依次增大。

表 5-3-18　　　　　　　　　　　　实验五输入条件

项目	计算模式 A	计算模式 F1	计算模式 F2	计算模式 F3	计算模式 F4
气象参数	典型气象年				
室内发热量	室内照明:0.0141 kW·h/(m²·d) 室内人员、设备:人员热阻模式 1				
室内外通风模式	通风模式 1				
空调及采暖计算期	空调期:7 月 3 日至 9 月 15 日 采暖期:12 月 1 日至次年 2 月 28 日				
空调容忍温度	容忍温度模式 1	空调期: 27℃ 采暖期: 19℃	空调期: 28℃ 采暖期: 18℃	空调期: 30℃ 采暖期: 16℃	空调期: 31℃ 采暖期: 15℃
空调设定温度	设定温度模式 1				
空调运行模式	空调运行模式 1				
空调及采暖能效比	空调能效比 3.1 采暖能效比 2.5				
其他	厨卫不控制温度				

（表中"空调设备使用方式"为"空调及采暖计算期""空调容忍温度""空调设定温度""空调运行模式""空调及采暖能效比"的总行标题）

以计算模式 A 作为标准模式,在其他参数相同的条件下,容忍温度对能耗及舒适度的影响可以由影响因子(与标准模式相差的比例)来表示。

空调期容忍温度与能耗、舒适度的关系如图 5-3-7 所示,以计算模式 A 为基准,约为 29℃,可以看到随着容忍温度升高,舒适度基本呈线性下降趋势,而能耗则呈现出了梯段型下降趋势。当容忍温度升至 30℃时,能耗并未下降,舒适度却下降了 7%,不推荐;升至 31℃时,舒适度下降趋势放缓,能耗却急剧下降,不过舒适度评价过低,也不推荐;当容忍温度下降至 28℃,能耗骤升 32%,舒适度却只上涨了 11%,不推荐;当容忍温度继续下降时,舒适度和能耗均是平稳上升,能耗过

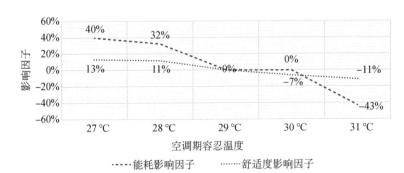

图 5-3-7　空调期容忍温度对能耗(舒适度)的影响因子

大,不推荐。综上,空调期综合能耗和舒适度来看,最佳容忍温度为 29℃。

采暖期容忍温度与能耗、舒适度的关系如图 5-3-8 所示,以计算模式 A 为基准,约为 17℃,可以看到随着容忍温度升高,舒适度和能耗基本都呈线性上升趋势,且增速比空调期要快。当容忍温度上升至 18℃时,舒适度上升 13%,但能耗却骤升 39%;继续上升至 19℃时,舒适度已不再上升,而能耗仍在持续增长,二者均属于不节能的范畴,故不推荐;当容忍温度下降至 16℃时,舒适度和能耗同比下降,继续下降至 15℃时,舒适度平缓下降,而能耗则显著下降,不过二者的舒适度评价较低,也不推荐。综上,采暖期综合能耗和舒适度来看,最佳容忍温度为 17℃。

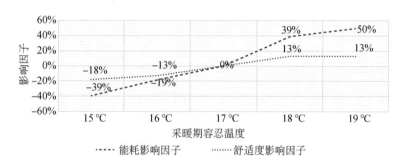

图 5-3-8　采暖期容忍温度对能耗(舒适度)的影响因子

实验五计算结果如表 5-3-19 所示,舒适度评价随容忍温度范围的扩大而降低,节能评价则会相应提升。不过综合来看,计算模式 F1—F4 都是不平衡的用能模式,计算模式 A 是最佳用能模式。本节建议的空调期和采暖期的最佳容忍温度分别是 29℃和 17℃。这与上文数据监测得出的结论相同,验证了监测成果的准确性。但上海市《居住建筑节能设计标准》中的建议值是 26℃和 18℃,并没有考虑到上海地区居民热抗性提高的事实,从表中结论可以看出该模式的节能评

表 5-3-19　　　　　　　　　　　　　实验五计算结果

模式	制冷能耗 (kW·h/m²)	采暖能耗 (kW·h/m²)	全年能耗 (kW·h/m²)	舒适度达标率	舒适度评价	节能评价
计算模式 A	4.8	1.5	6.3	50%	★★★★	★★★
计算模式 F1	6.6	2.2	8.9	56%	★★★★★	★
计算模式 F2	6.3	2.1	8.4	56%	★★★★★	★
计算模式 F3	4.7	1.2	6.0	48%	★★	★★★★
计算模式 F4	2.7	0.9	3.6	43%	★	★★★★★

价非常低,说明基于上海地区居民的生活习惯,上海市《居住建筑节能设计标准》给出的容忍温度建议值并不合理。

　　5) 空调设定温度对能耗和舒适度的影响(实验六)

　　DeST 用能工况输入参数如表 5-3-20 所示,计算模式 A 的平均设定温度范围为 18~27℃,计算模式 G1—G4 的设定温度范围依次增大。

表 5-3-20　　　　　　　　　　　　实验六输入条件

项目	计算模式 A	计算模式 G1	计算模式 G2	计算模式 G3	计算模式 G4
气象参数	典型气象年				
室内发热量	室内照明:0.014 1 kW·h/(m² · d) 室内人员、设备:人员热阻模式 1				
室内外通风模式	通风模式 1				
空调设备使用方式 — 空调及采暖计算期	空调期:7 月 3 日至 9 月 15 日 采暖期:12 月 1 日至次年 2 月 28 日				
空调设备使用方式 — 空调容忍温度	容忍温度模式 1				
空调设备使用方式 — 空调设定温度	设定温度模式 1	空调期:25℃ 采暖期:20℃	空调期:26℃ 采暖期:19℃	空调期:28℃ 采暖期:17℃	空调期:29℃ 采暖期:16℃
空调设备使用方式 — 空调运行模式	空调运行模式 1				
空调设备使用方式 — 空调及采暖能效比	空调能效比 3.1 采暖能效比 2.5				
空调设备使用方式 — 其他	厨卫不控制温度				

　　以计算模式 A 作为标准模式,在其他参数相同的条件下,设定温度对能耗及舒适度的影响可以由影响因子(与标准模式相差的比例)来表示。

　　空调期设定温度与能耗、舒适度的关系如图 5-3-9 所示,以计算模式 A 为基准,约为 27℃,可以看到随着设定温度降低,能耗基本呈线性增长趋势,而舒适度却在 27℃出现峰值,当设定温度低于 27℃时,舒适度不增反降,说明过分追求凉爽对身体反而不利,同时也会带来大量能耗,不推荐夏季将空调温度开的过低;当设定温度高于 27℃时,能耗急剧下降,但舒适度仅略微下降,对于部分身体敏感的人群,可以适当提高空调的设定温度。综上,空调期综合能耗和舒适度来看,最佳设定温度为 27℃,对低温敏感人群可适当提高。

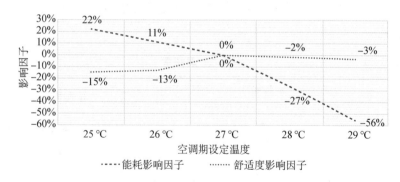

图 5-3-9　空调期设定温度对能耗(舒适度)的影响因子

采暖期设定温度与能耗、舒适度的关系如图 5-3-10 所示,以计算模式 A 为基准,约为 18℃,可以看出随着设定温度上升,能耗基本呈线性增长趋势,而舒适度却在 18℃后趋于平稳,不再增长。说明当设定温度高于 18℃后,室内舒适度不再提升,能耗却仍在持续激增,不推荐;当设定温度低于 18℃时,随着设定温度下降,能耗大幅下降,但舒适度评价过低,也不推荐。综上,采暖期综合能耗和舒适度来看,最佳设定温度为 18℃。

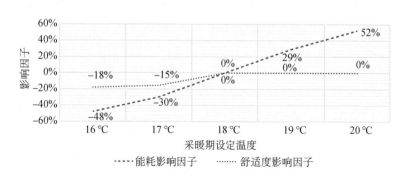

图 5-3-10　采暖期设定温度对能耗(舒适度)的影响因子

值得一提的是,区别于空调器显示温度,空调设定温度代表的是空调开启后的室内真实的平均温度。据相关文献[5],夏季空调设定温度比空调器显示温度高 1~2℃,冬季空调设定温度比空调器显示温度低 10~12℃。二者之间的差别也造成了广大群众对室内真实室温的认知出现了偏差,尤其是冬季,这一点从上文的调研结果也可以看出。

实验六计算结果如表 5-3-21 所示,节能评价随设定温度范围的扩大而提升,但舒适度却没有相应提升,如模式 G1 中冬季舒适度增幅 0%,但夏季过冷导致舒适度负增长 18%。综上,计算模式 A 中提出的室内设定温度范围是最

佳的,即 18～27℃,较上海市《居住建筑节能设计标准》提出的建议值 18～26℃
略有提升。

表 5-3-21　　　　　　　　　　实验六计算结果

模式	制冷能耗 (kW·h/m²)	采暖能耗 (kW·h/m²)	全年能耗 (kW·h/m²)	舒适度 达标率	舒适度评价	节能评价
计算模式 A	4.8	1.5	6.3	50%	★★★★	★★★
计算模式 G1	5.8	2.3	8.1	45%	★	★
计算模式 G2	5.3	1.9	7.2	46%	★	★★
计算模式 G3	3.5	1.1	4.5	46%	★	★★★★★
计算模式 G4	2.1	0.8	2.9	46%	★	★★★★★

6) 空调运行模式对能耗和舒适度的影响(实验七)

DeST 用能工况输入参数如表 5-3-22 所示,"空调运行模式 2"和"空调运行
模式 3"分别如表 5-3-23 和表 5-3-24 所示。三种空调运行模式之间的区别在
于:"空调运行模式 1"为依据住户实际空调使用概率假定的空调运行模式,对不
同卧室也加以区分;"空调运行模式 2"则忽视用能人群的差别,按常规理解设定
的空调运行模式;"空调运行模式 3"参考上海市《居住建筑节能设计标准》给出的
用能模式,即"全时间,全空间"。

表 5-3-22　　　　　　　　　　实验七输入条件

项目		计算模式 A	计算模式 H1	计算模式 H2
气象参数		典型气象年		
室内发热量		室内照明:0.0141 kW·h/(m²·d) 室内人员、设备:人员热阻模式 1		
室内外通风模式		通风模式 1		
空调设备使用方式	空调及采暖计算期	空调期:7月3日至9月15日 采暖期:12月1日至次年2月28日		
	空调容忍温度	容忍温度模式 1		
	空调设定温度	设定温度模式 1		
	空调运行模式	空调运行模式 1	空调运行模式 2	空调运行模式 3
	空调及采暖能效比	空调能效比 3.1 采暖能效比 2.5		
	其他	厨卫不控制温度		

表 5-3-23　　　　　　　　　　　空调运行模式 2

房间	空调运行模式	
	空调期	采暖期
客厅	6:00—24:00	12:00—24:00
主卧室	21:00—次日 6:00	21:00—24:00
儿童卧室	21:00—次日 6:00	21:00—24:00
老人卧室	21:00—次日 6:00	21:00—24:00

表 5-3-24　　　　　　　　　　　空调运行模式 3

房间	空调运行模式	
	空调期	采暖期
客厅	全天	全天
主卧室		
儿童卧室		
老人卧室		

实验七计算结果如表 5-3-25 所示,"计算模式 H1"较"计算模式 A"能耗略微增加,但舒适度反而下降,因为本节输入条件中儿童房间由于朝南开大窗,不舒适时间主要集中在白天,而"计算模式 H1"在白天对儿童卧室不进行降温,舒适度有所降低。"计算模式 H2"虽然大幅提升了舒适度,但是能耗亦大幅增长,不利于节能推广。综上,"计算模式 A"提出的空调运行模式最佳。

表 5-3-25　　　　　　　　　　　实验七计算结果

模式	制冷能耗 (kW·h/m²)	采暖能耗 (kW·h/m²)	全年能耗 (kW·h/m²)	舒适度达标率	舒适度评价	节能评价
计算模式 A	4.8	1.5	6.3	50%	★★★★	★★★
计算模式 H1	4.6	1.8	6.4	48%	★★	★★
计算模式 H2	9.0	4.3	13.3	78%	★★★★★	★

（6）功能布局对能耗和舒适度的影响（实验八）

人员行为对能耗和舒适度的影响方面的研究大多集中在各用能行为因素对

能耗的影响上,或是研究户型平面对能耗的影响。事实上,户型平面与人员行为是密切相关并且存在耦合关系的,不同的功能布局决定了各功能房间的朝向和布局,各房间的微气候不同,使用人群也不同,继而会激发不同的用能行为,对应了不同的能耗和室内舒适度。探寻出最合适不同人群用能习惯的功能布局不仅利于节能提升舒适度,也为主流户型设计提供新的思路。

实验八在前文提出的建筑模型上进行纯化,得到如图 5-3-11 所示的简化模型,规避自遮挡以及外围护结构长度的影响,仅保留朝向布局和窗洞大小两个变量。根据客厅位置设计了两种布局模式:①a 模式的客厅在北面 a2 处,a1 为北面小窗房间,a3 为南面小窗房间,a4 为南面大窗房间;②b 模式的客厅在南面 b4 处,b1 和 b2 均为北面小窗房间,b3 为南面小窗房间。然后将各功能空间按不同的组合方式分别布置在各个房间,共得到 2 种模式下的 12 个实验组(详见表 5-3-26 及图5-3-12),并分别代入本节提出的用能行为输入参数计算,得到实验八的计算结果,详见表 5-3-27。

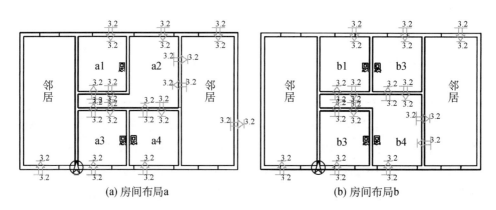

图 5-3-11　实验八房间布局模型

表 5-3-26　　　　　　　　　　实验八各实验组功能布局

房间模式	房间布局 a						房间布局 b					
	I1	I2	I3	I4	I5	I6	I7	I8	I9	I10	I11	I12
客厅	a2	a2	a2	a2	a2	a2	b4	b4	b4	b4	b4	b4
主卧室	a1	a1	a3	a3	a4	a4	b1	b1	b2	b2	b3	b3
儿童卧室	a3	a4	a1	a4	a1	a3	b2	b3	b1	b3	b1	b2
老人卧室	a4	a3	a4	a1	a3	a1	b3	b2	b3	b1	b2	b1

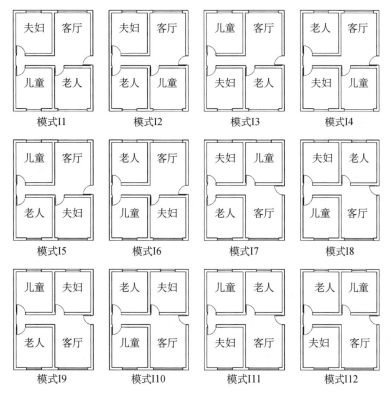

图 5-3-12 实验八各实验组功能布局

表 5-3-27 实验八计算结果

模式	制冷能耗 （kW·h/m²）	采暖能耗 （kW·h/m²）	全年能耗 （kW·h/m²）	舒适度 达标率	舒适度评价	节能评价
计算模式 I1	4.2	1.7	6.0	49%	★★★	★★★★
计算模式 I2	4.3	1.7	6.0	50%	★★★★	★★★★
计算模式 I3	4.4	2.0	6.4	50%	★★★★	★★
计算模式 I4	4.3	1.9	6.3	50%	★★★★	★★★
计算模式 I5	4.3	2.0	6.3	49%	★★★	★★★
计算模式 I6	4.3	1.9	6.2	48%	★★	★★★★
计算模式 I7	4.3	1.6	6.0	51%	★★★★★	★★★★
计算模式 I8	4.3	1.6	5.9	49%	★★★	★★★★★

（续表）

模式	制冷能耗 （kW·h/m²）	采暖能耗 （kW·h/m²）	全年能耗 （kW·h/m²）	舒适度 达标率	舒适度评价	节能评价
计算模式 I9	4.3	1.6	6.0	51%	★★★★★	★★★★
计算模式 I10	4.2	2.0	6.2	49%	★★★	★★★★
计算模式 I11	4.3	1.8	6.2	49%	★★★	★★★★
计算模式 I12	4.3	1.8	6.2	49%	★★★	★★★★

根据表 5-3-27 中所列出的各计算模式的舒适度指标和能耗指标可以看出，各计算模式之间的差距不大，这也从侧面证明了在房间格局、住户生活习惯不变的前提下，改变功能布局对住宅能耗和舒适度的影响有限。尽管如此，从舒适度评价和节能评价可以看出，不同的功能布局还是会带来一定影响，本节接下来将综合能耗和舒适度两个指标，对前文列出的 12 个实验组的优劣进行排序，并对功能、布局两个因素对能耗和舒适度的影响进行分析。

如图 5-3-13 所示，以评价等级同为"★★★"的能耗指标 6.3 和舒适度指标 49% 为基准值，分别以 0.1 和 1% 为刻度，将各计算模式的能耗值和舒适度值列出，舒适度值比能耗值越大说明该模式越好。得到各模式的排序：I7＞I9＞I8＞I2＞I1＞I4＞I12＞I11＞I10＞I3＞I6＞I5。

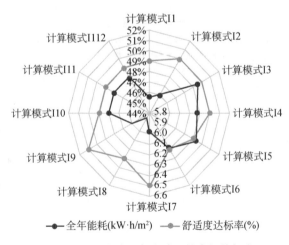

图 5-3-13　实验八各实验组综合评价标准

按图 5-3-13 得出的排序依次绘出其户型图，如图 5-3-14 所示，可得到以下结论：①功能布局 b 明显优于功能布局 a，客厅放在南面更合理；②最好的布局是客厅和老人房间在南面,老人更需要充足的阳光,布置在南面既节能又舒适;③最差的布局是客厅在北面,老人和儿童分别在南面小窗或北面,最需要阳光的房间没有得到合理的资源分配,综合来说相对较差。

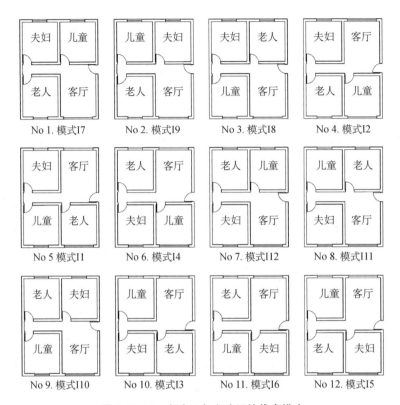

图 5-3-14 实验八各实验组按优劣排序

在得到 12 种模式的优劣排序后,本节将分别对功能和布局两个因素对能耗及舒适度的影响展开分析,得到其影响因子排序。再利用 SPSS 软件进行相关分析验证其合理性。

功能对能耗的影响如图 5-3-15 所示,制冷能耗高的房间在采暖期能耗会相应降低,说明不同功能房间的用能习惯是单一向性的。但由于客厅的制冷能耗过高,在全年能耗中近乎是其他房间的两倍,说明客厅是全年能耗的关键因素。这与前文的实测数据一致,证明了分析结论的可靠性。

功能对舒适度的影响如图 5-3-16 所示,空调期舒适度明显高于采暖期,推测原因是本节引述的用能模式更注重空调期舒适度,或是本节假设的建筑模型更有利于空调期舒适度。无论是在空调期还是采暖期,客厅的舒适度都是最高的,其他房间则非常接近。

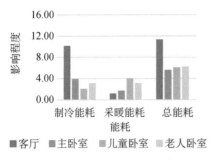

图 5-3-15　功能对能耗的影响

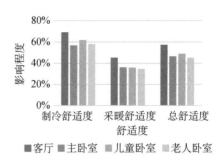

图 5-3-16　功能对舒适度的影响

布局对能耗的影响如图 5-3-17 所示,空调期能耗最大的 3 个房间依次为 b4(客厅)、a2(客厅)、a4。其他房间相差不大。采暖期能耗最大的 3 个房间依次为 a1、b2、b1,最小的 3 个房间依次为 b4(客厅)、b3、a2(客厅)。全年能耗最大的 3 个房间依次为 b4(客厅)、a2(客厅)、a4。总结得到以下结论:①再次印证客厅这一功能因素是全年能耗的关键因素,且客厅制冷能耗过大会直接导致全年能耗过大;②开大窗的房间制冷能耗会更高;③北面房间的采暖能耗更大,但由于客厅功能因素的影响,a2 房间的采暖能耗不大。

布局对舒适度的影响如图 5-3-18 所示,空调期舒适度最高的 2 个房间依次是 b4(客厅)、a2(客厅),其他房间相差不大。采暖期舒适度分为两类:a1、b1、b2 于 20%～30% 之间,其他房间在 40%～50% 之间。全年舒适度最高的 2 个房间依次是 b4(客厅)、a2(客厅);最低的 3 个房间依次是 a1、b1、b2,这与前文的实测数据相符,说明分析结论的可靠性。总结得到以下结论:①纵观各种布局,空调期舒适度远高于采暖期舒适度,再次印证本节引述的用能模式更注重空调期舒适度;②客厅全年舒适度最高,超过布局的影响因子;③北面房间的采暖舒适度最低,间接影响其全年舒适度。

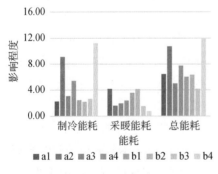

图 5-3-17　布局对能耗的影响

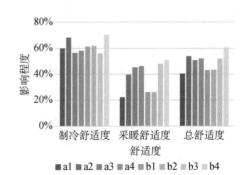

图 5-3-18　布局对舒适度的影响

综合考虑功能和布局对能耗和舒适度的影响,可以得到影响因子大小:功能(客厅)＞布局(朝向)＞功能(卧室)。客厅这一影响因子直接决定了全年能耗和舒适度,北向房间会造成采暖能耗增大,舒适度下降,影响采暖能耗和舒适度,间接降低全年舒适度。

针对以上结论,本节将借助数据统计分析软件 SPSS 对功能和布局对能耗和舒适度的影响进行相关分析,并如表 5-3-28 所示对各项目赋予参数。

表 5-3-28　　　　　　　　　　　　相关分析参数设定

项目	参数设定
房间功能	客厅-1,主卧室-2,儿童卧室-3,老人卧室-4
朝向布局	西北-1,东北-2,西南-3,东南-4
其他项目	量化参数与前文一致

相关分析结果如表 5-3-29 所示,"房间功能"和"功能布局"基本上与所有的指标都呈显著性水平相关,说明两个指标均为能耗和舒适度的重要影响因素。且房间功能是总能耗的关键因素,朝向布局是总舒适度达标率的决定因素。

表 5-3-29　　　　　　　　功能布局与能耗及舒适度相关分析结果

	Pearson 相关							
	房间功能	朝向布局	制冷能耗	采暖能耗	总能耗	制冷舒适度	采暖舒适度	总舒适度
房间功能	1							
朝向布局	−0.2	1						
制冷能耗	−0.767**	0.499**	1					
采瑗能耗	0.591**	−0.580**	−0.672**	1				
总能耗	−0.643**	0.301*	0.897**	−0.276	1			
制冷舒适度	−0.574**	0.052	0.653**	−0.033	0.829**	1		
采暖舒适度	−0.340*	0.895**	0.554**	−0.744**	0.276	0.068	1	
总舒适度	−0.580**	0.801**	0.759**	−0.661**	0.591**	0.488**	0.899**	1

　＊$p < 0.05$　　　＊＊$p < 0.01$

"房间功能"与制冷能耗呈极强负相关,说明功能是制冷能耗的决定因素,且客厅最大;与采暖能耗呈强正相关,说明功能是采暖能耗的关键因素,且客厅最小;与采暖舒适度呈弱负相关,说明功能对采暖舒适度有一定影响,但不是关键因素;与其他指标呈强负相关,说明客厅的总能耗、制冷舒适度达标率、总舒适度达标率都最大。

朝向布局与采暖舒适度和总舒适度呈极强正相关,说明布局是采暖舒适度和总舒适度的决定因素,且南向房间舒适度更高;与制冷能耗呈强正相关,与采暖能耗呈强负相关,说明南向房间制冷能耗更高,北向房间采暖能耗更高。

能耗指标与舒适度指标之间的相互关系则呈现出以下特点:制冷能耗决定总能耗,采暖舒适度决定总舒适度;制冷能耗与采暖能耗呈强负相关,再次印证本节引述的用能习惯具有单一向性。

综合上述相关分析结论,验证了前文结论的合理性。

2. 能耗和舒适度的综合评价体系

本节提出了能耗和舒适度的双指标评价标准,并通过八个实验并对其做出了相应的舒适度评价和节能评价。

根据上文图 5-1-16 可以得到,受访群体对住宅"舒适"和"节能"的重视程度比重约为 6:4,按该比重对本节中的双指标评价整理赋值,可以得到如表 5-3-30 所示的综合评价体系。通过对比,发现 I 模式下的 12 个实验组的综合评价与本节中给出的排序基本吻合,具有一定的实证合理性。

表 5-3-30　　　　　　　　　　综合评价体系

计算模式		舒适度评价	节能评价	综合评价
A		★★★★	★★★	★★★★
B		★★★★★	★	★★★
C		★★★	★★	★★★
D	D1	★★★★	★★★★★	★★★★
	D2	★★★★	★	★★★
E	E1	★	★★★★★	★★★
	E2	★★★★★	★	★★★
F	F1	★★★★★	★	★★★
	F2	★★★★★	★	★★★
	F3	★★	★★★★	★★★
	F4	★	★★★★★	★★★

（续表）

计算模式		舒适度评价	节能评价	综合评价
G	G1	★	★	★
	G2	★	★★	★
	G3	★	★★★★★	★★★
	G4	★	★★★★★	★★★
H	H1	★★	★★	★★
	H2	★★★★★	★	★★★
I	I1	★★★	★★★★	★★★
	I2	★★★★	★★★★	★★★★
	I3	★★★★	★★	★★★
	I4	★★★★	★★★	★★★★
	I5	★★★	★★★	★★★
	I6	★★	★★★★	★★★
	I7	★★★★★	★★★★	★★★★★
	I8	★★★	★★★★★	★★★★
	I9	★★★★★	★★★★	★★★★★
	I10	★★★	★★★★	★★★
	I11	★★★	★★★★	★★★
	I12	★★★	★★★★	★★★

本章首先采用"线上问卷为主,线下问卷为辅"的形式对上海地区居民用能行为及用能心态等方面展开调研分析,并利用统计软件 SPSS 进行相关分析;然后基于上海市家庭结构现状选取了 10 户家庭展开了为期 8 个月的数据监测,并对其用能模式(空调期、在室情况、用能行为、容忍温度和设定温度)进行总结得到标准样本;最后利用建筑能耗模拟软件 DeST 模拟分析各用能要素对舒适度和能耗的影响,并首次提出能耗和舒适度的双指标评价以及综合评价体系。本节的主要工作成果和结论如下。

(1) 一人户家庭的低能耗用户占比最大,有儿童(老人)的家庭高能耗用户占比最小,而标准核心家庭是节能意识相对较弱的群体。且受访群体对住宅"舒适"和"节能"的重视程度比重约为 6∶4,且从低能耗到高能耗住户,对舒适度的重视比重依次上升。受访群体对房间舒适度的重视程度从高到低依次为:主卧、客厅、厨房、次卧。当家中有老人和儿童时,对客厅和次卧舒适度的重视程度明显上升。

(2) 样本家庭在室高峰为 5 点至 9 点及 18 点至 23 点,其中在室活动高峰为 6 点至 10 点及 18 点至 23 点,在室休息的主要时段是 0 点至 7 点。两种在室状态所对应的时段是室内舒适度的重点关注时段。采暖期在室率较空调期高。客厅的综合在室率最高,是家中的核心功能空间,且随着家庭变大,核心地位越明显。调研结果与以上结论一致。

(3) 样本家庭的空调计算期为 7 月 3 日至 9 月 15 日,限于研究时间,采暖计算期采用上海市《居住建筑节能设计标准》中规定值,为 12 月 1 日至 2 月 28 日。调研结果与以上结论一致,且空调期(采暖期)与来源地有一定关联。另外,上海市《居住建筑节能设计标准》给出的空调期结束时间为 8 月 31 日,而调研中 8 月下旬结束空调期的受访家庭仅占 11%。说明上海市《居住建筑节能设计标准》给出的空调计算期偏离了实际情况。

(4) 实测分析表明,样本家庭空调期容忍温度为 29℃,设定温度为 27℃;采暖期容忍温度为 18℃,设定温度为 20℃。调研结果与以上结论基本吻合,且不同能耗组受访人群的空调期容忍温度却呈现出了显著差异,低、中、高能耗组的受访人群的容忍温度分别为 33℃、29~30℃、27~28℃。说明高能耗用户的抗热性要明显低于低能耗用户,具有较大的行为节能潜力。

(5) 样本家庭平均主动行为概率空调期约为 60%(其中开窗 35%,开空调 25%),采暖期约为 40%(其中开窗约 20%,开空调 20%)。空调行为仅为辅助控温手段,用能模式为"部分时间,部分空间",这也是上海地区居民空调能耗远低于我国北方采暖地区和发达国家水平的一个重要原因。住户的空调期开窗模式可以总结为"常在早上和傍晚开",空调使用模式为"常在下午和晚上开";采暖期开窗模式可以总结为"全天恒定,夜晚稍低",空调使用模式为"睡后最低,夜晚稍高"。调研结果与以上结论一致,且高能耗组的受访人群不开窗率更高,说明高能耗组的受访人群更倾向于机械控温,有很大的节能潜力。

(6) 从在室情况看,"多聚集到客厅"相较"待在自己房间",无论是从舒适度还是从节能角度都更有利。从通风模式看,开窗情况不影响舒适度,但"基本不开窗"会造成大量能耗,"夏季尽量开窗,冬季适当开窗"对节能最有利,建议夏季早晚、冬季中午开窗通风。从空调(采暖)期看,本节提出的空调期(采暖期)综合来看最佳,不建议过分缩短或延长空调期(采暖期)。

(7) 空调期最佳容忍温度和设定温度分别为 29℃ 和 27℃;采暖期分别为 17℃ 和 18℃。上海市《居住建筑节能设计标准》仅给出空调期(采暖期)的设定温度为 26℃(18℃),没有提出容忍温度的概念,并未考虑到江浙沪地区居民的抗热性已有所提升。且上海市《居住建筑节能设计标准》中给出的"全时间，全空间"的用能模式与上海地区"部分时间、部分空间"的实际用能模式不符，且造成大量能耗，不利于建筑节能的推广，建议修正。

（8）"房间功能"和"朝向布局"是能耗和舒适度的重要影响因素，且房间功能是总能耗的关键因素，朝向布局是总舒适度达标率的决定因素。客厅制冷能耗（总能耗）、制冷舒适度（总舒适度）达标率最大；南向房间制冷能耗更高，北向房间采暖能耗更高。通过对比分析纯化户型（三代直系家庭）的不同功能布局模式得出：客厅布置在南面优于北面；最好的布局是客厅和老人房间在南面，老人更需要充足的阳光，布置在南面既节能又舒适；最差的布局是客厅在北面，老人和儿童分别在南面小窗或北面，最需要阳光的房间没有得到合理的资源分配，综合来说相对较差。

综上所述，可以归纳出优劣用能习惯和功能布局（表 5-3-31）。

表 5-3-31　　　　　　　　　优劣用能习惯和功能布局

项目		优	劣
用能习惯	在室情况	多聚集到客厅	待在自己房间
	开窗行为	夏季尽量开窗，冬季适当开窗	基本不开窗
	空调（采暖）设备使用时间	空调（采暖）期适中	过分缩短或延长空调（采暖）期
	用能模式	部分时间、部分空间	全时间，全空间
	容忍温度	29℃（夏）/17℃（冬）	过高或过低
	设定温度	27℃（夏）/18℃（冬）	过高或过低
功能布局		客厅和老人房间在南面	客厅在北面，老人和儿童分别在南面小窗或北面

本章参考文献

［1］上海市统计局.上海统计年鉴[M]. 北京：中国统计出版社，2017.

［2］国务院人口普查办公室. 中国 2010 年人口普查资料[M].北京：中国统计出版社，2012.

［3］上海市住房和城乡建设管理委员会.上海居住建筑节能设计标准[S].上海：同济大学出版社，2015.

［4］李哲.中国住宅中人的用能行为与能耗关系的调查与研究[D].北京：清华大学，2012.

［5］杨丽红.夏热冬冷地区居住建筑人行为对能耗影响的研究[D].杭州：浙江大学，2016.

［6］周翔，牟迪，郑顺，等. 上海地区夏季居民空调器使用行为及能耗模拟研究[J].建筑技术开

发,2016,43(06):81-84.

[7] 上海市建筑科学研究院(集团)有限公司.上海市工程建设规范:居住建筑节能设计标准[M].上海:同济大学出版社,2015.

[8] 国家质量技术监督局.中等热环境 PMV 和 PPD 指数的测定及热舒适条件的规定[S].北京:中国标准出版社,2010.

[9] 朱赤晖.室内环境的舒适性评价与灰色理论分析研究[D].长沙:湖南大学,2012.

附录 A 住宅街坊布局形态样本库

表 A-1 11 层布局形态样本库

布局形式	200×200	200×150	150×150
11 层 行列式 —0°	 11-1	 11-2	 11-3
11 层 行列式 —45°	 11-11　11-12	 11-13　11-14	 11-15　11-16
11 层 点式 —0°	 11-21	 11-22	 11-23
11 层 点式 —45°	 11-31	 11-32　11-33	 11-34
11 层 围合式 —0°	 11-41	 11-42	 11-43
11 层 围合式 —45°	 11-51　11-52 11-53　11-54	 11-55　11-56 11-57　11-58	 11-59　11-60 11-61　11-62

表 A-2　18 层布局形态样本库

布局形式	200×200	200×150	150×150
18 层 行列式 —0°	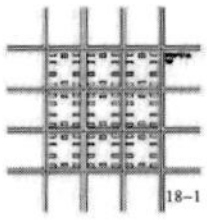 18-1	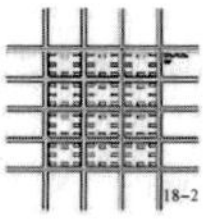 18-2	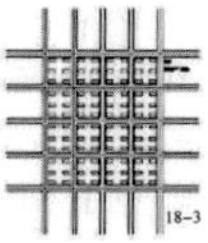 18-3
18 层 行列式 —45°	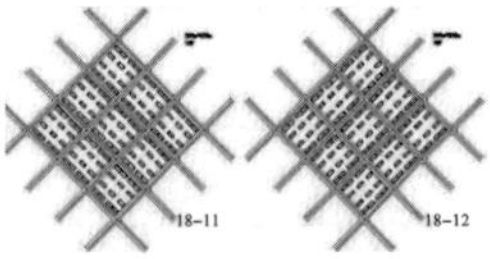 18-11　18-12	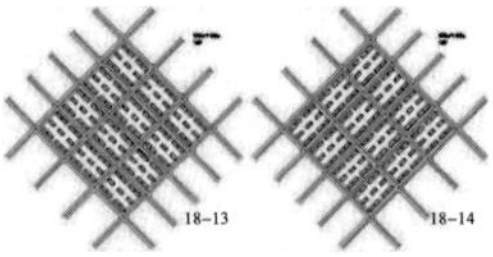 18-13　18-14	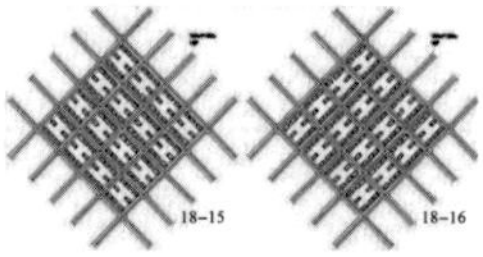 18-15　18-16
18 层 点式 —0°	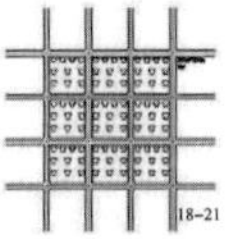 18-21	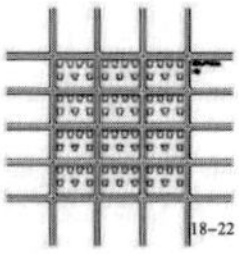 18-22	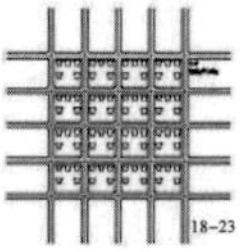 18-23
18 层 点式 —45°	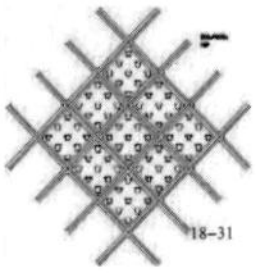 18-31	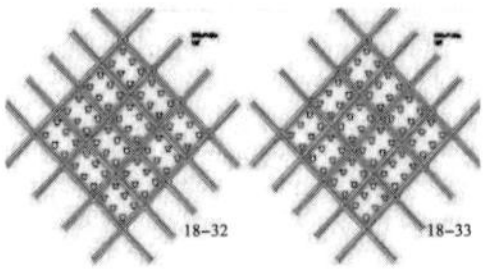 18-32　18-33	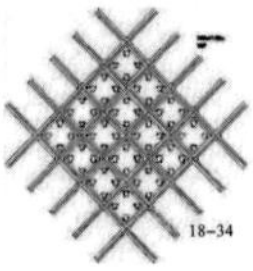 18-34
18 层 围合式 —0°	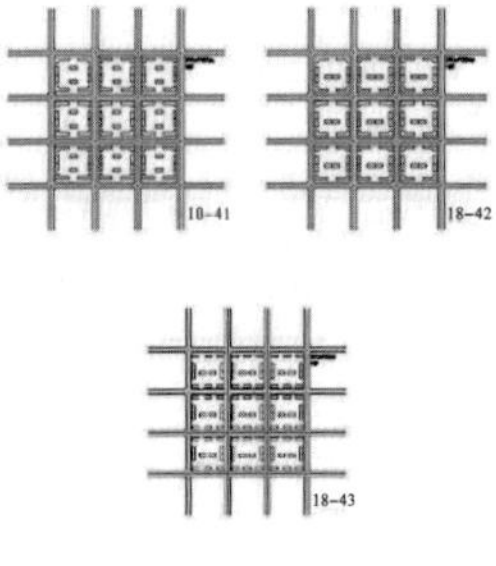 18-41　18-42 18-43	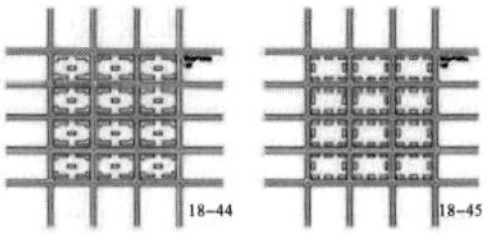 18-44　18-45	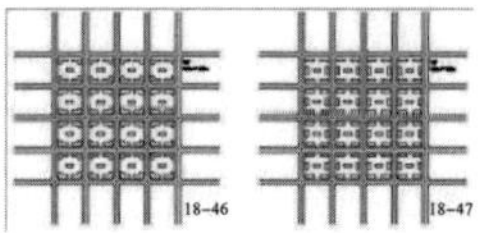 18-46　18-47
18 层 围合式 —45°	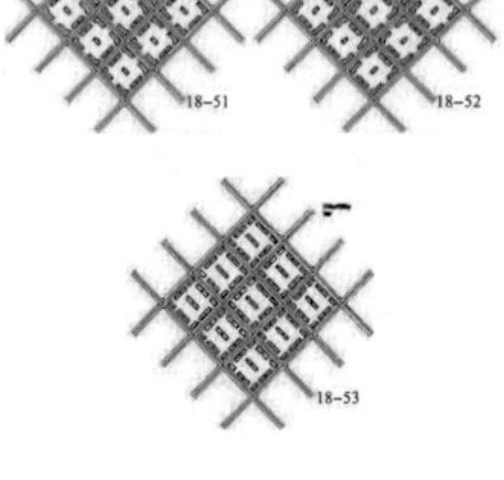 18-51　18-52 18-53	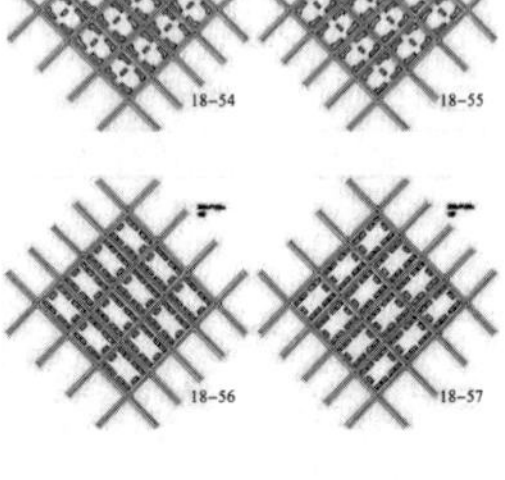 18-54　18-55 18-56　18-57	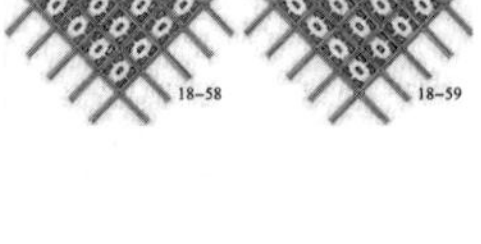 18-58　18-59

表 A-3　33 层布局形态样本库

布局形式	200×200	200×150	150×150
33 层 行列式 —0°	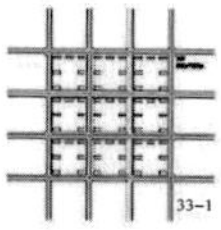 33-1	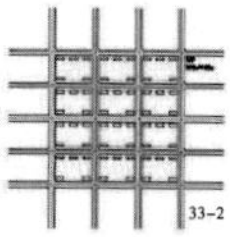 33-2	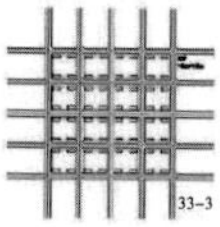 33-3
33 层 行列式 —45°	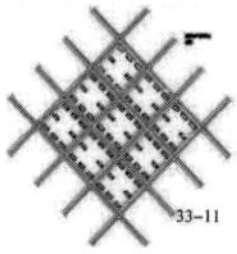 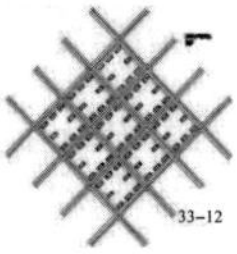 33-11　33-12	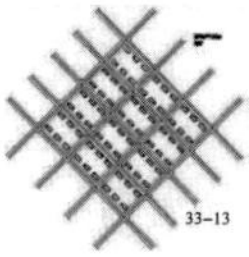 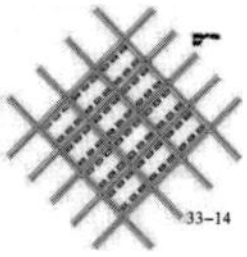 33-13　33-14	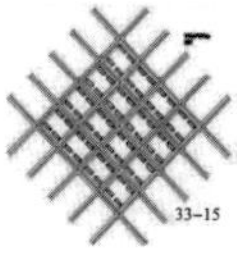 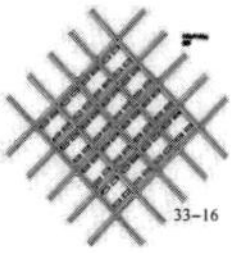 33-15　33-16
33 层 点式 —0°	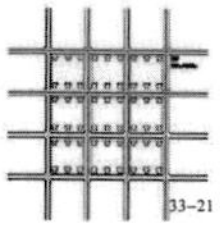 33-21	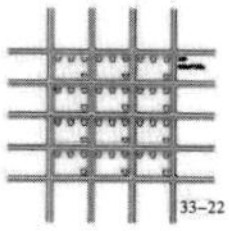 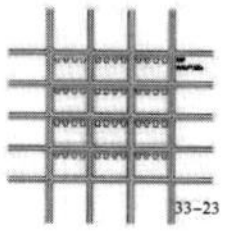 33-22　33-23	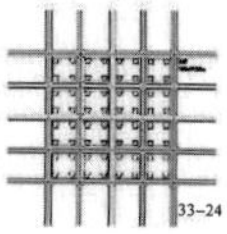 33-24
33 层 点式 —45°	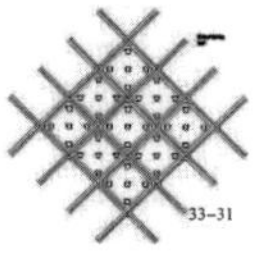 33-31	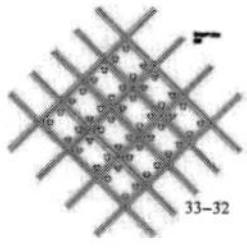 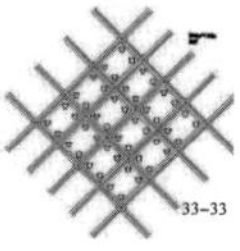 33-32　33-33	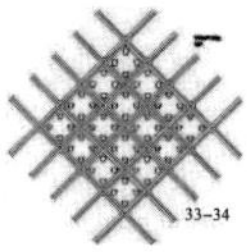 33-34
33 层 围合式 —0°	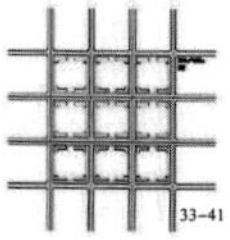 33-41	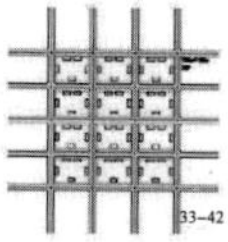 33-42	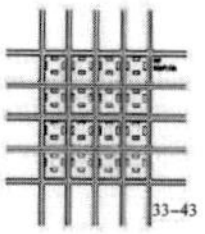 33-43
33 层 围合式 —45°	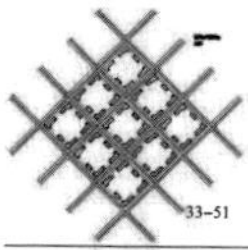 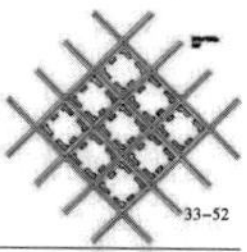 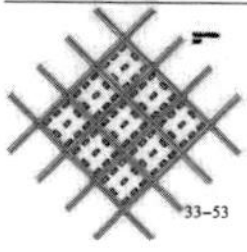 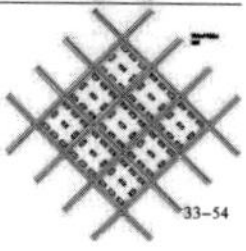 33-51　33-52 33-53　33-54	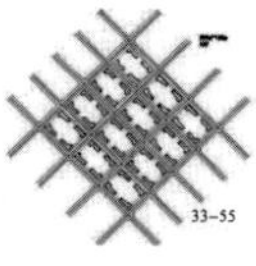 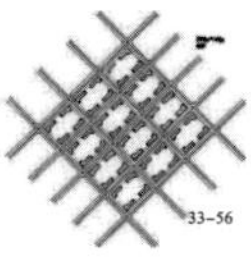 33-55　33-56	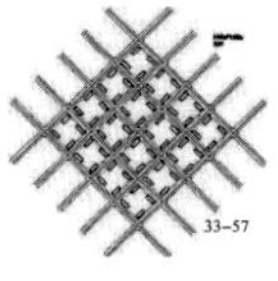 33-57

附录 B 夏热冬冷地区居民生活用水调研问卷统计结果

本次问卷调查共收集 316 份问卷,其中线上 281 份,线下 35 份。线上问卷主要目标为中青年群体,线下问卷主要目标为老年人和儿童。最终共筛选出有效问卷 307 份。线上问卷采用网络问卷系统对线上数据进行收集,并通过答题所用时间大于 1 分钟这一限制条件来进行有效问卷的筛选,线下问卷在小区走访中分发,并以关键题目的填写完成度作为筛选条件。

根据问卷数据统计,答题者大部分居住在江浙沪地区,年龄段、来源地、家庭结构、教育程度、家庭收入分布范围较广,且与我国人口普查[1] 的统计数据基本吻合,该问卷数据的统计与分析结果代表性较强。

1 基本情况分析

(1) 性别

调查对象中,女性占调查人数的 64%,男性占 36%。女性对家庭用水习惯更为了解,如厨房用水、洗衣用水,而男性则对此类用水习惯关注较少,因此以女性为主要调查对象能较好地了解家庭各类用水习惯偏好(图 B-1)。

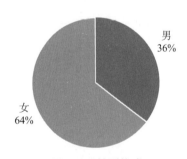

图 B-1 性别构成

(2) 年龄构成

该问卷答题者年龄主要分布在青年群体(21~40 岁),占调查总人数的 44%,其次是中年群体(41~60 岁)占 25%,少年群体(20 岁及以下)和老年人群体(60 岁以上)占比较小。中青年人对家庭用水的情况较为了解,因此该问卷所收集的信息也将更为准确(图 B-2)。

(3) 来源地

由于夏热冬冷地区(以上海地区为代表)气候条件与北方、两广、川渝等地都有较大差别,由此所导致的居民生活习惯的差异也是该调查所研究的重点因素之一。调查对象中大部分居住地为上海地区,其中 43% 的居民来源地也为江浙沪地区;来源地为北方地区的占 26％；来自其他地区（即广东、广西、四川、重庆等地）的居民占 31％。该数据与人口普查数据基本吻合，有较强的代表性。以来自江浙沪地区居民为主更能反映夏热冬冷地区居民的用水习惯和其他地区的差别（图 B-3）。

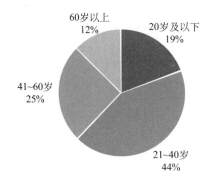

图 B-2　年龄构成

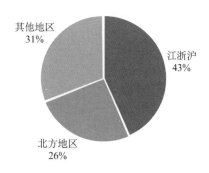

图 B-3　来源地构成

（4）教育程度

有 89％的调查对象学历都在高中及以上，包括 9％的居民学历为高中及中专，55％为本科及大专，25％为硕士及以上。调查对象以高中及以上学历群体为主可以对问卷内容有更好的理解，能保证问卷具有较高的完成质量。同时，问卷数据来自各教育程度居民，调查范围较全面，能反映不同教育程度群体家庭用水习惯和节水意识的异同（图 B-4）。

（5）家庭收入

该调查以家庭作为用水调查的基本单位，因此在经济收入方面，以家庭年收入为衡量标准进行类型划分，结果显示调查对象中家庭年收入为 10 万元以下的占 43％，10 万～30 万元的占 38％，为主要调查群体，年收入为 30 万以上的共占 19％，可以反映不同收入群体的用水和节水行为（图 B-5）。

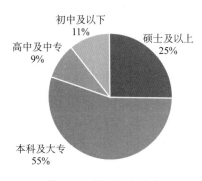

图 B-4　教育程度构成

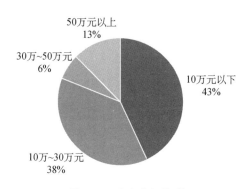

图 B-5　家庭收入构成

（6）家庭结构

根据各年龄人群用水需求的差异可将调查对象分为三类，即老人、中青年和儿童。调查对象的家庭结构多数为三人核心家庭（中年夫妇＋青年儿童、青年夫妇＋儿童），其次是四人直系家庭（老人＋中青年夫妇、青年夫妇＋儿童）、两人核心家庭（中青年夫妇）、五人联合家庭（老人＋中青年夫妇＋儿童）等，与人口普查中的家庭结构基本吻合，具有代表性（图 B-6）。

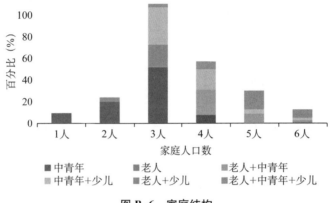

图 B-6　家庭结构

2　用水情况分析

（1）家庭水费及用水量

39％的家庭每月水费均为 60 元以下，即用水量小于 18 m^3/月，但仍有 25％的家庭每月水费超过 100 元，即用水量大于 25 m^3/月。其中，来源地为北方地区和江浙沪地区的居民家庭用水量多为 0～18 m^3/月和 18～25 m^3/月，但来自江浙沪地区的家庭中用水量超过 25 m^3/月的比例大于来自北方地区的居民。以调查对象中比例最大的三人家庭计算，61％的居民人均用水量超过 6 m^3/月，超过全国平均水平 5.37 m^3/月，与北方特大城市人均用水量 3.75 m^3/月[2]相比仍有较大节水潜力（图 B-7）。

（2）季度用水

通过居民对四个季度用水量排序情况的计算，得出选项平均综合得分①。其中，夏季用水量最大，其次是春季、秋季和冬季用水。这与小区实地调研中统计的结果（冬季＞夏季＞秋季＞春季）有一定误差，主要原因是答题者没有将冬季使用壁挂炉等水暖采暖设施的耗水量考虑在内（图 B-8）。

————————

①　选项平均综合得分 ＝ $\left(\sum 频数 \times 权值 \right)$／本题填写人次

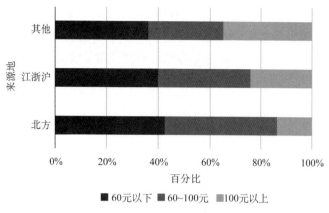

图 B-7　月水费及用水量

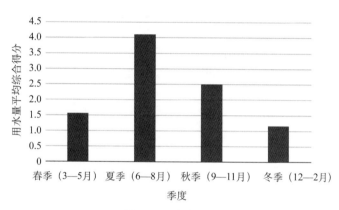

图 B-8　季度用水

（3）用水类型

调查对象中家庭用水主要用于沐浴的家庭占总数的 45%（图 B-9），其次是洗衣（24%）、做饭（13%）。沐浴用水量在总水量中较大，一方面因为居民沐浴较为频繁，39% 的居民为每周 5~7 次，有 23% 的居民每周 7 次以上，并有 16% 的居民每次沐浴时长超过 30 min；另一方面，21% 的居民在沐浴中涂抹洗护用品时不关闭喷头，导致沐浴用水增多。

（4）节水器具

目前，节水器具的普及率还不是很高，57% 的家庭都没有安装任何节水器具。因此，在家庭节水器具普及方面还有较大进步空间。在所

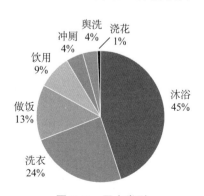

图 B-9　用水类型

有安装了节水器具的家庭中,节水便器的使用率最高,占 24％,其次是节水洗衣机、节水淋浴器和节水龙头。由于目前居民用水最多的类型是沐浴、洗衣、做饭,节水淋浴器、节水洗衣机和节水龙头的创新和推广是关键(图 B-10)。

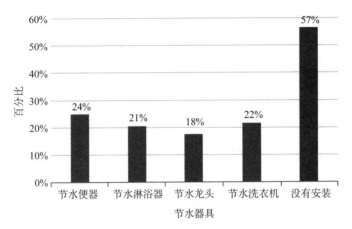

图 B-10　节水器具使用情况

3　习惯偏好分析

(1) 一水多用

调查对象中 76％的家庭都有一水多用的习惯,其中使用比例较高的是洗衣洗菜水用于冲厕(65％)、拖地(31％)、洗菜水浇花(27％)。有一水多用习惯的家庭月水费 60 元以下的比例大于从不使用的家庭,且月水费超过 100 元的比例也明显少于不使用的家庭,说明一水多用可以有效减少用水量。另外,来源地为江浙沪地区的受访者没有一水多用习惯的比例高于北方地区和川渝、两广地区,说明在一水多用方面的节水意识和习惯仍有待提升(图 B-11)。

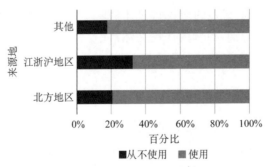

图 B-11　一水多用情况

（2）沐浴用水

调查中，仅有 2% 的居民沐浴时完全使用浴缸或以浴缸为主，另外完全淋浴的居民占 71%，以淋浴为主的占 27%。据研究分析，淋浴每人每次用水量约为 40 L，而使用浴缸每人每次可达 140 L，淋浴可比浴缸节水约 71%。45% 的调查对象每周沐浴次数为 5～7 次，其次是 2～4 次（32%）、7 次以上（17%）、2 次以下（6%）。其中，来源地为江浙沪地区的每周沐浴 4 次以上的比例明显大于北方地区，大部分分布在每周 5～7 次。在沐浴时长方面，来自江浙沪地区的受访者沐浴时长 20 min 以下的比例大于北方地区，多集中在 10～20 min 这一区间。因此，来源地为江浙沪地区的调查对象较北方地区有沐浴次数多、时间短的特点（图 B-12）。

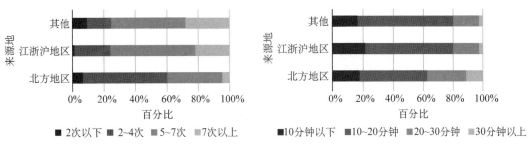

图 B-12 沐浴次数及时间统计

此外，沐浴中涂抹洗护用品时是否关闭花洒对沐浴用水量也有较大影响，研究显示及时关闭花洒每次沐浴可节水 60 L 左右。调查结果显示来自江浙沪地区的居民在这一方面用水习惯更好，有利于沐浴用水量的减少（图 B-13）。

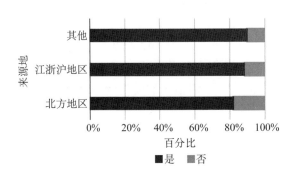

图 B-13 关闭水龙头情况

（3）洗衣用水

在洗衣方面，46% 的家庭使用了滚筒洗衣机，其次为波轮全自动洗衣机，仅有小部分为波轮半自动。三种类型的洗衣机中,每次洗涤用水量最大的为波轮全自动,其次为波轮半自动,滚筒洗衣机最省水。由于调查对象中仍有 45% 的家庭使用耗水量较大的波轮全自动洗衣机,在家庭洗衣机类型的选择方面仍有改善空间。

(4)厨房用水

调查结果中,所有家庭中来自江浙沪地区的居民每周做饭 7 次以上的比例最高,且有洗菜或淘米水二次利用习惯的比例低于北方受访者,因此相对而言厨房用水量也更多(图 B-14)。

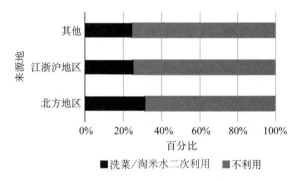

图 B-14　厨房用水二次利用情况

另外,洗碗机一次用水量为 6～9 L,而手洗用水量则超过 30 L,使用洗碗机可以有效节水 70%。但是调查结果显示 95% 的家庭都没有使用洗碗机,而是用手洗,并且其中 61% 的家庭在手洗时都会选择使用流动水清洗,这会比使用容器盛水清洗产生更多用水量。因此,厨房用水方面的改善还有很大空间。

(5)便器用水

大部分调查者在冲厕时都会区分大小便冲水量,但仍有 32% 的居民日常不注意冲厕水量。其中,来自江浙沪地区的受访者日常区分的比例大于北方地区,说明在冲厕方面的节水习惯较好。

对于日本普遍使用的洗手池—马桶一体的便器设备,能使洗手水直接流入马桶水箱并用于冲厕,有效实现一水多用,减少冲厕的自来水使用量,但在价格上较普通马桶贵 300～500 元。通过统计,75% 的受访者表示愿意使用该设备,小部分居民表示因担心油污卫生、马桶溢水、水箱堵塞等问题的出现而不愿使用(图 B-15)。

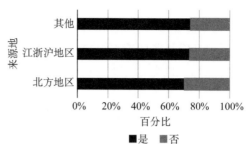

图 B-15　一体便器使用意愿

4　小区情况分析

（1）雨水与中水系统

调查对象中 61％的居民不了解所在
的住区中是否建设了雨水中水系统,导致
这一现象的原因主要是住区对雨水中水
设施的宣传度不够高导致居民关注度较
低。另外,雨水与中水系统在住区中的普
及率仍比较低,有 11％的居民所在住区
仅有雨水收集系统,2％仅有中水回用系
统,5％二者都有(图 B-16)。

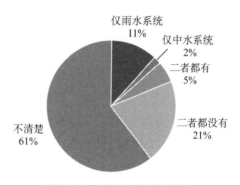

图 B-16　雨水中水系统统计

（2）屋顶绿化与水景

住区内设计屋顶绿化可对住宅屋面雨水径流有明显的过滤和截留效果。但
实际调查显示,仅有 19％的居民所在的小区有屋顶绿化,可见屋顶绿化在住宅建
筑设计中使用比例比较低,有较大的改善空间和发展潜力。受访者中 25％的居
民表示所居住的小区建设了水景景观,需水量较大,且上海目前不允许使用自来
水补充水景,因此住区对再生水的需求较大。

5　节水意识分析

（1）再生水使用意愿

62％的受访者表示愿意使用经过处理的再生水,38％的居民因担心卫生问题
而不愿使用,但从对相关技术人员的访谈中了解到目前我国再生水处理后均可达

使用标准。其中,来源地为江浙沪地区的居民不愿意使用的比例较北方地区大,说明来自江浙沪地区的调查对象在再生水使用上的节水意识有待提高。造成这一现象的原因一方面是非传统水源的社会宣传欠缺,另一方面是居民对水资源现状认知水平低(图B-17)。

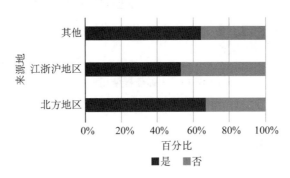

图 B-17　再生水使用意愿

(2) 水资源认识

上海地区属于"水质性缺水"地区,并且在近年来水体污染愈发严重。而65%的受访者均认为该地区不缺水,其中来源地为江浙沪地区的调查对象中,认为居住地区不缺水或水资源丰富的比例明显大于北方。可见来自江浙沪地区的居民对该地区水资源紧缺现状的认识仍然较弱(图B-18)。

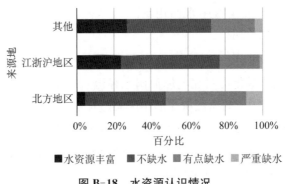

图 B-18　水资源认识情况

(3) 节水措施

超过一半的居民认为普及节水器具是最好的节水措施,其次是加强节水宣传。虽然研究表明提高水价在一定程度上可有效抑制居民用水量,但仅有13%的居民可以接受提高水价来节水的措施(图B-19)。

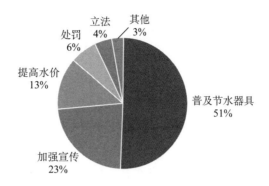

图 B-19　节水措施选择情况

6　数据相关分析

相关分析是一种研究变量间相关关系的分析方法,用于衡量两种因素之间是否存在某种关系以及这种关系的正负相关和相关程度[3]。本调查将采用 Pearson 相关系数进行数据相关性分析。

(1)输入条件及相关性判定规则

调研中的各个项目之间存在着千丝万缕的关系,本书将着重研究家庭用水量、用水习惯、节水意识与其他因素之间的相关性。借助数据统计分析软件 SPSS 的技术支持,对各变量进行 Pearson 相关分析。

首先,采用 SPSS 默认的赋值方法处理各变量的参数值,并针对部分项目修改数值参数,参数赋予情况如表 B-1。

表 B-1　　　　　　　　　　　　问卷相关分析参数设定

项目	参数设定
来源地	江浙沪地区-1,北方地区-2,其他地区-3
受教育程度	硕士及以上-1,本科-2,高中-3,初中-4
节水器具使用	选中-1,未选-0
一水多用	
洗碗机使用	是-1,否-2
区分冲水量	
再生水使用意愿	
沐浴方式	完全浴缸-1,浴缸为主-2,淋浴为主-3,完全淋浴-4

（续表）

项目	参数设定
洗衣方式	完全手洗-1,手洗为主-2,机洗为主-3,完全机洗-4
水资源认识	严重缺水-1,有点缺水-2,不缺水-3,水资源丰富-4
其他	随量化指标增大而增大

（2）家庭用水量相关分析

本书针对家庭用水量,将其相关因素展开相关性分析,并对其中关联较大的因素进行整理,包括基本情况、用水习惯和节水意识三方面,通过 SPSS 软件得到的夏热冬冷地区居民家庭用水量相关分析结果见表 B-2。

表 B-2　　　　　　　　　　家庭用水量相关分析结果

Pearson 相关		
变量		家庭用水量
基本情况	年龄段	0.113
	来源地	−0.189*
	受教育程度	0.199
	家庭收入	0.280**
用水习惯	节水器具使用	−0.321**
	一水多用	−0.117
	沐浴方式	0.07
	沐浴时长	0.450**
	沐浴次数	0.025
	洗衣方式	0.284**
	洗碗机使用	−0.313**
	区分冲水量	−0.131
节水意识	再生水使用意愿	0.005
	水资源认识	0.179*

$* \ p < 0.05 \quad ** \ p < 0.01$

根据家庭用水相关分析结果,可得出以下结论:

1) 基本情况

家庭用水量与家庭收入呈 0.01 水平显著的低度正相关,与来源地呈 0.05 水平显著的微弱负相关,与年龄段和受教育程度呈非显著水平相关,说明收入越高的家庭所产生的用水量也越大,来源地为江浙沪地区的居民用水量越大,而年龄段和受教育程度与家庭用水量无关。

2）用水习惯

家庭用水量与节水器具的使用和洗碗机的使用呈 0.01 水平显著的低度负相关,与沐浴时长呈 0.01 水平显著的显著正相关,与洗衣方式呈 0.01 水平显著的低度正相关,与一水多用、沐浴方式、沐浴次数、冲厕方式呈非显著水平相关,说明没有使用节水器具和洗碗机的家庭用水量越多,沐浴时长越长、经常使用机洗洗衣方式的家庭用水量越多,而一水多用习惯、沐浴方式、沐浴次数、冲厕方式则与家庭用水量无关。

3）节水意识

家庭用水量与水资源认识呈 0.05 水平显著的微弱正相关,与再生水使用意愿呈非显著水平相关,说明认为当地水资源丰富的受访者家庭用水量更大,而居民对于再生水的使用意愿与家庭用水量无关。

综合以上相关分析,与前文问卷结果分析基本符合,说明问卷调研结果分析具有一定的合理性。

附录参考文献

［1］国务院人口普查办公室. 中国 2010 年人口普查资料［M］. 北京：中国统计出版社，2012.

［2］邵益生，宋兰合，张桂花.北方地区城市发展及其用水研究［J］.中国水利，2000(05)：36-37.

［3］马晓玉，刘艳春. SPSS统计分析课堂实录［M］. 北京：清华大学出版社，2016.